U0216384

【德】罗纳尔多· 林德纳博士〔Dr. Ronald Lindner〕◎ 著
刘惠宇 ◎ 译

走进狗狗的世界

真诚地希望本书的内容可以为您的生活增添愉悦，为您带来探索美好生活的灵感。GU的每一本书籍都专注于品质，力求将内容、视觉以及装帧完美地显现在您眼前。

本书的全部内容都由作者和编辑精心挑选，反复推敲，以此向您提供值得信赖的品质保证。

您可以信赖：

本书内容以严谨科学的畜牧学为基础，以动物的福祉为宗旨，我们向您承诺：

本书提供的所有指导和小技巧都经过专业人士的实践检验；

所有指导和技巧都配有文字解释和插图，简便易操作。

本书引进自德国GU出版社——诞生于1722年的咨询类专业书籍出版社。

【德】罗纳尔多 · 林德纳博士〔Dr. Ronald Lindner〕◎ 著

刘惠宇 ◎ 译

走进狗狗的世界

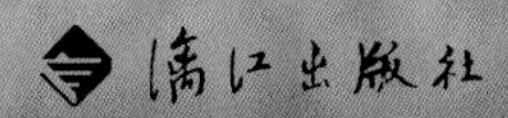

漓江出版社

目录

不受欢迎狗狗的行为

第3章

人与狗狗——最好的伙伴

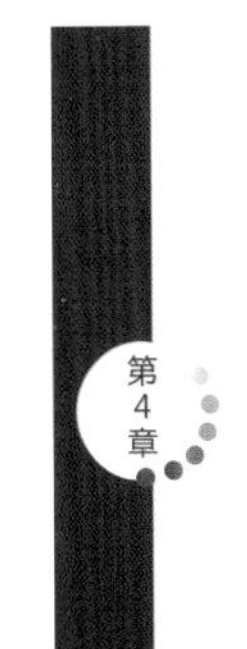

附录

序

您了解您的爱犬吗？

终于摆脱了——既摆脱了狼和狗的直线型亲属关系，也摆脱了家庭生活中人和狗固化的等级模式——对所有成员而言这不仅仅意味着解脱……之前将狗狗假设为狼的变种，并在局限的环境中进行观察，因此得出的结论都是错误的。

最新的研究表明，狗并不是狼的变种，而是世界上独一无二的物种之一。狗群的社会结构与人类的极为相似，并且能与人和谐相处，彼此带来乐趣。与今天的狼不同，狗极其友善，凭借自己的社会能力与人及其他动物建立了紧密的联系。这种亲社会性的联系行为或许恰好能解释，为什么狗狗能成为人类最喜爱的陪伴者。

在这本修订版的《走进狗狗的世界》一书中，首先关注的是以下问题的答案：人与狗是从什么时候开始在一起和谐生活的？和谐的共同生活是如何进行的？如何分辨狗狗的行为是否让它感到舒适？人们如何正确区分狗狗的正常行为、破坏行为或者不受欢迎行为？怎样帮助您的狗狗克服不良行为？为了避免人和狗狗之间悲剧式的误解，更多地了解狗狗的行为方式是非常有必要的。如果我们了解了何为狗狗的正常行为，许多被我们人类定义为破坏性行为和不受欢迎的行为不仅可以被理解为“正常行为”，甚至在特定的环境中应该将其视为“压力的发泄”，进而避免更糟糕的状况发生。我们期望通过这本书让更多的人能够正确地理解狗狗的日常行为。当然，本书的话题也涉及真正的行为障碍，例如无法应对压力、疾病、心理障碍以及过度亢奋的行为等。了解的目的不是让我们被动地适应或者做出应对，而是尽可能地加以积极干预和引导，阻止其发生。

为了避免让狗狗遭受压力、疾病、痛苦，从而缺乏舒适感，我们要为我们的“朋友”创造足够好的条件，让它们只是简单地做一只快乐的狗！

罗纳尔多 · 林德纳博士

第 1 章

走进狗狗的世界

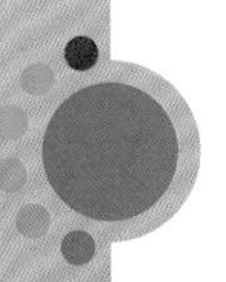

我们和狗狗之间的关系如何，这种关系对我们和狗狗各自意味着什么？

狗狗与人类的关系

如今，人类是狗狗最主要的接触者。相比与同类的共同生活，狗狗更喜欢跟人类共同生活在一起。然而人类却并未意识到，陪伴我们的是怎样一种精力充沛、充满智慧又勤劳勇敢的生物啊！我们应该关注狗狗的独特个性，接受它们的差异，以它们能够理解的方式善待它们，让它们感受到快乐。

尊重、关心、信任我们的狗狗是至关重要的！只有了解了狗狗的行为方式，明确它们的真实需求，才能让它们在我们的悉心照料下感受到舒适和快乐。

人和狗狗怎样和睦相处？

15 000 年以来或者更长的时间，起初是狼，后来是狗开始逐渐靠近人类。在此过程中，这种“原始狼”（也就是今天狗的祖先）始终拥有一种天生的“双重关系能力”。不知是怎样的突变，使得当时的狼具备了一种所谓的双重身份，它们的社会化行为既适合与同类也适合与人类共同生活。这是一种与人共处后独特的驯化过程和社会化过程。直到今天，狗狗的社会行为模式仍与幼年的小狼极为相似，然而在成年或者发育成熟之后，狗狗却始终保留着对人类社会的依赖性。进化的过程中，它们仅保留下了幼年的无忧无虑（幼态持续，参见 260 页）。所以，无论年龄大小，狗狗都喜欢玩耍，行为灵活，对人类保持友好和坦诚。

狗——适应了环境的野生动物

几千年的进化让狗狗学会了更好地解读人类的面部表情、手势和肢体语言，更好地理解人类口头表达的“专业术语”和命令，更好地体会人的感受，并努力学会去做一个好的陪伴者，从而换取一点食物和一个温暖的小窝。

毫无争议，原始狼（更确切地说是狗的祖先）是勤劳的，它们观察人类并学着适应人类。它们首先学到了人常常是不可预测的、变化无常的、前后矛盾的，总之是难以捉摸的。然而，作为上帝创造的万物之灵的我们又做了些什么呢？我们可曾尝试着去理解狗狗的语言？鉴于我们对狗狗各种各样的误解，其答案是不言而喻的。我们与狗狗的相处是悲剧式的，是失败的，一切都源于我们太懒或者过于粗心，不关注狗狗的语言也不接受它。作为狗狗的主人，我们常常无法正确地解读出我们忠诚的守护者的需求。出现问题时，一定是狗狗的错——我们是多么蛮横！

人类不是狗语的合格翻译者。

人与狗产生矛盾的原因：交流障碍

可以说，人与狗狗相处过程中的绝大多数矛盾都源于人类自相矛盾的需求。一方面，我们把狗狗视为家庭成员、守夜者、保护者或者是家中的劳动力；另一方面，却因为人类逐渐脱离了大自然，加之不愿意去了解狗狗的特点而对它们充满了恐惧。因此，我们应该对交流障碍承担主要责任。请不要忘记，我们是灵长类动物（包括猴子、猩猩、类人猿、人类），与我们生活在热带丛林的亲戚一样，我们通过拥抱、亲吻、注视对方的眼睛等行为表达我们的好感。

然而不管我们承认与否，狗狗的肢体语言是不同的。对狗狗而言，拥抱或是目不转睛地直视通常意味着威胁。即使是在亲吻或者温柔地抚摸时，也请尊重它们的本性，不要直视狗狗的眼睛！狗狗突然从下面或者侧面舔舐我们的嘴唇，并且避免眼神交流——那才是它们示意友好的标志。

狗狗——可爱并有辨别能力

人与狗狗的共同生活可以是和谐快乐的，其前提是人把狗狗视为可以信赖的伙伴。然而，我们通常既无法理解狗狗的基本需求，也根本不关注、更不会在日常的共同生活中满足它们的需求。我们常常忽视或者低估我们的行为对狗狗舒适感的破坏程度。我们对狗狗的面部表情、肢体语言以及声音信息的理解还非常肤浅，还不能根据狗狗的反应知晓我们的肢体语言对狗狗的行为产生的影响。请不要忘记，气味构成的世界以及气味对狗狗的重要性始终是我们无法完全理解的。尽管已经有许多关于狗狗的研究及针对其行为方式的阐释，但我们仍然无法用人类的理解方式解读狗狗的世界。无论是海洋哺乳动物、大猩猩还是其他我们喜爱的动物，我们喜欢它们，爱它们，当它们面临威胁或困难时，

小狗崽每天以游戏的方式学习解读与使用面部表情、姿势和肢体语言，这些是狗狗与同类之间的主要交流方式。

我们尽力提供帮助。但是狗狗呢，它从人类这儿获得了足够多的关爱吗？这种被驯化的“狼”是人类的“制造品”，是现代文明和社会饲养的产物，它们感官敏锐，适应力极强。让我们给予它们更多的关心和爱护，让它们尽可能地享受美好的生活吧！

我们为什么要养狗呢？

我们究竟为什么要养狗呢，是出于同情吗？是为了拯救动物收容所里可怜的它，或者是在旅行途中发现了它而带回家？是让狗狗成为我们的“晨练伴侣”，还是希望它能在我们遇到危险的时候保护我们？或者为了享受主人的优越感，体验威望和权势？或是因为孤独，需要狗狗的陪伴？或是为了让狗狗承担一定的工作，例如牧羊犬、导盲犬或者服务犬，因为我们知道狗狗热爱工作，从而把它们当“雇员”？

养狗的利与弊

狗狗主人以及大多数其他宠物的主人都持有同样的观点：“有狗狗的生活更加快乐！”

赞同的声音：支持养狗的理由很多，比如享受乐趣、亲近大自然、帮忙解决日常生活中的难题。狗狗性情稳定、活泼、积极，在家庭中扮演着“危机管理者”的角色，特别是在离婚或者学习成绩差的时候。狗狗对产业经济的影响也不容忽视，不仅创造了无数的工作岗位，还节省了大量的医疗健康支出。此外，狗狗还可以协助或者简化人类的工作，例如服务犬、急救犬，或者在动物陪伴疗法中的重要作用。

反对的声音：反对的意见同样也很多，种种质疑涉及狗狗的种类、行为等。狗狗常常被歧视、被怀疑，甚至被社会边缘化。狗狗乱排粪便及其清理问题也常是争论的焦点。

在立法方面，关于养狗的规定既不合时宜又缺少科学依据，那些限制特殊种类狗狗的规定也同样没有科学依据（例如歧视“攻击性狗狗”）。

狗狗主人能做些什么呢？首先，请接受并理解其他人的恐惧，在必要时唤回您的狗狗，并暂时拴上狗绳。请带着您的狗狗跟孩子们及其父母多接触，这不仅可以改变成年人对狗狗的态度，也会影响孩子未来的发展。

许多细心的狗主人随身携带垃圾袋，请您也加入其中吧！并不是苛求您带着狗狗的粪便散步并将其携带回家，而是请您及时清理，保持环境卫生。

您的狗狗在家里生活得舒适吗？

许多狗主人总是提出同一个问题：我的狗狗感觉舒适吗？怎样才是正确的、适合它的饲养方式呢？我怎样判断狗狗跟我在一起的生活方式是不是最好的呢？

动物的行为就能体现出它的舒适程度。狗狗具有灵活多样的交流与表达方式，与人类的语言体系差异很大。它们的交流方式是通过看到或听到的信号、气味以及代表不同含义的身体接触来进行的。狗狗和人都是交流信号的发出者和接收者。它们通过面部表情、肢体语言、小声叫、大声狂吠、交替的叫声，或者身体的姿态和接触方式等的不同表达出不同的情感。但是怎样区分这些不同的情感呢？

缺乏舒适感——怎样辨认呢？

作为主人，我们总会不遗余力地保护狗狗，因为我们相信，它们也跟我们一样能够感受快乐、疼痛和烦恼。为了判断狗狗是否能够感受到悲痛、伤害和失落，我们需要科学地验证它们的行为发生了怎样的变化，才有能判断它们的舒适感。

研究项目：动物的舒适感

许多科学家进行了关于“动物的舒适感”的研究。这里我想简单地列举其中的三项研究。

• 类比推论模型（萨姆布劳斯，1997）

这个模型假设我们在判断动物的情感时，是开始于我们，终止于动物。这种模型虽然被非常广泛地应用，但也有巨大的风险。几乎没有狗主人愿意相信，尽管兽医的检查已经确诊他们的爱犬没有器质上的疾病，但是它们仍可能在忍受折磨。

• 满足需求和避免伤害模型（禅茨，1993）

此模型认为，当动物对食物或者社会接触的需求得不到满足并且由此产生伤害时，它们非常痛苦。在尝试摆脱痛苦的过程中，为了适应环境，它们改变了正常的行为习惯。当它们的适应能力耗尽时，又再次陷入痛苦。

• 准备行动模型（布赫－霍尔茨，1993）

这个模型中，通过对动物行为的评价来衡量饲养体系的合理性。也就是说如果狗的行为方式不正常，那么它的饲养方式就是不当的。评价过程中使用了“标记”，也就是所谓的参数，来体现饲养方式的不恰当以及动物的舒适程度。我们对比今天家养的狗狗和未被驯化过的狼就能发现，那些在自然环境中呈现出的、在狗狗身上消失了的，或者经过改变而呈现出的行为，并不是家养的狗狗缺乏舒适感的必然原因。

用合适的方法饲养狗狗

为什么舒适感对家养的动物，特别是狗狗尤为重要呢？难道我们对待狗狗就像对待家人一样还不够吗？“我觉得对我的狗狗这是对的，也是合适的”这个观点不对吗？

相比狗狗对生活的需求，这些都是不合适的！所谓的“适应综合征”（参见254页）让许多家养的动物在非自然的生存环境中被迫应对各种各样的“灾难”（压力因素），它们与所在的生存环境做斗争，常常不得不在死亡和委曲求全地活着之间进行抉择。只要“动物的舒适感”这个概念还被非常浅显地理解为动物的状态、动物对环境的适应，那么动物就不会真正地感到舒适。典型的“强迫适应”的例子有鸟笼中独自生活的鹦鹉、长期关在狗笼里的狗，以及圈养在家中被剥夺了奔跑自由的“野猫”。

疼痛——伤害——痛苦：概念的界定

现在我们尝试着界定几个常用的概念：疼痛、伤害和痛苦。

疼痛：不舒适感，突发或者慢慢加重。当狗狗感到疼痛时，它们或者大声尖叫，或者发出细细的叫声，或者声音忽大忽小地呜咽。这时，它们通常会全身发抖，向我们展示受伤的爪子，而且行走的方式也与平时不同，眼睛圆睁或者无精打采、易怒。有些主人曾描述过他们爱宠真实的“疼痛面孔”。

伤害：当一只狗无论是精神上还是肉体上逐渐衰弱时，必定是出现了较为严重的伤害，以至于它们不能再像以前那样活下去。

痛苦：当狗狗短期内无法缓解它所承受的伤害或者疼痛时，它便会感到痛苦，久而久之便会处于长期的焦虑状态，即所谓的受折磨状态。当狗主人对其施加言语惩罚（责骂或者喊叫）或者身体暴力（踢打、猛拉牵引绳或者类似行为）时，也会给狗狗带来痛苦。

缺乏舒适感的标记

所谓的“标记”（书中的三角停止符）是狗狗缺乏舒适感或者主人饲养不当的警示。下面给出的“标记”不会同时出现在一只承受折磨的狗狗身上，但是仅仅出现几个警示就足以提醒我们应该关注狗狗的舒适感了。

这些三角停止符分布在整本书中。当我所描述的行为意味着让狗狗感到不舒适时，就会出现这个标记。所有的三角停止符汇总（见第 25 页）。

刻板行为▲1

让狗狗缺乏舒适感的第一个指标是大家熟知的“刻板行为”——动物有规律地、固定不变地重复进行某种无目的的动作。这些刻板行为通常被视为行为障碍，因为它们干扰了正常的行为或者使得正常的行为根本无法完成。狗狗重复同样的动作，不断固化，直至最后体力衰竭，看上去像是“发疯了”，但这一切却与周围环境没有任何关系。刻板行为的典型案例就是，禁锢在动物园狮笼中不停地往返踱步的狮子。而狗的刻板行为则包括与周围环境无关的持续吠叫、过度地舔舐或者抓挠皮毛直至受伤或者残疾（自残），以及其他的重复性动作，如刨土、在栅栏处跳上跳下、转圈

幼犬间的荣誉之战——与其说是并排游泳，不如说是争夺潜在猎物的比赛。狗狗以这种方式学习得与失。

跑或者拉扯狗绳等。这些行为常常与地域、界限被限制有关，例如狗窝、狗笼、狗圈、狗绳（可调节的狗绳或者固定长度的狗绳）等。狗狗尝试着通过刻板行为来缓解因长时间被禁锢、缺乏自由等带来的压力和沮丧。这些例子都证明，不恰当的饲养方式和狗狗的刻板行为之间存在着必然的联系。

原因：特别常见的原因有狗狗的独处，即缺少必要的与社会“团体”的交流；环境的突然改变，例如搬家、家庭成员中的某人或者其他宠物的离开、死亡；狗笼饲养模式（单调、运动少、缺少社会性交流）；暴力式教育、训练以及面对无法化解的暴力威胁、过度训练；无聊或者不恰当的环境模式，例如在没有地形变化的区域奔跑，或者总在同一个区域奔跑。

被干扰的睡眠－清醒模式▲2

当狗狗的睡眠－清醒模式受到干扰时，常常会在深夜烦躁不安，它的睡眠时段发生变化或者睡眠时间缩短，没有深度睡眠阶段或者没有做梦，白天的睡眠时间过长，对外界的刺激变得极为敏感。

原因：首先，错误的训练方式会导致睡眠－清醒节奏的混乱，例如过度要求、使用暴力、同一个动作的不同口令；或者环境中持续、过度的刺激也是诱因之一，例如在所谓的“狗狗日托所”长时间地与同类接触、处于持续高分贝噪音的环境中等。当狗狗在社会机构中工作时间过长，也会过度疲惫。

缺少自身护理▲3

自身护理属于舒适行为（参见 48 页）。只要狗狗不再做护理身体的动作，例如舔舐或者啃咬自己的皮毛；不再做适度的放松行为，例如舒展身体、伸懒腰或抖动身体，那么我们就可以判断狗狗正在承受痛苦。

原因：原因是多方面的，可能是过度的恐惧或者受到惊吓，或者是长期处于约束性的生存环境中（例如，相对狭小的空间里狗狗的数量过多）。

注意力不集中／多动症▲4

狗狗注意力不集中、多动、忍耐力或者控制力弱（对外界的刺激表现为攻击性）

等。表现为高度紧张，不能适应诸如新事物的刺激，为此狗狗的主人经常抱怨："我的狗狗太笨了。"

原因：狗狗的主人恰是导致动物缺乏舒适感的导火索，因为他们没有给予那些天生适合工作的狗狗（边境牧羊犬、杜宾犬、玛伦牧羊犬、德国牧羊犬）足够的工作任务或者使狗狗超负荷工作了。如果狗狗做了不正确的事情被施以不恰当的方式惩罚了，或者明明做了错误的事情却被意外地表扬了，而真正正确的行为却只能偶尔得到赞扬时，同样会导致狗狗的多动症。此外，脱离社会性群体（被关在狗笼、狗屋或者类似受限的空间）也会导致多动症，狗狗会陷入由于脱离群体而变得极为好奇。

缺乏探索行为 5

缺乏探索行为会导致狗狗对周围环境的无所谓状态，即狗狗既没有寻找行为也没有探察行为。一边奔跑一边探寻气味原本是狗狗的天性，正常的狗狗对周围环境永远充满着探索的兴趣。

原因：通常由消极的经历和过度的压力导致，例如狗狗对土壤的消极记忆或联想，疼痛的经历所带来的恐惧。这些都会影响狗狗的探索学习行为。

狗狗天生就是精力充沛的奔跑健将。它们每天都需要在不同的环境中奔跑，这样才能感到舒适。

缺少游戏行为 6

只要狗狗不再有游戏行为了，它的舒适程度一定是受到了干扰。游戏行为对社会型动物而言是必不可少的，例如对狗狗而言，游戏对其行为方式和行为策略的学习是极其重要的，但它们只在放松的状态下玩耍，玩耍的时间越长它们越感到放松和舒适，负面的因素会阻止其游戏行为。

原因：当狗狗所处的环境让它感到不适，或者因为疾病、恐惧，或者不安全感，都会使其失去玩耍的兴趣，不愿意再游戏。

无精打采和抑郁 7

典型特征是其动作缓慢，表达沟通的行为减少和对周围环境失去兴趣，也可能会伴有夜晚的吵闹、呕吐、腹泻和窜来窜去。

原因：主人压制型的教育方式（暴力、暴力威胁）使得狗狗丧失勇气，甚至无法胜任日常的任务。

对环境的恐惧 8 9

如果狗狗对环境感到恐惧——无论是太吵闹的环境还是过于僻静的环境——它们都会长时间地陷入压力之中。如果这种恐惧感持续增强，它们的行为将会失控，并且带有恼怒不安的特征，例如制造噪音、流口水、急促地喘息、乱窜、躲避、随地大小便或者呕吐，有时这些恐惧症状又会引发慌乱，甚至会出现恐惧恐惧症（即对恐惧的恐惧），例如，对噪音恐惧的动物会在真正的噪音（例如火警、暴风雨的雷声、马路噪音或者建筑噪音）产生之前就对特定的环境或者声音做出反应，预知可能引发恐惧的事情将要发生（例如暴风雨来临前的气压变化）。这种预先感知行为带来的是身体上的不舒适感，在真正的噪音产生之前它们就已经感到焦虑了。这些恐惧型动物的学习能力会受到限制，常常惊慌失措，既无法接收来自环境的信号，也无法对信号进行处理，不久它们便会丧失学习的能力。

原因：幼犬时期经验的缺乏或者消极的经历都会给它带来恐惧。恐惧及由此产生的滞后反应会遗传给后代，人类无意识的安慰只会加重它的恐惧感。

攻击性反应 10

攻击性是狗狗面对威胁时天生的反应行为，属于正常行为。但当狗狗的行为表现为以伤害为目的，在最糟糕的情况下甚至会导致死亡，那就是行为障碍了。

原因：攻击性的狗狗经常处于愤怒状态，在面对恐惧时不能通过天生的示弱行为（逃脱行为、回避行为和忽略行为、被动的屈从）来化解威胁，沮丧和恐惧进而转化为愤怒，导致狗狗把攻击行为视为解决矛盾的方法。

无能行为 11

狗狗的后天性无助感是特别令人悲伤的，当它发现无论是采用示弱行为还是攻击行为都无法改变所处的环境时，它就处于无能行为状态。

原因：多种原因皆有可能，通常过于强硬的惩罚，或者那些狗狗无法摆脱只能受折磨的状况导致了后天性的无助。另外，对同一个行为时而被赞扬、时而被斥责也会让狗狗陷入混乱和无助。

对社会伙伴的追逐行为 12

对同类或者人类的追逐行为也是缺少舒适感的表现，因为当狗狗追赶潜在的社会伙伴时，它绝不会感到舒适。

原因：忽视或者太晚才意识到，狗狗追逐的社会伙伴大多是源于游戏式的跟踪替代猎物。这时，那些既没有经历社会化，也没有在幼犬时期学习过自然狩猎的狗狗是特别危险的。

良性压力和恶性压力

“好的”或者正面的压力（良性压力）

良性压力指压力短期地、缓和地作用于动物或者人，无论以精神上还是身体上都可以承受。这种压力使人或者狗狗保持清醒和旺盛的精力，让他们能够主动地参与到生活中，同时提升所谓的个体活力。

“坏的”或者负面的压力（恶性压力）

负面压力使得人或者动物不能处理来自周围环境的有效刺激，不能解决日常问题。非常巨大的负面压力，例如幼犬时期的完全隔离，或者将狗狗长期圈养在笼子里，或用狗绳拴养，这些限制性的饲养方式自然地减少了狗狗与其必需的社会伙伴的接触机会。当负面压力变成慢性压力，其危害则会持续更久、范围更大。当负面压力重复出现，狗狗对环境刺激不能做出合适的、正常的反应时，它们就逐渐忘记了该怎样正确地应对特定的生活环境。由此，它们的行为方式则会发生改变，表现为萎靡不振、沮丧、恐惧引起的发呆，甚至攻击等。

当我们让狗狗长期处于“失业状态”，即它们无所事事的时候，负面压力的作用特别明显。它们会感到无聊，进而抑郁，甚至“自我伤害”，如啃噬自己，这种行为是非常危险的。对生活中的新事物充满好奇是狗狗的天性之一，难以摆脱的无聊状态让它们变得无助，甚至痛苦！

狗狗缺乏舒适感的 12 种特征

1	狗的刻板行为，即不断重复毫无意义的相同动作。	19，118ff.，136，139ff.，148，158ff.，167ff.，209
 2	被干扰的睡眠－清醒模式，缺少深度睡眠和做梦时间。	20，135，138，209f.
 3	缺少放松式的自身护理行为，例如伸展、伸懒腰、抖动身体等。	20，142ff.
 4	注意力不集中或者多动症，狗狗难以放松或者难以集中精力。	20，121，135ff.，165f.，209f.
 5	狗狗的探索行为，即对周围环境的兴趣减弱或者消失。	21，148ff.，158，209f.
 6	狗狗跟自己或者社会伙伴的游戏行为减少或者消失。	21，209f.
 7	狗狗无精打采并抑郁。	21，148f.，203.，209f.
 8	狗狗表现出恐惧，患有恐惧症或者恐惧恐惧症（对恐惧的恐惧）。	21，99，121，130ff.，148ff.，153f.，156f.，182f.，187，203.ff.，207.
 9	狗狗的学习能力受到限制（由于恐惧）或者丧失（恐惧症或者焦虑恐惧症）。	22，135，154，207，209f.
 10	狗狗的应对方式是攻击性行为。	22，120，122ff.，144，156f.，165ff.，185ff.，189f.，203，209
 11	狗狗的后天性无能行为，即它没有采取行动的能力。	23，153ff.，203.
 12	狗狗追逐人和/或同类。	23，115，118，156，203

（注释：209 表示 209 页，209f. 表示 209 页及其下一页；139ff. 表示 139 页及其后面两页。）

第 2 章

狗狗的正常行为

对狗狗的同族祖先——狼的观察有助于理解狗狗的正常行为。

存在狗狗的“正常行为”吗？

目前狗狗的种类有400多种，从可爱的吉娃娃到巨型犬（例如爱尔兰狼狗），种类繁多。考虑到种类的多样性和与人类共同生活经历的独特性，我们不禁会产生一个问题：把如今的狗狗称为“家养宠物”是否合适呢？思维再扩展下去，人们不禁又疑惑了，是否存在适用于所有种类狗狗的“正常行为”呢？对狗狗的行为描述是否只能针对某个种群并要考虑其年龄段和性别才有意义，或者并非如此？在我思考、查找资料及跟同行探讨的过程中，这一扇一扇的门被打开了。我的研究目标——归纳总结一套符合所有种类狗狗普遍的行为模式——有了新的进展。

狼的行为方式是狗狗的“正常行为”的榜样吗？

人们能不能把狗狗的祖先——狼的行为方式延伸到狗狗的“正常行为”上，即所谓的“演化的狼的行为方式”？答案是，在一定程度上是可以的。但是，如果我们认为狼的行为可以直接原封不动地转移到我们的“家养宠物狗”身上，那我们又错了。因为我们不能忽略与人类共同生活了15 000多年的狗狗们个性化的改变。由于种类的多样性以及种类间的杂交，使得不同种类狗狗的数量不一致，甚至差距很大。长期以来，狗狗不再像狼群那样共同生活在统一的领地里（社会行为），而是在不同的环境里与不同的主人生活在一起。这对每只狗狗的行为方式都产生了独一无二的影响。

从“原始狼”到家庭宠物是一个漫长的过程

虽然与狼相似的生活方式只是某些研究者的观点，虽然狗狗终究不是狼，但是我们今天的“家养宠物狗”和它们的狼祖先之间还是存在着某些生活方式和行为方式的共性。这与我们的设想有些出入。对读者而言，阅读这页的章节会非常有趣。您可以在阅读的同时试着判断，狗狗的行为中隐含着多少比例的狼的行为，又有多少比例已经像人类。您会在每个章节中发现一个文本框“狼的行为方式”。然而将狗狗称为“非纯粹的狼”是不公平的，会引起歧义，因为它们已经丧失了野生祖先的许多能力（较小的脑部，更差的嗅觉和听力等）。为了生存，经过几千年的驯化，狗狗已经具备了其他的能力，从而使得它们能够更好地融入人类社会之中。

经过进化的狗具备了与人类共同生活的能力。

为什么狼要靠近人类?

或者是人类主动靠近狼？人与狼最初的共同生活是怎样的？起初是人类的主意，让早期猎人的妻子收养小狼崽并且抚育它们，还是狼群主动靠近人类以换取食物？真相或许是两种观点的结合。人和狼都是狩猎型动物，又都是具有较强交际能力的社会生物。两者都生活在社会共同体模式，即家庭之中。

狼的行为研究

狼的面部表情清晰地传达了它们的肢体语言。大部分种类的狗狗也具备类似的面部表情。

1. 注意力高度集中的狼会将它的眼睛、耳朵和鼻子都转向声音来源的方向，这个姿态便于采取所有可能的行动。

2. 直立的耳朵、紧皱的鼻梁、缩短的上唇以及凝聚的目光，这只狼正面临被进攻的威胁。此外，它或许还会发出深沉的咕噜声。

3. 伸出舌头、流口水、向后延伸的眼角、后缩的耳朵、平滑的鼻梁和额头、都暴露了这只狼的恐惧和屈从。它似乎有意避免与敌人直接的目光接触。

4. 左边的狼感受到了真实的威胁，它皱着鼻梁、龇着牙、眼角向后、耳朵向前直立。而右边的狼却突然卧倒，乞求宽恕，尽管它也露出了“武器”——这是两只成年狼之间正常的沟通模式。

在社会化生活过程中，它们发现了公平行为的意义，强者并不一定能赢。群体中的所有成员共同遵循这种重要的、能够带来和平的行为方式，争吵过后会互相和解。长期的伙伴关系——父母、兄弟姐妹，叔叔姨妈等对幼年子女的照顾，以及幼年子女的依赖性等都是狼和人类之间的共同之处。

“祖先是狼”的狗的社会双重性有利于它们后来与人类的共同生活，同时，人类变化的家庭结构也使得这种独特的驯化过程得以实现。人类早已知晓，为了更有效地共同生活，一个家庭的成员无须是基因相同的亲戚。对亲戚的认同及其关系不仅仅取决于共同的外表，也取决于相互信任，即“谁关心我、照顾我，我就认可他，他就是我的家庭成员”。另外，狗的这种特性是狼——就算是经过人类驯养的狼——永远也无法学会的。

共同进化理论：这个理论常常被引用，尽管科学界将其界定为推测理论。根据这个理论，人和狼在互相坦诚的基础上建立了对双方均有利的联盟。迄今没有研究涉及到人类的社会行为在驯化狼之前和之后是否发生了改变。然而，这个理论假设人和狼经历了共同的、互相影响的发展阶段，他们想要互相帮助、扶持并得到对方的认可。这意味着，人类通过对自己及其社会伙伴的坦诚和人道，在四脚动物的陪伴下获得了自身的发展。

DNA 研究表明，早在 100 000 年前对狼的驯化过程就已经开始。这表明，人类和狼的发展是同时进行的。即使 DNA 的研究结果是错误的，人类和狗的共同进化在 25 000 年至 15 000 年之前就已经存在了，此时狼也逐渐在向人类靠近，具备了这种偶然相遇的社会基础——对靠近的人类全然坦诚和宽容。之后，人类通过三次驯化过程，将狼塑造成了今天的“宠物狗”。

大约 14 000 年至 10 000 年前，狼开始了被动的社会化过程，它们更多地生活在能忍受、接受它们的人类屋檐下，更多地远离了那些仍然过着野外生活的同类。随后，大约 5 000 至 2 000 年前，人类有目的性地选择和保留了狼的某些特定的功能。第三阶段一直持续到今天，人类对同种类狗狗的交配进行有目的地干涉或引导，从而产生了新的种类。可惜，在选择时人类更多地注重后代的外表，而忽略其社会化行为。

因此，人和狗狗的友谊并非偶然！也就是说，我们起初在社会行为方面就与狗狗更为相似，而不是与我们基因上的近亲——类人猿更相近。相比狗狗，类人猿天性自私，虽然很聪明，但缺乏与人类共同融洽地生活的能力。

狼带来的生存优势：可以推断出，我们的祖先学习了狼的优点（喜欢整理、爱清洁、面对危险懂得发出警告、保持体温、狩猎、驱赶牲畜），从而使整个族群获得了更大的生存机会。今天的我们是受益者，因为我们的祖先曾经将狗狗视为伙伴，与其保持着紧密的、良性的甚至是亲密的关系。尽管有反对的声音，但是人类天生就有跟狗狗建立联系的需求，这类似于我们面对幼小的、未受外界影响的孩子时所感受到的需求。当然，在驯化的第二和第三阶段，我们的祖先有意识或者无意识地选择了那些在行为方式上更相近、理解能力更强和能更快地适应人类生活的狼群。这种特殊的动物或许具备了人类行为中诸多重要的合作特征，从而能够保证自己的后代以一种完全不同的生活方式——人类的生活方式——继续生存下去。这要归功于它们的双重社会性！

狗狗的种类、族群和谱系

为了描述适用于所有狗狗的普遍的“正常行为”，我们必须考虑到狗狗种类的多样性。但是，狗狗既不能百分之百地归类于某个种群，也不能根据其外表和行为方式，例如对家庭成员友好、社会适应力强、食肉动物特性明显等，而归为某一个“种群谱系”（参见 262 页）。同样，“攻击性狗群”这个概念也是不合理的——尽管在法律法规中也是这样出现的。许多种群的归类都不合适。因此，也不存在理想化的“家养宠物狗”，由于它们特定的行为特征可以被归类到“社会适应力强”的族群之中。族群作为动物种类的下级单位，通常是根据主观标准来界定的，例如外表特征。这样可能导致的后果是，一个种群尽管外表相同，但行为方式的差异却非常大。因此，影响驯养的最主要因素除了避免饲养方式的错误之外，应该是重视单个族群内的每个分支的特殊行为方式。

存在狗狗的“正常行为”吗？

不同种类狗狗的行为方式在质量和数量上有很大差异，个体间的差异也非常大。一只獒绝不是一只狮子狗，但是所有种类的狗狗都起源于共同的祖先——原始狼，几千年来它们不断适应其生存环境中的人类及其他们的行为。因此，我们可以推断出，在不同种类狗狗的行为框架内存在着许多一致性。所以，描述某个种类的“家养宠物狗”的“正常行为”还是可能的！

行为——到底是什么？

行为描述的首先是一个生物所有的活动。每个生物都处在不断地变化和发展过程中，在生命的每个阶段都发生着相应的改变。它们影响着环境，同时也被环境塑造着，没有生物能够"不行为"。

当然，行为也受到特定的内因或者外因的影响。首先，存在天生的和后天学会的行为。大自然对我们是充满恶意的，我们必须认真地学习如何应对危险。无论是后天学会的还是遗传的，行为的目的最终都是为了生存。正确的、与环境相适应的行为攸关生死。因为，个体始终处于与它周围环境变化的关系之中，不存在普遍适用的、僵化的关系体系。狗狗和人都是个体，从来没有百分之百的"双面个体"！因此，狗狗和人在他们的行为上不断地互相靠近，最终发展出共同的生活模式。为什么不能把狗狗的行为归纳为一系列"正常行为"呢？

功能范围：为了能够概括描述狗狗多种多样的行为，在下面的章节里我将把单个的行为指标根据其功能，即根据所谓的"功能范围"来归类。因此，对动物具有相似作用或者相似目的的行为方式会被归类在一起，例如奔跑、散步、抓挠、跳跃等都归为"运动"行为（按照功能范围）。由于某些行为方式属于多个功能范围，可能会出现交叉或者多次提及，例如，标记行为既属于交配行为，也属于守护领地行为。我将会在每个章节中具体描述。

嗅地：狼和狗都是"湿鼻子侦探"，在土地上勤奋地工作，为了找寻同类留下的尿液标记或者潜在猎物的气味踪迹。

狗狗是怎样觅食和进食的？

为了生存，狗狗需要的食物量和食物结构取决于狗狗的年龄、体形大小和活动量。狗原本主要以肉为生（食肉动物），特别是肌肉，但同时也食用其猎物胃中的植物。

狗狗是怎样进化为“杂食者”的?

或许是出于好奇，或许是因为狗舌头上的味觉乳突比人类少，狗狗在进化过程中逐渐变为“杂食动物”，并且愿意尝试将所有可能的和不可能的东西变成它们的食物。例如，它们会小心翼翼地品尝灌木枝上的小果子。

我的狗狗们像它们的同类一样，不拒绝啃咬植物根茎和草坪。它们借助腿和爪子在土地里刨很深的坑，然后啃咬植物的根茎。首先它们会对食物进行判断，嗅一嗅、碰一碰。如果食物被证明是可以接受的，它们会舔食物，必要时用犬齿（尖牙）咬住食物，撕扯成小块，然后用前门齿咬碎食物，用臼齿咀嚼，嚼碎，最后吞下。有些狗狗甚至会闭着眼睛舒适地、集中精力地享受食物并且发出咀嚼的声音。

当狗狗啃骨头时，用切牙分离骨头上的肉，或者直接咀嚼骨头。它们非常灵活，会用两只前爪抱住骨头，啃咬时它们通常用一只爪子扶住骨头，另一只爪子用来辅助旋转，并且把脑袋歪向一边，便于更好地使用臼齿处理食物。许多狗狗把咀嚼肌当作“天然的牙刷”。因此，它们的牙齿和牙龈通常都非常强健。

获取食物的捕猎

狼在进食之前必须先处理它们的食物。“家养宠物狗”则幸运得多，女主人会定期从超市带回来食物。狼捕获食物，而狗狗却向人乞求食物——注意，这是您在训练狗狗的特定行为方式时的有力武器。有的狗狗也变得独立了，它们会在垃圾桶里翻找食物。还有的狗狗，例如在沙滩或街道上的流浪狗，会在人类住所附近过着自给自足的生活，独自觅食。不久前我去库克群岛旅行，就观察到“沙滩流浪狗”怎样以面包屑和捕鱼为生。它们不乞求当地的渔民施舍鱼虾，而是自己游泳到礁石区，跳到小礁石上，非常灵活地在几分钟之内从大海里捕捉到足够丰盛的晚餐。可见，饥饿始终是寻找食物、保障生存的最大动机。

捕猎是出于对捕猎的兴趣

捕鱼是捕猎行为中的特例，对狗狗而言，更常见的是猎捕大大小小的动物。因为“家养宠物狗”已经习惯于家庭内的食物供给，很少出现饥饿，所以这种“猎捕兴趣”是由基因决定的天性。如今，在森林或河流中猎捕食物已经成为一种“奢侈行为”。狗狗可以去猎捕却没有收获，但这样徒劳无获的行为对狼来说是代价巨大的——会导致狼因长期饥饿而死亡。狗狗常常会去追捕小鸟或者松鼠，尽管它们知道这些动物比自己灵活敏捷。是为了单纯地消耗体力？不，是因为可以从中感受到乐趣！

四爪猎捕专家：狗是食肉动物，但是经过人的驯养后它们仅保留了最出色的猎捕能力。

漫长的进化过程中，狗狗变成了“捕猎专家”。它们帮助猎人“叼取猎物”，“探察”（高举的前爪原本是小心翼翼地靠近猎物的标志）或者“搜寻”，作为牧羊犬帮助牧羊人（定位、潜行、包围、追赶）。我们的“家养宠物狗”在没有任务时也常常

许多狗狗——不仅仅是特殊的猎捕种类——都会兴致勃勃地追逐猎物，让自己进入捕猎的状态，并乐此不疲。

有追捕行为，它们盯着猎捕目标（逃跑的动物或者迅速移动的物体），闻（嗅），倾听。仅仅是这个过程就能给它们带来足够多的乐趣，至于“猎物”是否能吃，对它们而言根本不重要。

猎捕链：猎捕行为是由归属于不同功能范围的多个行为方式组成的：探索行为（寻找猎物）、攻击、杀死、食用猎物。因此，当狗狗追捕大型猎物的时候，不同的行为总是会以相同的方式前后出现，人们将其称为猎捕链。其完整的顺序是：启用嗅觉——寻找——跟踪——追赶——停止——定位——守候——潜行——等待 / 守候——跟踪——跳起——追赶——攻击——争斗——撕咬——搏斗——咬致命处 / 致命地摇晃——吞食。

整个猎捕链中的单个环节就可以让狗狗欣喜若狂。此外，它们会自我赞扬，乐此不疲。猎犬群的猎捕是特别有效的、成功的，正如谚语所言，“大量的狗预示着兔子的死期”。

捕鼠冲刺——狗狗的芭蕾

1. 狗狗谨慎地穿过草地。当它看到了一只老鼠或者嗅到了可疑的气味，立刻停住，高举着前爪，靠嗅觉搜寻。然后它确定了地点，仔细观察。发现老鼠时，它后腿支撑着身体，背部前倾，迅速地冲向猎物，用前爪抓住它。

2. 捕猎成功，狗狗用它的前爪把老鼠按在地上，不让它逃脱。随即用它匕首般的犬齿咬住猎物，或者用门齿咬住猎物不停地摇晃；接下来撕咬猎物或者将猎物一口吞下，这意味着新的捕猎又开始了。狗狗在大自然中的捕猎游戏看起来滑稽可笑，就像在跳芭蕾舞。

花园和草地都是追捕的好场所。狗狗斜着身子快速地钻进土壤寻找老鼠，它们是“捕鼠能手”。有时它们是体操运动员，“捕鼠跳”是它们的专长。它们弓着背跳到空中，四爪都离开地面，然后四爪同时对准地面上的老鼠，准确地扑到它的身上抓住它。类似的动作还有“捕鼠冲刺”（见左边的照片）。

亲爱的读者朋友们，您可曾见过您的爱犬有类似的行为并仔细观察过吗？比如，在散步时它会在草丛中找寻什么，钻进草丛－摇晃－撕扯？或者它会站在马路边抬高脑袋，高举前爪，嗅着什么？或者它特别喜欢在森林或者郊外跑来跑去，最好还有邻居家狗狗的陪伴？或者在土地上嗅来嗅去，追逐着滚动的球、野生的小动物、骑自行车的人、慢跑的人？它兴奋地用鼻子蹭您，突然跳起，欢快地咬住狗绳？这些都清晰地表明：您的狗狗在猎捕！虽然这些都是狗狗的普遍行为，但是在公共场所却不受欢迎。这部分内容会在后面的章节详细讲述（115 页）。

进食的顺序——一切都在掌控之中?

当然，狗狗在一个社会群体之中（例如家庭）也会为食物发生争斗。特别是当食物数量不足以满足所有家庭成员的需求时，它们之间是否有进食顺序，谁在什么时候允许吃什么？不！我们已经知道，狗狗不具备主动提高其社会地位的能力，不会计划，不会合理地分配资源，例如食物。它们更多的是根据环境和个体的需求做出反应。它们的原则是：“对我而言，今天这块骨头至关重要！”因此，它们对社会伙伴（同类或者人类）的反应是基于个体的学习经验以及学会的应对策略。狗狗学会了从其他伙伴的回应中判断它的行为后果，它们似乎在自私、无私和身体本能的需求之间权衡：“今天我是第一个品尝食物呢，还是宁可不挨骂呢？”

对食物的反应

呕吐食物或者干呕：由于不同的原因，狗狗会吐出吃进的食物，或许因为它生病了，或许因为长时间乘车眩晕，或许是吃得太快，或许它想把吃进去的腐败、尖锐的食物吐出来。我们要区分自然呕吐和故意干呕。剩余的或者不能马上被吃光的食物，狗狗会把它们暂时吞下，然后找一个隐蔽的地点又吐出来，为了掩埋保存或者留给幼犬吃，以防这些食物被抢走。

掩埋食物：通过掩埋来储藏食物是遗传了狼的习性，对如今生活在家庭中饮食无忧的狗狗而言原本是不需要的。

狗狗用一只前爪在土壤、沙滩或者矿砂里挖一个洞，当洞达到一定深度时，它会使用两只前爪，像挖掘机一样把洞里的东西挖出来。狗狗把要掩埋的骨头深深地推进土壤里，然后四爪并用把洞口掩埋好，做上标记，便于以后在需要时能快速地找到。几分钟之后它会，再次嗅嗅食物的气味，狗狗似乎很满意，觉得它的“地下仓库”是不可能被他人发觉的。隐藏掩埋食物对狗狗而言是很寻常的事情，但也是非常重要的脑力劳动和体力劳动。

灵活敏捷——固定在两只前爪之间，以最舒适的姿势啃骨头

狗狗怎样饮水?

研究表明，狗狗每天的平均饮水量应该是60毫升/公斤。然而这与现实中的数据有很大差距，这是因为狗狗所需的饮水量不仅跟环境气候、年龄、身体状况有关，还跟所食用的食物有关（干狗粮或者湿狗粮），其数量差异能达到30%，甚至更多。许多狗狗更喜欢饮用湖水或者雨水。其原因可能是，湖水或者雨水中钙的含量比自来水低，也或许是因为雨水是“软水”，更符合狗狗的口味。

饮水时狗狗的舌头就像一个汤勺，在水和口之间快速地来回转动。狗狗饮水时，水碗的周围可就“发洪水”了。但是我观察过，我家的狗狗在喝肉汤时就很少洒到地上。

早期练习

幼犬在出生后靠吸吮母亲的乳汁生存。最初它们是躺着吸吮，不久后则前腿站立、后腿伸开坐着，再之后就站在母亲身边了。在母亲面前，幼犬会表现出乞讨行为，舔舐狗妈妈的嘴角。为了挤压出乳汁，它们把前腿压在乳头上（压奶），用尽全力紧靠着妈妈，摇晃着脑袋，奋力地靠近乳头。

狼的行为方式

狼总是会采用完整的捕猎链获取食物。幼狼通过自己的经历和对成年狼捕猎过程的观察，学会了区分猎物的种类以及对应的捕猎方法。其他的捕猎技巧都是本能，例如杀死猎物。成功的捕猎能够起到鼓舞作用，有助于提升幼狼未来猎捕的效率。

狼是能量平衡的专家：面对饥饿并且渴望成功时，狼才会去猎捕。因为对狼而言，节省体力将对自己及家庭成员的风险降到最低始终是最首要的前提。当然，捕杀一只驯鹿比捕杀一只梅花鹿或者小动物要消耗更多的体力。所以如果猎捕巨型猎物太危险或者成功系数很小，狼会选择放弃。它们常常会敏捷地跟踪猎物，有时会跟踪几天几夜。有些狼甚至会捕鱼。

猎捕：如果一只单独行动的狼发现了猎物，它就要开始执行最重要的任务了，先是小心地靠近猎物，随后是激动人心的时刻：它从藏身之处突然窜出、奔向猎物、追赶猎物，直至抓住它、杀死它。狼群的共同捕猎更加有效，猎物会受到来自多方位的围攻。“梯队式”捕猎也是狼群最喜欢的捕猎形式，一只狼作为追赶者紧追一只驯鹿，随后由藏身在隐蔽之处的另一只狼接替它继续追赶。猎捕时狼会首先估测猎物的体重，如果面对生病或者弱小的猎物，就直接进入第二阶段：奋力快速地追赶猎物，从旁边一跃扑向猎物，迅速地咬住猎物的脖颈并杀死它。

狼的家族中存在着等级关系。成年狼因其更丰富的经验比幼年狼的地位更高，在猎捕过程中，它们指挥领导着整个狼群。领头公狼和母狼分担着不同的任务，例如母狼必须抚育幼狼。分配猎物也由领头狼决定，如果猎物足够大，所有的狼同时扑上前，分食猎物，此时只会产生小的纠纷；如果猎物很小，那么领头狼首先食用。只有当领头狼吃独食，不跟其他狼分享的时候，才会发生激烈的争斗，此时常常是强者胜。通常狼群里还有一块其他同类不可靠近的“饮食区”。当幼狼分食猎物时，狼父母会照看它们的安全。同样地，成年的狼兄长或姐姐去捕猎时，也会给年幼的狼弟弟和妹妹留下食物。

狗狗的排泄行为和标记行为

狗狗的大小便有双重功能。其一，排泄多余的食物残渣；其二，可以借此跟同类交换信息。

狗狗怎样大小便?

幼犬在出生后的几周内还不会自主大小便。狗妈妈会用舌头按摩小狗崽的腹部，刺激狗崽排便。有些小狗崽在出生后几天就会自主排便了。这期间，狗妈妈会在幼犬排便后迅速把粪便吃掉，或者舔干净。大约两三周之后，幼犬就会离开狗窝，到旁边自行解决了。

排尿：刚出生的小狗崽会后腿略向外分开排尿，小母狗蹲得比小公狗更深一些。最晚四周之后，通常它们就会远离狗窝到合适的地点去排尿了。最晚也就是在这个时期，狗狗就会找到一个最喜欢的排尿地点。幼犬会学习靠近某些物体排尿，例如草丛、土壤等。

成年母狗的排尿方式仍然是蹲式，这与小狗崽或者幼犬相似。成年公狗排尿时会抬高一只后腿，它的排尿行为通常也是标记行为。

排便：无论年龄大小，狗狗都采用分开后腿的蹲式排便，背部弓起，尾巴抬高。狗狗的眼神是“游离的”或者“聚焦的”。

狗狗排尿和排便的次数和数量差异很大，这取决于年龄、性别，以及食用的食物和水的种类及数量。

大小便的气味

许多哺乳动物都会在物体上留下气味，例如土地、树根、石头等；也会在其他生物上留下气味，例如自己的身体、家庭成员身上等——人们称其为标记物体或者标记自身。气味来自于身体的排泄物，例如粪便、尿液或者分泌物。通过留下的气味，狗狗给同类留下了关于自己的信息，也可以在随后的监控中发现其他动物的信息。人类则把动物留下的用以了解环境的气味称为信息素（参见 261 页）。

气味会在同类之间引起特殊的反应，例如可作为屏障，告诫对方：“停下，就到这里，不能再向前了！”

狗狗是怎样标记的

肛门分泌物：粪便的标记效果明显好于液体分泌物。这种气味对我们人类的鼻子而言也是易于辨认的，并且是不好闻的。然而，这种“狗狗自带的香水”在恐惧或者慌乱时也会留在周围环境中——狗狗主人和兽医有时感到非常遗憾。狗狗的粪便不是随意留下的，而是有目的性地留在树的根部或者草丛里，以起到划定界限的作用。

抬腿式撒尿：这是标记行为的另一种形式。

• 母狗会让一只后腿斜向前排尿，尿得比平时更高、更频繁。有些母狗会在奔跑时表演杂技，两只后腿同时离地。特别是体型偏小的母狗，会在排尿过程中仅用前爪奔跑，也就是“奔跑着”留下自己的信息。体型较大的母狗则会选择在墙边或者篱笆边排尿。它们想以此给公狗们留下准确的信息，告诉它们什么时候是结识的最佳时机。我们常常会发现，两只性别不同的狗狗相遇后，会频繁地同时撒尿。这个行为预示着：“让我们在一起吧！”其他时段里，母狗通常会仔细辨认其他狗狗留下的信息，而不会留下自己的信息。

• 公狗会抬高一只后腿进行抬腿式撒尿。这一举动不仅单纯为了留下自然的气味，也有表演的成分。尤其是刚刚成年的公狗特别喜欢表演，它们的膀胱中总要保存一些“书写材料”，无论它们的行程有多远。所以，公狗通常比母狗留下的信息更多。

最喜欢的被标记物：竖直的或者暴露的物体，例如树木、篱笆、墙角、门框、椅子腿等，气味可以在这些物品上长期保存。成年后的狗狗才有这种行为，较早开始抬高后腿排尿的狗狗，对“更高的地位”并不感兴趣，这仅是自

抬高后腿的姿势表示要留下重要信息。

我安全的体现。而胆小的狗狗通常会蹲着排尿。

狗狗大小便之后为什么要刨地？

几乎每个狗狗的主人都会发现，他们的宠物狗，无论公狗还是母狗，在结束大小便之后都会用力地刨地。特别是公狗，比母狗更频繁、更用力。它们用两条后腿交替地蹬刨，扬起灰尘、土壤和草根。这源于公狗的天性，即要留下深刻的印象。这种蹬刨动作不仅有（视觉上）标记领地的功能，还能扩大自己身体气味的影响范围。

排便后用后腿用力地蹬刨，不仅有扩大身体气味的作用，还有表演的成分。

读出路边的信息

狗狗会非常认真地“解读”自己或者其他狗狗的气味，从中获得尽可能多的关于“书写者”的信息：年龄、公狗还是母狗？它们会埋着头、抬高尾巴，全身心地“解读”信息。当一只公狗“读”到了一只母狗留下的“情书”，它会兴奋不已。信息中已经清晰地告知，母狗何时会等它。我们可以观察到，母狗常常会站立几分钟之久，牙齿摩擦发出嘎嘎的声音并流着口水，关注着被荷尔蒙包围着的“情人”在“解读自己的信”。同时，它也在尝试着嗅气味，不停地嗅着被尿过的草地。这种主动深入地嗅气味、“读”信息的行为被称为性嗅（参见 257 页）。我家的狗狗与它的雄性同类一样，额头还会抽搐。

所谓的“雅克布逊器官”（参见 258 页）决定了这些行为。这些管状的组织经过上唇的上颚顶部，把嘴和鼻腔里的洞连接在一起。气味信息通过嘴里的洞传送到鼻腔的嗅觉上皮（参见 263 页），再传送到大脑。在辨认信息之后，狗狗会跟非发情期的标记行为一样，留下自己的信息，以掩盖其他狗狗的信息。有些狗狗，特别是公狗，为了让自己变得更有吸引力，喜欢用自己的尿液“淋浴”，它们会直接尿到自己的身体上或者腿上。

狼的行为方式

为了避免被捕获，狼没有固定的排便地点。幼狼从出生到十二周内会到处排便，随后会跟随年长的狼选择排便地点。

区域标记：在自然的生存环境里，狼群的活动区域会达到150平方公里甚至更广。狼常在树木或灌木上排尿，以界定它们的领地边界。狼群根据气味来辨认是否在自己的领地上。此外，它们还会在常经过的路上，特别是十字路口，留下标记。人们推测，这样便于迷路的狼找回自己的家。狼群也接受其他群体的标记，在它们领地的交界处互相交换标记，以避免进入其他狼群的领地。“抬高后腿”是领头狼的特权。

主动标记：公狼会给母狼或者幼狼留下家族的气味，便于在狼群分散的情形下（例如猎捕时、战斗中、黑暗中）能迅速辨认出对方。我们也会观察到，公狼和母狼相隔很近地一起排尿做标记。这两只狼随后会成为伴侣，共同承担抚育后代的责任。

有时狼也会给储备的食物做标记，便于在需要时能快速找到它们。

对同类或人的标记

狗狗有时会给家庭成员或者不同家庭的社会伙伴——无论是同类（公狗或者母狗）还是人做上尿液标记，此时做标记并不是要宣示它“更高的地位”，这点常常被误解。这种所谓的“主动标记”通常发生在狗狗情绪高涨时，在面对压力时也会发生，其目的或是为了增强归属感，或是作为自我保护的方式，证明自己还是家庭中的一员。同样地，领地里的外来者也会被做上标记。主人或者散步途中路人的腿有时也会成为被标记的对象，这常常是因为它们在自然环境中找不到其他竖直的标记物，例如树木、灌木等。

气味是证据：狗狗所有的体液或者分泌物（例如口水、耳屎等）都带有气味且能传递信息。特别是在遇到同类时，都能起到“证据”的作用，它们会互相嗅对方的舌头和耳朵。狗狗的尾巴、嘴、嘴唇、脸颊上的汗腺都是“信号发源地”，使得狗狗之间的沟通得以实现。

狗狗的睡眠和休息——狗狗是怎样睡觉的？

睡眠对狗狗是至关重要的！睡眠中所有的身体机能，也包括大脑的机能，都能得以恢复。在工作和劳累之后，狗狗更需要充足的睡眠。

狗狗最喜欢的四种睡眠姿势

狗狗刚出生时没有视觉、听觉，在最初的几天里，小狗崽需要很多睡眠。它们侧躺着伸展开四肢睡或者蜷缩成一团睡。随后它们会仰卧或者俯卧着睡。几天后，它们就会自主地由俯卧改为仰卧了，或者您还得帮它们向侧面翻一翻。每只狗狗的偏好都不同，个体的睡姿取决于环境、温度以及小狗崽自身对温度的调节能力。特别是在刚出生的几小时或者几天里，它们自身的温度调节功能还不健全，小狗崽更喜欢蜷缩着靠在母狗身旁。它们横着竖着互相挤在一起，保持亲密的身体接触。如果太热或太拥挤，它们也会俯卧或者仰卧，后腿向后伸展，与其他的狗崽保持一定的距离。成年犬基本也是这四种睡眠姿势，同样也是对环境、温度做出不同反应。当然还有很多个性化的睡姿，是这四种睡姿的演变。比如，有的狗狗喜欢挤在狭窄的缝隙里睡，有的狗狗喜欢脑袋向右倾斜着靠墙睡。

休息——打盹——入睡

在进入长时间休息之前狗狗会转圈，有时它们在折起后腿侧卧倒之前会抓刨一阵。而在短暂休息之前，狗狗则既不抓刨也不转圈。

狗狗可以从站立直接卧倒，把后腿折起改为坐姿，随后接着折起前腿；或者同时折起四条腿。有时我们会观察到狗狗前腿前伸，滑成俯卧位，同时后腿向后伸展。狗狗会在沙滩上、软土上或者矿石堆里找到舒适的睡眠地点，它们更偏爱清凉的休息地。有些狗狗喜欢把自己藏起来休息，它们用编织物或者毛绒玩具给自己搭建起“隐蔽的狗窝”，保护自己不被发现。

睡眠 - 清醒模式

新生的小狗崽除了吃奶、排便之外就是睡觉休息。到了第二周，它们的睡眠时间就大幅缩减。然而，小狗崽和幼犬都保留着典型的运动 - 休息快速转换模式。前一分钟还在跟其他兄弟姐妹玩得开心呢，后一分钟竟突然卧倒睡着了，几分钟之后它又生龙活虎地玩耍起来了。看得出来，狗狗越来越适应人类的作息规律了。

狗狗需要比人更多的睡眠和休息时间，否则它们无法精力充沛地在人类的屋檐下快速地应对各种状况。只要没有接到工作口令或者主人自己在休息时，它们总是会退回到自己的小窝，眼睛紧闭或者半闭地休息一会儿。它们的眼神渐渐变得游离、朦胧，不停地眨眼，眼皮越来越沉重，不择地点地躺倒并且睡着了——这就是所谓的“累成狗”啊！

睡觉时狗狗会经常变换睡姿，睡眠阶段之前或之后它们的嘴巴都会发出咂咂的响声，会打哈欠。打哈欠时狗狗的耳朵是放松的，嘴张得很大，舌头卷起来。有些狗狗还会发出高而细的叫声。

狗狗的睡姿

1. 成年犬最常见的睡姿是“球形”。狗狗半侧卧，爪子收起向前伸，其中一条前腿为了平衡身体略向外伸展，尾巴和腿都向胸部和头部方向蜷起。许多狗狗能以这种姿态休息很长一段时间。

2. 大多时候狗狗会背靠着支撑物入睡（例如枕头、墙壁等）让背部有依靠，同时也能保护背部。狗狗只在感到非常舒适、非常安全的时候才会仰卧着睡。此时，它们的腹部朝上，暴露在外，前后腿放松地垂着。

狼的行为方式

睡眠地点：在饱餐之后或者储备了足够多的食物之后，狼群会休息很长时间。它们通常围成一个圈，根据环境的温度决定彼此间的距离。领头公狼通常不睡在圈内，它会选择更高处或者阳光更充足的地方。在那里它首先会旋转多次，以此清扫杂物，随后会舒服地伸展开，进入甜美深沉的梦乡。

饥饿程度决定睡眠长短：只有极少数的狗狗，例如雪橇犬，能像狼一样在零下60℃的低温环境里仍然可以安睡。因为它们的皮毛足够厚，足以抵御寒冷，此外它们还长有内层皮毛。风是最大的敌人，因此，它们把自己埋进雪堆里，缩成球，四条腿和尾巴都藏在身体下面，任凭大雪把它们埋没。如果没有足够多的食物，饥饿会让狼来回徘徊。它们会打盹，短暂休息一会，以保持清醒去追捕猎物。

总体而言，狼的睡眠时间比狗短得多，因为相比我们的宠物狗——它们是沙发睡眠者，狼不得不为了生存和后代的安危时刻保持清醒。当狼睡着时，也会出现类似狗狗那样的抽搐和声音。

接触式睡眠：狗狗和主人一起午睡是一天中最重要、也是最舒服的时光。不仅仅是老年人喜欢在遛狗之后小憩一会儿，我们的宠物狗也喜欢紧卧在主人身旁午睡一会儿。这表示它们与人的关系很稳定、很安全。当然，不是所有的狗狗都喜欢与同类或者人亲密接触。在人和狗狗关系和谐的前提下，也有“分开的卧室”。有些独立的狗狗更喜欢自由地独自睡眠。

睡眠阶段和梦境

狗狗的睡眠阶段跟人相类似，也是深度睡眠和浅睡眠交替出现。狗狗每天平均需要 10~12 小时的睡眠时间，其中浅睡眠更为重要，这期间狗狗能够立刻清醒并投入到应对环境的行动之中。狗狗的睡眠过程表现为：首先注意力下降，眼睛半闭着放松地倒在“自己的床”上；然后肌肉放松、意识模糊，身体变得沉重并逐渐垂下来；最初的“防范意识”逐渐被睡眠需求所替代，脉搏、呼吸频率和血压都下降。不知何时，狗狗已经进入了深度睡眠状态（参见 264 页）。

接下来会出现与“主动睡眠”相悖的现象，狗狗会频繁地、迅速地眨眼睛，肌肉也会抽动，这个阶段狗狗正在做梦呢。在梦里，它们在大自然里甩动、奔跑、抓挠、追赶、吠叫，它们甚至能听到自己的声音；而现实中，它们的整个身体都在抽搐。有些狗狗下颌不停地咀嚼，或者眼皮、舌头、胡须都在颤动，此时它们的大脑活动亢奋，所以许多狗狗能够在梦境过后毫不费力地清醒过来。在此期间，我们最好不要打扰狗狗的美梦。跟我们人类一样，或许它们正在梦里解决日常难题呢！

狗狗会打鼾吗？

狗狗经常打鼾，比我们想象的还要多。有些狗狗只在睡梦里和深度睡眠阶段打鼾，而有些狗狗却是天生的频繁打鼾者，因为它们是人工繁殖的。

睡眠打鼾：狗的上颚、小舌和舌头边缘伴随着吸气和呼气而颤动，由此产生了一种噪声，这噪声有时会给狗主人带来麻烦。狗狗在仰卧并且脑袋下垂或者偏向一边时大多会打鼾，当狗狗出于其他原因呼吸困难时也会打鼾。通常狗狗会自己调整睡姿，因为打鼾和呼吸困难会产生更多的酸性物质。有些狗主人有“法宝”，他们会碰触狗狗，叫醒它们。这种方法不仅适用于狗狗，也适用于人。

妨碍式打鼾：其原因可能是鼻腔不通畅，比如感冒或者营养过剩型肥胖等，相应的治疗措施能解决这个问题。然而有些备受折磨的“人工培育狗狗”却长期打鼾，例如一些比较鲁莽的种类，巴哥犬、法国和英国斗牛犬、马尔济斯犬、京巴狗、西施犬、拳师犬等，它们的呼吸常常会受阻。可惜，许多饲养者往往忽略这些“妨碍”，导致狗狗发生意外，甚至出现急性呼吸困难引发的窒息，特别是在夏季。大约 100 多年前，这些狗狗还是非常开心的，因为那时候它们还没有像现在这样的“可爱娃娃脸”！

不是不舒服——脑袋向右斜着休息对狗狗而言意味着完全放松！

舒适行为——怎样才能感到舒适？

评价狗狗是否舒适的一个重要指标是“舒适的”行为方式，我们将其称为舒适行为。除了食物、散步和睡眠之外，狗狗的幸福生活还需要些什么？我们是否可以笼统地认为，凡是做出舒适行为的狗狗在这一刻一定是感觉舒服的呢？或者有时候即使做出舒适动作的狗狗仍然面对着压力、期待着舒适的未来？狗狗的哪些行为方式是为了缓解自身压力？接下来的几页里我将回答这些有趣的问题。

什么是舒适行为？

舒适行为包括动物自我的护理行为（舔、抓、甩动、蹭、滚动等），动物相互间的社会性护理行为（互相舔）和通过酸性物质给身体补充最好的给养（打哈欠、伸展、伸懒腰）。简言之，这些动作提高了动物的舒适感。舒适行为也可能是释放压力的方式之一，狗狗以此来积极对抗日常生活中的压力。这种释放压力的方法也被称为“应对策略”（参见 255 页），它使狗狗能够独立地解决问题或者适应环境的变化。狗主人一定会观察到下列现象：狗狗猛甩脑袋，或者摩擦自己的尾巴；舔自己、闻自己；用屁股滑行或者侧面滑行，让口鼻先着地；打喷嚏，大声喘气，高耸背部像个小驼峰；伸出它们的脚趾，用爪子擦鼻子或者嘴部；或者呕吐，狗狗自己做出“呕吐”动作，嘴唇向后拉扯，令人作呕地咀嚼，这些足以使狗狗把吞进去的、难吃的食物从嘴里吐出来……我们必须要区分对待这一系列不同的动作。

自我护理的方式

我们首先还是停留在身体护理层面，即狗狗对自己的护理。

舔口鼻：狗狗会用伸出舌头舔自己的口鼻，特别是在饮水或者进食之后，为了清理口部的残渣。在狗狗面对压力时，或者作为缓解矛盾的标志时，它们也会做这个动作——许多狗主人对此却不够重视——狗狗的这一行为表示它目前不满意，但却渴望舒适。当它的对手，无论是人还是同类，读懂了这个“求救信号”并采取缓解压力的措施，狗狗随后会感受到舒适。也就是说，狗狗的行为常常起到发出信号的作用。

摩擦爪子：在试着缓解压力时，狗狗会躺着或者坐着，举起一只爪子蹭两边的脸颊，就像洗脸海绵一样。这可能是在清洗脸颊，也可能是为了缓解压力，考虑狗狗所处的整体环境来鉴别是必要的。如果狗狗清晨清醒后做这个洗脸动作，它可能很快又会睡着。狗狗有时会用爪子盖住眼睛和部分脸颊，人们感觉狗狗似乎是害羞了。狗狗有时会同时用两只爪子洗脸，然后仔细地闻爪子上留下的脸部和耳部的气味，同时可能还会打喷嚏，大声喘气，嘴巴发出咂咂的声音，这样的脸部按摩让狗狗非常舒服。您不相信？不妨自己尝试着按摩一下，您会发现，多么放松、多么舒服！用手不断重复地按摩脸颊，压力彻底没有了！

舔舐并轻咬自己的皮毛：幼犬就会用舌头舔掉皮毛上残留的奶渍。成年犬会舔舐或者用牙齿轻咬自己的皮毛，寻找异物以及寄生虫，例如虱子等。它们咬住自己的皮毛，让毛发穿过牙齿缝。它们舔自己的爪子，有时用力咬。当然它们也舔自己的腿和生殖器官，在排便、排尿或者交配之后，狗狗会非常认真地清理自己的相关部位。此时的狗狗是运动能手，它像自由体操运动员一样侧卧着，为了能够到它的下体，舌头从分

在草地上兴致盎然地翻滚旋转是一种享受。后腿舒展地伸开，前腿自然地弯曲，狗狗亢奋地摇晃着自己的脑袋。

开的前后腿之间伸过去。

抓挠：狗狗常用后爪挠头部和耳朵。有些狗狗在抓挠时面部表情扭曲变形，看上去非常享受，好像摆脱了这个世界的束缚。体型较小的狗狗为此常常会失去平衡，它们会摔倒，然后躺着继续挠。这种抓挠应该是刺激了皮肤上的皮脂腺。

甩动：这是自我护理最常用的方式。特别是在早晨或者在淋水之后，无论是在湖中游泳还是雨中散步，狗狗都会甩动自己的脑袋、耳朵和口鼻。随后它们会甩动全身，从头到屁股到尾巴。甩动的同时，为了保持平衡，它们分开腿站着。这时请您仔细观察狗狗的上唇，它的上唇向上卷起，发出呼呼的声音，从一侧摆动到另一侧。

舒适行为是狗狗独特的健康运动方式。

在许多类似场景下，甩动也是缓解压力的方式之一。但它并不是表示压力，而只是表达了追求舒适的愿望。

翻滚：为什么狗狗花了那么长时间护理自己，却又要在地上翻滚呢？像许多哺乳动物一样，狗狗只在感到自由和安全的时候才会翻滚，在地上的翻滚能给它带来极大的乐趣。无论是在湖里游过泳，还是在雨中奔跑过，狗狗都会开心地在沙滩上、草地上或者楼梯上翻滚。有些狗狗弓着背滚，有些狗狗嘴向前伸、以背为轴心向侧面翻滚。然后它们平躺着面朝上，四仰八叉向空中伸展，兴奋地来回晃动脑袋，脊椎起到固定作用。与此同时或者之后，它们大声地喘息、打喷嚏或者甩动全身。这样的翻滚传达给我们的信息是狗狗很愉悦、很享受，人们也可以将其称为“自己的按摩”。彻底的甩动之后，狗狗看起来也干净了许多。

我们可以把这些行为理解为舒适行为，虽然对我们人类而言有些难以理解。为什么有时候狗狗又变成“烦人的家伙”了呢？我会从 142 页开始解释。

社交式身体护理

狗狗互相舔舐或者狗狗舔舐人都表示亲密的关系。它们特别喜欢互相舔对方的颈部、耳朵和头部。父母和幼犬之间的互舔更多的是身体护理。狗在遇到同类或者公狗遇到母狗会互相舔。互舔的过程中，它们得知了关于对方状况的重要信息（特别是在发情期）以及对方的经历。至于狗狗通过舔舐我们，了解到多少关于我们的信息，这个问题值得观察和研究。许多主人都曾经经历过从有狗的朋友家回来时，“被闻、被舔的检查”。

就像曾经提到过的，成年犬之间很少互相舔眼睛和耳朵，只有它们互相认识、熟悉时才有可能发生。而狗妈妈却常常这样照顾它的幼犬，幼犬也本能地舔妈妈的乳头。它们的舌头从门齿中间伸出，大声地吸吮。

另外还有一种舔舐，但却与吸奶或者身体护理没有关系，人们可以将其称为“空舔”。这种“伸舌头”原本是幼犬的乞求行为，成年犬用它向同类或者人类传达“和平的信号”。伸舌头常常被视为缓和矛盾的面部表情，或者被视为“和解”的信号。

甩动身体，打哈欠，急促地喘息

1 甩动身体：游泳之后或者雨中散步之后狗狗会甩动全身。这是天然的烘干法，可以避免皮毛上的水浸透到底层皮毛。

2 打哈欠：打哈欠时狗狗会张大嘴巴，发出特有的哈欠声。这个动作的含义是“我累了”或者“我觉得无聊”。在某些特殊状况下，狗狗也会打哈欠表达自己的情感，例如觉得轻松、缺乏安全感、烦躁不安或者感到压力的时候。

3 急促地喘息：狗狗张大嘴巴快速地呼吸。一方面狗狗可以借此降低体温，即蒸发降温，另一方面可能是为了缓解压力。

我觉得非常舒服——狗狗非常享受地把背部弓起呈山峰状，前爪和脚趾都完全伸展开。

打哈欠和伸展身体——是渴望舒适吗?

人们常常把类似的行为方式，例如打哈欠、伸展、伸懒腰、急促地喘息等，跟酸性物质能够给身体提供更好的供给联系在一起。如今人们知道了，这跟舒适行为有关。我们自己也曾体验过，起床后或者长时间疲劳的工作之后打个哈欠、伸个懒腰是多么舒服。在非常尴尬或者无助的时候，我们也会打哈欠。通常我们很难跟伴侣解释，为什么在浪漫舒适的“烛光晚餐”时会打哈欠——是因为气氛轻松安静，而不是因为无聊。打哈欠不仅能让人放松，也能让人因产生共鸣而感到高兴，它具有传染性。无论在公交车上还是坐在自家车上，您旁边的人都会因为你的哈欠而感到轻松。请您再次尝试下全身心的放松!

打哈欠: 狗狗打哈欠的次数比我们想象的要多得多。它们特别喜欢把哈欠视为“和平信号”或者缓解压力和恐惧的信号。征服欲强烈的公狗会对它的“意中人”打哈欠，它非常不友好地露出牙齿并且发出噜噜的声音。狗狗“争吵”时也会用哈欠表示友好，它应该被解读为“我不是这个意思”。亲爱的读者朋友们，当您的狗狗经常冲您打哈欠，这可能代表着和解，也可能有相反的含义。不当的训练方式或者误解、惩罚都会给狗狗带来压力，当狗狗冲着您打哈欠时，或许是因为它不理解您的口令，尽管它已经努力去做了。它打着哈欠，摇动着“和平的旗帜”，因为它觉得不舒适但又渴望舒适。这时您必须做出正确的回应——友好的语调和正确的沟通方式，你们俩又在同一条战线了。您也可以冲着狗狗打哈欠，借此清晰地告诉它:“放轻松!”

伸展身体: 狗狗会侧卧、仰卧或者站立着。它们最大限度地伸展身体的每个部位，包括头部和颈部。此外，还常常伴以打哈欠。

炎热的天气里狗狗会有什么行为?

天气炎热时我们人类会出汗，汗液通过皮肤表面散发到周围环境中，这种蒸发降

狼的行为方式

研究表明，与狗狗相比，狼护理自己身体的时间更少。这也跟狼特殊的皮毛自我清洁功能有关。伴随着四季的更替，狼也从冬天的厚毛换成夏天的短毛。

狼常常会在猎物上或者猎物尸体上翻滚。普遍认为，通过翻滚，狼用死去的猎物的气味掩盖自己的气味，从而提升成功猎捕的可能性。有些猎物，例如高等猎物，嗅觉非常灵敏，在狼发起攻击之前它们就已经嗅到了危险的气息。翻滚之后，狼的气味迷惑了准备猎捕的动物，因为猎物会误认为它是自己的同类。

温使得身体感到凉爽。只有灵长类动物（人，类人猿）才有这种通过热量交换调节体温的功能，每天大约排汗 800 毫升。而狗狗只能通过爪子上的皮肤排汗，其他身体部位的皮肤都没有汗腺。因为狗狗的汗腺不足以降温，它们必须寻找其他的降温途径。

急促地喘息也是降温

狗狗急促地喘息是为了调节体温，也就是说它们通过蒸发鼻腔分泌物来降温。降温的过程如下：狗狗的鼻腔和嘴巴里的黏膜有特别多的褶皱，其总面积比狗狗身体的总面积还要大。此外，还有无数的毛细血管流经这些黏膜。狗狗用鼻子吸气，用嘴呼气，呼吸的频率可达到每分钟 400 多次。吸入的冷空气沿着黏膜蔓延，通过蒸发降温机制使身体降温。狗狗以这种方式降温所消耗掉的水分——特别是在炎热的天气里——必须通过不断的饮水得以补充。因此，热天里必须给狗狗提供足量的饮水。这种降温机制的优点在于狗狗不会损失体内的盐，这点不同于人类的排汗。此外，狗狗的黏膜还具有特殊的热量交换体系——黏膜上的静脉和动脉分布非常紧密，蒸发降温机制使得静脉血管里的血也被冷却了，只有动脉血管的血还能提供热量，随后也会被冷却。冷却后的血液流进身体里，达到了给身体降温的目的，这被称为逆流原则。

狗狗头部的降温体系尤为重要，特别是当它在炎热的天气里捕猎或者快速奔跑时，因为那时它头部的温度会快速升到 40 度。通过急促地喘气和在血液充沛的鼻腔内的“热量交换”，狗狗头部的温度得以降低。所以，如果您的狗狗在大热天里短时间地奔跑，您大可不必担心。安静时狗狗则很少出现急促的喘息，因为相比工作时，它们不需要过多地降低体温。

其他的降温方式：狗狗舔舐自己的皮毛使其变湿（蒸发）；随季节（以嗅觉为依据）更换毛发；躲到阴影里，只在清晨或傍晚活动，喝更多的水或者到湖里游泳。还有一个特别之处是狗狗的所谓的“降温窗口”，即前腿之间、胸膛、腰等身体部位，也就是没有被体毛完全覆盖的部位。根据嗅觉的判断，这些“窗口”在热天里打开，在寒冷的天气里关闭，表现为狗狗舒展自己的身体，或者蜷缩成一团。

那些起源于寒冷地带的狗狗是怎样度过炎热的夏天的呢？典型的北部狗狗的代表，如纽芬兰犬或者阿拉斯加雪橇犬，同其他种类的狗狗一样，在炎热的天气里几乎无法排汗。尤其是哈士奇通过前爪排汗非常困难，因为它们的前爪相比其他种类的狗狗相对较短并且更加紧密，所以调节体温的功能是有限的。此外，雪橇犬跟狼很相似，有两层皮毛，包括长的防水外层皮毛和细密的里层皮毛，因此，它们能够自如地应对寒冷地区的环境。这些狗狗运动时，里层皮毛通过摩擦产生热量，而外层皮毛又能阻止热量的散失。并且由于它们的皮毛太厚，通过“降温窗口”也不能散发出热量。

怎样帮助狗狗散热呢？

- 不要让狗狗待在狭窄的没有隔热装置的空间里，例如狗笼、狗窝或者其他类似的空间。特别是不要把狗狗留在汽车里，在炎热的车里仅仅待几分钟就足以让狗狗窒息。

狗狗用后爪挠自己的脑袋和耳朵，这可能是对自己身体的护理，或者是它尝试着以此来排解压力。

- 给狗狗提供足够的饮水。
- 将您的活动（骑自行车，慢跑）和遛狗时间都安排在清晨或者傍晚。
- 让狗狗的毛发变短，可以给狗狗梳理厚厚的内层皮毛或者直接剪短。
- 请给房间通风，并使用百叶遮光帘。
- 让狗狗在清凉的水域游泳，用凉水给狗狗淋浴，让它们的皮毛变湿。
- 在狗窝里安装制冷装置。安全起见，制冷装置要用毛巾包裹。
- 特别关注年老的、生病的、肥胖的、刚做过手术和有心脏疾病的狗狗。

为什么探察、定位和好奇心对狗狗那么重要？

狗狗喜欢探察周围环境，如果我们准许它们这样做的话。特别是小狗崽和幼犬会充满好奇和求知欲地到处奔跑，想要更多地了解环境。它们就像一块吸水的海绵一样“吸收”新事物。年长的狗狗也保持着很强的好奇心，如果它们还有足够的动力。

好奇心——探察的动力

人和动物都有好奇心。好奇是一种探索陌生环境的动力。如果人们有意识地不断寻找新的环境并且进行探索，以改变无聊乏味的生活或者缓解压力（应对策略，参见 255 页），人们首先得确定方向。狗狗也一样，它们不想总是重复同样的道路。寻找了解新的地点，符合人和狗狗追求舒适的最原始的行为模式。为什么不共同去探索新的世界呢?

第一步：远程定位，远程探察

狗狗的好奇行为和探察行为基本上与狼相似。人类的驯养将狗狗培养成了“特定的能手”，它们的眼睛、耳朵、鼻子都极为灵敏。通常只要远处出现新目标或者新的状况，狗狗都会立即发现。当狗狗探察远处时，它站着或者躺着，似乎是在“潜伏”。它的眼睛、鼻子和耳朵都朝着风的方向，不停地嗅着气味；它斜着脑袋，偶尔抬高一只前爪——立定着随时准备出击，这些都是猎捕链的组成部分。当“探察”的结果是正面的或者没有危险，狗狗才会缓慢谨慎地靠近目标，脑袋压得很低，目光却始终盯在目标上。

狗狗是天生的“好奇者”，想要探知了解周围的环境。

这里我们看到了幼年教育的影子。动物们从小就得学习在有吸引力的食物和保全自己的逃跑中进行选择。通过练习，它们学会了面对危险不惊慌，学会了自信和正确判断自己在环境中所处的地位。这一过程中，那些胆大心细又好奇心强的狗狗比其他同类更有优势。幼犬只有在安全轻松的氛围里才能学到这些本领，与社会伙伴（人或者同类）和谐、安全的关系会对它们的学习起到至关重要的作用。

第二步：近距离定位，近距离探察

当狗狗发现了远处的目标，无论是活的或者死的，它们都会靠近目标，仔细探察。它们嗅气味，用前爪和口鼻试着触碰或者舔舐目标，接下来会试着去咬它。此时的味觉、嗅觉和触觉都发挥作用了。如果整体状况对它不利，狗狗通常只会“好奇地张望”并且退后一段距离。

狗狗的感官系统

狗有“第七感”吗？无论是远程还是近距离探察，狗狗都需要调动所有的感官系统。常有人说，狗狗“灵敏的触觉”是第七感。这似乎能更好地解释为什么在女主人的车还没有拐到门前这条路上的时候，狗狗就已经觉察到了。为什么狗狗在晴朗的天气里烦躁不安并大口喘气，不久之后真的就有暴风雨了呢？为什么狗狗能在陌生的环境里穿过茂密的灌木丛找到饮水的小湖或小溪呢，是它们能嗅到水的气味吗？为什么在昏暗朦胧的清晨或夜晚，当我们迷失方向的时候，狗狗却能陪着我们安全到家？这一切听起来非常刺激，而事实却更加刺激。

感官系统如何起作用呢？

像许多其他生物一样，狗狗借助于所谓的接收器来感知外界的刺激和信号。有效的刺激激活了这些“接收器”（参见 263 页），由此产生的脉冲波通过不同的神经传递到大脑的特定区域。在那里，脉冲波得到处理和分析，在极短的时间内又通过神经——脉冲波反馈回来，产生特定的身体反应。当这些环境信息经过加工处理之后，狗狗就对它周围的环境形成了一幅图画，这与我们人类截然不同。那么人和狗狗的区别究竟在哪里呢？

听觉——强大的“声音捕捉”能力

狗狗的听觉比人类灵敏得多。狗狗在测定声源时会精力集中，脑袋朝着目标方向来回摆动。狗狗的耳朵能够在 1/16 秒之内转向声源。您可以自己做个测试。在家里非常安静的时候，非常轻声地跟您的狗狗讲话。您会发现非常有趣的“耳朵转动”。那些极轻的、我们的耳朵听不到的声音却逃不过狗狗的耳朵。

狗狗发达的感觉器官

1 视觉：狗狗能够观察到很远处的运动。狗狗的眼睛在脑袋的两侧，这是它的特殊之处，因此，它的视域能达到 250~290 度（人的视域仅为 220 度），这有助于它更好地观察周围环境，从而发现猎物。

2 听觉：狗狗能够听到很远处的声音。它们竖起耳朵、转向声源方向，从而确定声音的准确位置。是许多耳部肌肉的协作共同完成了这个动作。

3 嗅觉：狗狗在气味浓度极低的情况下仍然能够闻得到气味并且加以区分。狗狗有平均 2 亿个嗅觉细胞，在其鼻子和舌头的共同作用下，成就了它超常的嗅觉。通过“深度嗅”，狗狗们能够收集重要的气味信息。

4 味觉：人们还不确定，狗狗们是否有发达的味觉。狗狗舌头上的味觉乳突比我们人类少。

狗狗的听力范围：狗狗的听力在低频范围内跟人的相类似（狗狗的是 67 赫兹，人的是 64 赫兹）。狗狗的最佳听力范围大约在 4 000 赫兹。小孩子的听力能达到 17 000 赫兹就已经是人类的上限了，狗狗的听力在超声波范围内却能达到 45 000 赫兹，这对我们人类而言是望尘莫及的。就算在这个范围内，狗狗对声音大小的灵敏度仍然是我们人类的 2~4 倍。因此，高频率的噪音，例如吱吱作响的金属门，会让狗狗难以忍受。

狗的胡须同我们的指尖一样灵敏。它们能传递通过碰触感受到的信息，帮助寻找食物及在黑暗中的定位。

更加有趣的是，狗狗在倾听复杂的语音模式时对起始部分特别敏感，例如给出的口令“坐下”。狗狗听到高声低频的口令时，也能迅速地做出被动行为，例如“站住”。相反地，回家应该是它的主动行为，最好用低声高频的口令，最理想的模式是高频口哨。

所以建议您不要对您的狗狗大声喊叫！这只会给它带来伤害，让它感到恐惧、压力、无助和困惑，却不能让它更加顺从，也不能改善您和它之间的关系。好的驯犬师常用耳语！让您的狗狗自小就接触各种日常声音，您可以逐渐提升声音的强度和持续时间。然而，为了避免噪音让狗狗生活在远离闹市的郊区也不是明智的选择，这只能阻碍其听力的发展，这跟大城市里持续的噪音带来的伤害是一样的。最佳方案是两者的融合！

嗅觉——出色的侦探鼻子

在嗅觉方面，狗狗相当有优势。它们的鼻腔黏膜的嗅觉上皮（参见 263 页）面积很大，并有许多嗅觉细胞，气味信息经过口和鼻的“雅克布森器官”传送到大脑，大脑中的嗅觉中心负责分辨评价各种气味，使得它对气味极其敏锐。与狗狗的鼻子相比，我们人类的鼻子几乎就不值一提。狗狗大脑中的嗅觉中心面积大约是人类的 40 倍。

狗狗迎风翕动鼻子，一定是嗅到了重要的气味。它会马上跳起来去探察目标猎物。

嗅空气：动物吸气时也吸进了灰尘和小水滴，这些都是气味信号。狗狗会抬高脑袋，有时也会抬高一条腿，不停地翕动鼻子，仿佛在说："我闻到了一种气味。"无论是远处的水源、被扔掉的香肠、活的动物还是动物的尸体，所有的气味都能被狗狗捕捉到。

嗅土地：狗狗会在土地上勤奋地工作。如前文所述，它们每天都在"读土地日报"。它们调查尿液标记及其含义，对特别感兴趣的"文章"得多舔舔，为了改变它的气味。这期间我们能听到狗狗急促的呼吸声。小狗崽出生后的第一周似乎还不会定位，不久之后，它们就会用鼻子给妈妈和兄弟姐妹定位，给土地和环境定位。

当然不同种类的狗狗之间的嗅觉差异很大，就是同种类狗狗之间的个体差异也很大。狩猎型狗狗完全依靠嗅觉工作，而对于别的狗狗而言，"阅读"有趣且重要的"狗狗日报"是它们克服压力和无聊的手段。请您允许它们尽可能多地去从事自然行为！

视觉——目光敏锐的猎手

狗狗看到的世界跟我们人类不同。即使是远处极小物体的运动都逃不过它们的眼睛，相反地，它们对近距离的观察有时却模糊一些。尽管狗狗的视网膜上也有被称为颜色接收器的视锥细胞（参见 266 页），但它们对灰色（白色和黑色）以及二向色（蓝和黄）较为敏感。它们的视网膜上有更多的视杆细胞（参见 264 页）。在反光膜（参见 264 页）的协助下，即使在少光的环境里，例如黄昏或夜晚，狗狗仍然能够看清楚。您可以做个试验：在一个深夜，您带着狗狗经过没有灯光的公园，您会发现狗狗的视觉丝毫不受影响，没有跌跌撞撞也没有撞到墙，睁大的眼睛和扩散的瞳孔使得狗狗能够看清远处很小的物体并能辨认出轮廓。

狼的行为方式

幼狼对通过其他生物或者物品了解世界非常感兴趣。长大后，随着恐惧感的增加，它们的好奇心有所减弱。它们的脑海中有清晰的“朋友”、“敌人”和“可能的猎物”的区分。所以，尽管是大型猎物却逃不出“只有三块奶酪那么高的狼”的攻击。我们可以收集到很多关于狼的有价值的信息。

感官的发展：比较狼和不同种类的狗狗在感官上的区别非常有趣。狼崽出生后的反应跟同龄的金毛猎犬、西伯利亚哈士奇、牛头梗等相类似，大约两个半周左右就对视觉刺激有反应，会盯住不放。贵宾犬和牧羊犬要到大约四周时才有反应。面临突发的刺激，三周大的贵宾犬才有反应，而狼崽要提前一周。狼和贵宾犬在行为能力上的最大区别在于嗅觉，狼崽在七天时就已经具备了这个能力，而贵宾犬的幼崽要到三四周大的时候才可以。这就证明了，在人类屋檐下的生活让小狗崽的感官发育滞后了。小狗崽不再像它们的原始祖先那样，为了生存必须马上掌握嗅觉能力，这是猎捕中的重要组成部分。行为研究学将这种现象称为“人为因素的应激滞后”（参见 259 页）。

狼非常依赖各个感官的正常运作。捕猎对于狼是事关生死的大事，所以它们必须在极短的时间内发现猎物留下的无形的气味踪迹。而错误地跟踪猎物，比如面临困境又极度饥饿的情况下，极有可能会导致生命危险。因此，对狼来说，发觉猎物踪迹的能力部分是天生的，通过后天的学习则会变得更细致、更强大。

狗狗与电视机：狗狗看电视是有困难的，狗狗看转换特别快的图片是模糊的，所以它们会对着图片大叫。频率 80 赫兹的闪频最适合狗狗的眼睛。

味觉——美食家还是杂食者?

我们对狗狗味觉的了解相对较少。如前文所述，狗狗舌头上的味觉乳突比人类少。有些狗狗的确是杂食者，所有可能的、不可能的东西它们都会作为食物尝试一下。许多狗狗没有恶心的感觉，无论是腐烂的野生动物的肉，还是垃圾桶里找到的早已过期的香肠,我们的“杂食动物”都会毫不拒绝地享用。然而有些狗狗却是“美食专家”,偏爱特定的食物或者口味。幼犬常常有“挑食行为”,这通常是后天学会的。狡猾的狗狗已经发现，当它们拒绝普通的狗粮时，女主人的态度会“变软”，会为它们提供更美味的食物。烤肉、炒肉、特殊的狗粮，被宠坏的狗狗对饮食却越来越挑剔。有没有对付“挑食狗狗”的办法呢？当然有——少给食物或者控制食量。您会发现，狗狗很快就重新有了饥饿的感觉，“狗碗里有什么，它就吃什么”。饥饿是最好的厨师。

触觉——比想象的更加灵敏

狗狗的皮肤和皮下组织里有许多对碰触、按压、疼痛和温度等的感应细胞。这些感应细胞接收外界的刺激，并通过神经传导体系将收集到的信息传送到中枢神经系统（脑和脊髓）。皮肤表面的感应细胞则负责感应表面的刺激。每个狗主人都会有如下的经历：当一只苍蝇落到了熟睡的狗狗的背上或鼻子上时，狗狗马上就会定位“入侵者”的方向，或者猛烈地摇摆，或者抓挠。两周大的小狗崽就有这样的反应了。狗的触须是特别敏感的，包括触须周围的上唇、额头、眼眉等区域。触须能够帮助狗狗测量空间，所以，给狗狗剪毛的时候请一定保留触须!

这个眼神意味着“让我们一起去探索世界吧”，谁能拒绝它呢?

狗狗跟我们一样，对压力以及训斥都特别敏感，相应的疼痛感应细胞会做出迅速逃跑的反应。所以，对狗狗的体罚是没有意义的（因为通常都不成功），只能带给它伤害，也违背了保护动物的初衷。请您放弃语言和身体上对它的惩罚吧!

从爬行到马拉松——狗狗是怎样运动的？

狗狗是奔跑型动物，每天都需要自由奔跑，这与年龄、种类、健康状况和训练无关。最好是让狗狗每天奔跑 2~4 小时。然而，在花园里溜达、骑自行车或者带狗绳奔跑都不能算在内。所谓奔跑，指的是让狗狗没有狗绳的束缚，在尽可能不同的自然环境里自由奔跑。

现实中的自由奔跑

绝大多数公共场所包括公园的入口处都竖着警示牌“禁止带狗入内”，您虽然持不同意见，但又无能为力。那么，就去郊外的树林，让狗狗尽情地奔跑吧！但是注意，没有任何地势变化的地方，狗狗通常不感兴趣。

狗狗渴望运动

说到狗狗的奔跑，不得不提到我们家上次在威尔士的徒步旅行，以及我们的两只杂交狗艾丽莎和亚诺斯的趣闻。它俩每天的奔跑路途远远超过我们的 20 公里，在草地、草丛、牧场的自由奔跑让它们发现了许多有趣的东西。亚诺斯三天后行动就缓慢了许多，而它的同胞妹妹一直到第 7 天仍然兴奋地跑来跑去。

然而有一天，艾丽莎的“电池”突然就没电了，它连续睡了 14 个小时，随后又恢复状态，精力充沛地跑完整个徒步旅行，高兴地沿路探索。

我提到它们的经历想要说明什么呢？这表明，即使是同胞的狗狗也有不同的需求。说到运动，每只狗狗都有个体的需求。狗狗需要自由的奔跑，为了探索世界，为了跟人或其他的狗狗建立联系，有时就只是为了紧急的“解手”。至于狗狗中的长跑健将，例如，工作着的雪橇犬能够拉着车一天跑 80~120 公里，无论是平坦的大路还是结冰的小道，这种状态能持续很多天。当然剧烈的运动期间也需要相应的休息。

不同的运动形式

让我们仔细观察狗狗的运动形式，就会发现三种模式：慢走、小跑和飞奔。

走或者慢走

这种缓慢的运动方式让狗狗从头到四肢都非常放松。小狗崽初学走路时不得要领，只能用弯曲的后腿摇摇晃晃地走，不过比起刚出生时已经进步多了，那时它们只会用四脚爬行，偶尔用前爪做着类似划船的动作，那段时期，它们的后腿似乎没什么作用。

走或者慢走既可以是平常的运动形式，也可能是谨慎、恐惧、示弱等的标志，这必须得结合具体的环境状况来分析。当狗狗与同类或者人在一起时，特别缓慢地行走可能意味着压力、恐惧或者矛盾。您一定也遇到过这样的场景：狗狗的主人大声呵斥着，命令狗狗赶紧过去，但是狗狗却非常犹豫而缓慢地朝主人的方向移过去。为什么会这样呢？因为，那时的狗狗处于选择食物和逃跑的矛盾之中。它不能毫无压力地回到主人身边，因为主人已经给它威胁。如果狗狗非常警惕地慢慢前行，它可能是要开始猎捕行为了。它轻轻地、谨慎地靠近，为了不惊动目标猎物。狗狗也会倒着走，特别是小狗崽，出于对恐惧的反应、对外界刺激的警惕或者在游戏当中，都会出现倒着走的情况。

狗狗是奔跑型动物

小貼士

狗狗有非常灵活的脊椎，以及相应的肌肉使得狗狗具有超常的运动能力。另外，狗狗没有锁骨，全由肩关节决定其灵活性。因此，无论是障碍滑雪，还是其他的技能运动，甚至“之”字形的追赶兔子都是狗狗的拿手好戏。当然狗狗也分为“短跑能手”、“长跑能手”和“懒虫”。但是无论属于哪一组，它们都比我们人类跑得快。

小跑和飞奔

小跑是狗狗最喜欢的运动方式。如果被允许不带狗绳自由奔跑，它们最喜欢小跑。那时，它们高昂着脑袋，无忧无虑地掠过地面。狗狗的飞奔可以区分为急速短跑和略慢些的、一定距离内的跳跃式奔跑。因为急速短跑非常消耗体力，狗狗只会在短距离内偶尔尝试。就像在风道里的测试一样，狗狗的脑袋向前倾，腿收缩到身

狼的行为方式

狼的飞奔是传奇式的。它们每小时能跑6-8公里，一个月通常能跑400-500公里。根据地形和嗅觉探察的难度，它们会短暂休息一下，随后会逐渐地放慢速度。狼在跟踪猎物时，休息的时间会短很多。它们可以连续几天在一个地区游荡，每天跟踪猎物飞奔60公里甚至更远；也可以毫不费劲地游过较宽的河流；后腿直立并且通过嗅觉搜寻猎物，跳过障碍物也都是狼的日常运动模式。当然为了节省体力，它们只会在必要的情况下才这么做，否则狼会直接奔跑着撞倒障碍物。

体下面，几乎不着地，那种“整个身体都在飞”的感觉让狗狗非常着迷。它们偶尔会急速飞奔，为了摆脱危险迅速逃离到安全区域，或者为了追赶猎物以及将潜在的敌人赶出自己的领地，或者仅仅是出于游戏的目的，狗狗愿意飞奔，以消耗多余的能量，释放压力。它们喜欢互相追赶，一起玩“捕捉游戏”，有时扮演猎手，有时扮演猎物。

其他的运动形式

跳跃和连跳：跳跃是指四条腿同时离地向空中跳起，连跳是指接连的几个跳跃动作。从狗崽时期开始，狗狗就会“开心跳”，无关体形、大小、种类、年龄。它们跳过障碍物，例如灌木丛、花园篱笆等，哪怕那障碍物的高度和宽度是狗狗身体的好几倍。它们有时是自然地跳起，有时是得到了口令——得到赞扬时狗狗为自己的成就感到自豪。但是注意，在陌生地区的跳跃可能会发生意外！特别是体型巨大的狗狗，在起跳和着陆时极有可能受伤。小狗崽最初的跳跃尝试都是很无助的，它们常常得忍受腹部着地的痛苦，然而它们却不知疲倦地练习着，最终演化为有目的性的跳跃，为了追赶一个球或者追赶猎物。

攀爬：无论是独自猎捕还是跟人一起在山间漫步，只要遇到障碍物，例如树根、岩石、牧场围栏等，狗狗都会爬过去。它们前后腿并用，后腿乱踢乱蹬，前腿奋力地向上移动。

转圈：在独自运动时狗狗常常会转圈。它们会突然开始绕着自己转圈，试着抓住自己的尾巴或者游戏式地跑来跑去。无论如何，您都不能对这种转圈行为给予肯定或者赞扬。

游泳——失重的飞行

许多狗狗喜欢游泳，有些是追求单纯的乐趣，有些则就为了从水里叼出小球或者木棍。在夏天这也是受欢迎的降温方式。但是这背后隐藏的含义是什么呢，狗狗为什么对水那么痴迷呢？有些狗狗见到池塘或湖泊必定要跳进去，有些狗狗则特别喜欢喷泉里的水流按摩，原因很简单：水的压力使得血管压力上升，这样狗狗体内多余的水分就会被排出，幸福荷尔蒙（内啡肽）就会充满全身。这真是纯自然的缓解压力的好方法！

跳跃天才——从小路跳进浅水里

1 起跳：用尽全力地助跑，靠后腿的力量从地上跃起。

2 飞行：在空中将身体向前向上伸展，首先伸开前腿，在达到一定飞行高度后收起后腿，同时用尾巴保持平衡。眼睛始终盯着目的地，因为还没有完全飞到高空就得为着陆做准备。尾巴向上翘起稳定方向，前腿尽力向前伸，后腿和屁股尽量抬高。

3 着陆：前腿着地的同时，后腿用力开始向前跑。狗狗非常灵活地借助俯冲的惯性向前奔跑，太聪明了！狗狗没有锁骨，这却有助于它们的着陆，因为着陆时的冲力会让锁骨骨折，而狗狗肩部有力的肌肉群柔和地化解了着陆时的冲撞。

飞行多么美妙！当狗狗的运动渴望顺利地得到满足时，压力完全被化解了。

狗狗天生会游泳，这是本能。它们的后腿做典型的划桨动作，从而保证身体不下沉。它们游得比人更快、更灵活，特别是有小球或者猎物吸引它们的时候。水的密度比空气大得多，狗狗在水里需要克服更大的阻力。虽然它们游泳的速度比在陆地上的奔跑速度要慢一些，但是游泳用到的肌肉也更发达些。在狗狗运动外伤的康复性或预防性训练中，已经把游泳纳入其中。

当然也有怕水的狗狗，这跟我们人一样。

静止状态行为：坐、站及其他

当狗狗不想奔跑或者想以自己喜欢的方式休息、睡觉时，它们有自己喜欢的固定姿势，或者会移动到某个固定的地点。

坐：自小狗崽时就已经试着撑起前腿，从躺着改为坐着。起初它们摇摇晃晃的身体倾斜着，有的小狗崽会马上摔倒。在学习过程中，小狗崽会更舒服地把身体重量压在左腿或右腿上，这与成年犬两条后腿弯曲、屁股坐在地上还是有区别的。

站：为了探索世界，小狗崽尝试着从坐改为站。坐着时后腿是缩着的，而站着时后腿必须得能伸展开。亲爱的小狗崽的主人们，请不要大声嘲笑小狗崽每一次勇敢的尝试。我们小时候也是站立不稳的，膝盖晃来晃去，也常常摔跤。为了保持身体的稳定，小狗崽常常会靠着一个物体或者同类练习站起来。

站立：小狗崽也会站立起来，它们坐着或站着时尝试着抬高前腿，仅靠后腿支撑。如果狗妈妈也站着，乳头太高它们够不着时，小狗崽会以站立的姿势奋力靠近妈妈的。成年犬是平衡能手，为了嗅气味或者靠近某个目标，它们能仅靠后腿站立较长时间。我常常感到惊叹，狗狗在嗅气味时能长时间地、完美地控制身体的平衡。

游戏行为——为了未来玩耍着学习

您一定有过疑问，为什么狗狗喜欢跟自己、同类或者人一起玩耍，即使是老年犬？它们想以这种天生的行为以及夸张的面部表情和肢体语言表示自己很高兴、很幸福吗？或者这是一种“渴望和平”的信号，希望接下来能重新得到舒适的生活？

玩耍有生物学意义吗？

玩耍是灵魂的放松。小狗崽会兴致盎然地在草地上忘我地滚来滚去，并且总能找到来自猎捕、攻击、交配行为等新的组合玩法，各种玩法交替出现。它们纯粹就是为了玩，没有明确的目的。小狗崽和幼犬好像都会“装傻”，每个狗狗都尝试着去战胜其他的狗狗。

然而狗狗在玩耍中，尤其是在社会性玩耍中受益匪浅，它们互相学习并且锻炼了协调能力。我们早就知道，狗狗不仅通过探知，也通过玩耍了解世界。尤其是在狗崽时期，会根据不同的环境和动机，或者好奇地、毫无恐惧地去探索世界，或者在跟物体或同类的游戏中研究世界。小狗崽会首先观察新事物，在确认没有危险之后，才开始它的玩耍。

探察或者玩耍——两者不可同时进行

想要好奇地探索世界，就没有时间，没有兴趣去玩耍。只有当狗狗探察过某个特定范围并确认没有危险之后，它们才会在有玩耍需求的前提下在这里玩耍。但时间一长，它们就会觉得非常无聊，便想要扩大自己的安全范围。尽管面临可能的危险，它们仍然会继续探索未知的世界，那么玩耍的机会就越来越少了。

玩耍和探察在随后的生活中始终是一对矛盾体——对我们人类也是如此。我们去遥远的国度旅行，欣赏那里的自然景色和风土人情，那么我们自然就没有时间待在家里玩牌。

玩耍为了个性的发展

游戏行为既可以是本能的，也可以是后天学到的。玩耍中收集到的信息可以帮助狗狗应对周围的环境。特别是小狗崽在玩耍中尝试、练习学到许多重要的行为方式，而这些都是它们未来生活所必需的。玩耍有利于狗狗的个性发展，它们学会了在特定的状况下权衡自己的长处和弱点。因此，玩耍是重要的，绝不是无目的、无意义的，尽管有些人这样认为。在出生后的几天里，小狗崽不仅在玩耍中了解环境，也了解到了界限。同样地，它们还学到了自我控制和适应周围环境的方法。社会性玩耍尤为重要，小狗崽从出生到大约八周时，会跟它的兄弟姐妹们做社会角色游戏，它们的口号是："昨天你赢了，今天我得赢。"它们在游戏中模拟矛盾和冲突，并以不必顾及后果的方式试着解决冲突。不仅如此，游戏还有助于锻炼小狗崽的咬合力，因为如何控制自己的咬合力是需要学习的。而对成年犬而言，尤为重要的是在玩耍中学习向伙伴发出"和解信号"以及审时度势地做出没有任何损失的正确反应。狗狗必须学会如何交流沟通，尝试着发现应对不同状况的最好方法，有玩耍经验的狗狗能够更好地应对突发状况，会调节伙伴的感受，无论对方出现了怎样的状况。

前屈的姿势和天真友好的眼神，狗狗想邀请对方跟它一起玩耍。

玩耍对老年犬同样重要

成年犬特别喜欢做出本能的、天真的行为，当它们想平息或者缓和冲突时。玩耍的方式有助于它们缓和僵化的局面、化解矛盾，因为玩耍方式中蕴含着"让我们冷静地谈谈吧，或者一起奔跑一会儿"的含义。玩耍不仅体现出已有的舒适感，在某些状况下也表示出为了换得舒适，狗狗愿意做一切让步。

玩耍为了减压：狗狗可以通过不同的玩耍方式放松自己，排解压力。您或许也发现过，您的狗狗在经历过恐怖事件、矛盾冲突或者“批评”之后，会痛痛快快地奔跑或者玩追踪游戏，这能让它们彻底放松，重新找到舒适感。

玩耍中扮演不同的角色：当我们在不同的状况下观察玩耍着的狗狗就会发现，玩耍与猎捕还是有区别的，尽管玩耍似乎也有自我激励的作用。狗狗常常在模拟的追捕游戏中扮演不同的角色——“猎手”或者“被追捕者”，期间还有模拟的“打斗场景”。好玩的狗狗在遇见同类时似乎变得不再听话，它们会特意跟那些几天前曾对自己大叫并且把自己赶走的狗狗一起玩。狗狗的玩耍真的没有意义？不，绝不是。提出玩耍要求的狗狗是在模拟紧急状况，寻找合适的、有经验却不危险的“陪练伙伴”，一起练习应对可能的恐惧，避免受到伤害。这些经验对它们以后的现实生活，特别是在跟没有经验的、危险的同伴接触时，尤为重要。就算狗狗扮演“好斗者”也是一种学习，当然也练习了“狗语”。它们总是“获胜者”——无论扮演的是“猎手”还是“牺牲者”，经验最重要！

玩耍有什么作用呢？

对狗狗未来的发展：

- ○ 促进肌肉生长，在狗崽时期锻炼其感觉器官
- ○ 提高运动的灵活性和协调能力
- ○ 学习“狗语”并扮演社会角色
- ○ 学习控制自己的攻击欲望以及调控压力
- ○ 提高学习能力和灵活应对能力

对现在的意义：

- ○ 化解压力
- ○ 面对危险冲突时的示弱信号
- ○ 为了获得食物、场地、玩具或其他的“表演”
- ○ 与伙伴建立联系并保持联系
- ○ 降低恐惧并提高掌控环境的能力
- ○ 通过学习待命状态提高注意力

对玩伴发出玩耍信号

两只想要一起玩耍的狗狗相遇后，通常会真诚地、不带恶意和欺骗地互相“发出邀请”。它俩是有默契的，一旦建立了联系，它们就希望以后能长期一起玩耍。

狗狗怎样发出玩耍邀请呢?

观察狗狗的玩耍可以发现，与紧急状况相比游戏要轻松许多、平和许多。狗狗的某些典型的、特殊的行为方式是为了邀请同类一起玩耍，它们发出信号“我想玩”。

玩耍表情：狗狗迅速地把胜利的表情转换为屈从的表情，例如对攻击的恐惧，为了向对方表示“这只是游戏”，通常它们会把上唇尽力向后拉，耳朵直立或者后垂，目光“呆滞”。或者发出邀请的狗狗会从后方调皮地斜视对方，这时可以清晰地观察到它的眼白。它们的嘴微微张开，或者迅速张大尽力向后拉扯类似“傻笑”。狗狗似乎有些胆怯，随即转为自信。这样，玩伴的表情就不会是扑克牌上的“扑克脸”了。但如果某个面部表情持续时间过长，玩伴就会露出“扑克脸”了。一个仅仅多了一秒钟的威胁性表情就可能导致战争升级，而狗狗的本意是想一起玩耍，而并非战争!

如果玩伴把游戏当真了，狗狗又会露出邀请玩耍的表情，这次是为了安抚玩伴。

前屈姿态：狗狗向前屈身，脑袋位置很低，屁股和尾巴高高地翘起——这个姿势看似并不舒服。但随后狗狗会迅速地跳起，做一系列的“山羊跳”，邀请其他狗狗一起来玩耍。接下来它们会互相追赶攻击，并常常伴有大叫声。某些种类的狗狗会以这种方式掩盖遗留下来的狼的面部表情。在狗狗发情期，公狗和母狗也会展示类似的“舞步”。

其他的玩耍邀请：狗狗喜欢玩玩具（客体游戏），也会通过一定的行为邀请玩伴——同类或者人——一起玩耍。它们跑向玩伴，前腿跳起，咬着某个玩具（拿物

游戏式地转动臀部，挑逗式地展示玩具球。这是鼓励玩伴来追踪自己，其潜台词是“来抓我啊”。玩伴则会兴趣大增，从侧后方逐渐靠近。

品）看着玩伴，然后让玩具落到地上；或者它们会咬着一只鞋或者一个球（扔物品）。特别是遇到擅长猎捕的狗狗，它们会悄悄地靠近玩伴、绕圈、蹦蹦跳跳地跟随玩伴或者屈服地躺下，这些都是清晰的“跟我一起玩耍吧”的信号。接下来，狗狗会用前腿跳、转圈跳、向前跳的方式跳向玩伴。它们抓刨、摇晃自己的脑袋或者整个身体，把自己摔倒在地或者开始奔跑。就算狗狗用前腿不停地踩踏，那也是它想寻找玩伴一起玩耍的信号。这些并非不耐烦的表示，不像我们推测的那样。

当狗狗微笑时

是的，亲爱的狗主人们，你们没有猜错，狗狗也会微笑。它们微微地张开嘴，上唇越过门齿向上咧。问候和发出玩耍邀请时，或者与之相依偎时，它们都会笑。它们只对人类微笑，不会对同类微笑，似乎是在模仿我们。当您的狗狗冲您微笑时，表示您的做法是正确的。

在狗狗的眼中，初次见面时友好的微笑意味着“略微的害羞”。尽管它们也露出了牙齿，但一定要与威胁性的“露齿”行为相区分。

单人游戏——跟自己玩耍

小贴士

没有玩伴的时候，狗狗会兴致盎然地把脑袋埋进雪里，或者在秸秆里来回蹭自己的脑袋，或者费力地伸嘴咬飘落的树叶。总之，玩性大发的狗狗会在周围环境里找寻各种合适的道具自己玩耍。它们试着固定瓶子、小棍和草根，它们用前爪触碰，用牙咬、摇晃、撕碎，然后甩向空中，再接住，然后又费力地甩向远处。

游戏式的“交谈”：与狼不同，狗狗在玩耍时会发出有节奏的叫声或者用最高音大叫。因为在进化的过程中，狗狗已经学会真诚地喊叫是相互沟通理解的最佳方式。只有这样，才能赢得其他狗狗的青睐。此外，狗狗在行为方式上与主人越来越像，也是有利的佐证。

与狗狗玩耍

观察狗狗玩耍、奔跑或者由于速度太快而摔跟头时，我们会感到非常开心，由此带来的快乐还具有感染性和鼓舞性。所以，亲爱的主人们，当狗狗正在互相嬉闹或者以其他形式交流时，你也趁机让自己放松休息一下吧，任何形式的干预都会给我们和狗狗带来负面影响。为了让狗狗能够学会正常的交流和玩耍，它们需要自由地奔跑。请不要在狗狗兴致高涨地跑向同伴的时候喊它回来，让您的狗狗尽情享受玩耍的乐趣吧！

玩伴的选择

狗狗会根据自己的喜好来选择玩伴。的确如此！

与同类狗狗玩耍：与兄弟姐妹或者体格相似（体型大小）的同类进行沟通是最容易的，狗狗自己清楚喜欢谁不喜欢谁。

- 擅长猎捕的狗狗喜欢跟同伴玩所谓的“客体游戏”，即它们以自由接力跑的形式追逐小球或者互相拉扯小棍（拉扯游戏）。
- 运动健将型狗狗，例如猎犬，喜欢急速短跑和所有“之”字形奔跑的游戏。只有身体素质相当的狗狗才能跟它们一起玩耍。它们常常吐着舌头站在那里，看着正在“热身的”运动员们。这期间它们早已看出了对手的“弱点”，它们或者从慢走改为蹦跳着飞奔，或者跟着小跑。在奔跑游戏中，它们常常变换角色，轮流充当“猎手”或者“猎物”，特别是在熟悉的狗狗之间。
- 许多小猎狗喜欢打斗游戏，它们嬉闹着咬对方的背部、摇晃对方、疯狂地追赶（逃跑游戏），并不断变换着进攻和防守的角色。它们张大嘴巴，脸上没有任何威胁性的表情。它们常常无声地搏斗着，假装互相撕咬。
- 牧羊犬，例如澳大利亚牧羊犬和边境牧羊犬，喜欢转圈跑、潜伏、包抄、悄悄地跟踪、卧倒或者匍匐潜行。狗狗觉得很开心，它们把这些行为视为游戏，毫无恐惧感，并且相信自己“现在正在被追踪”。

狗狗怎样一起玩耍：许多狗狗飞奔着或者冲撞着参与到游戏中，它们模拟打斗场景，互相碰撞，假装咬对方的脖颈。

- 游戏中它们会骑到对方身上，即前腿折起搭在其他狗狗身上，骑在上面的狗狗还会有节奏地晃动胯骨（摩擦运动）。从前面看这个动作非常可笑，这可能是游戏中的交配行为，但也未必都是为了交配，仅仅是玩而已。
- 给人印象深刻的还有“环形打斗游戏”。狗狗面对面站着，后腿支撑，似乎想用前腿抱住对方。通常它们会张大嘴巴，互相大叫，试着掀翻对方或者游戏式地咬对方的屁股。

与人玩耍

当您心情大好的时候，一定也想跟您的狗狗一起玩耍。狗狗会目不转睛地看着您，好奇地站在您的对面。您跟它讲话，它会竖着耳朵、歪着脑袋。现在您把举过头

狼的行为方式

对狼而言，玩耍是除猎捕之外最能消磨时间的事情了。相比狗狗，它们玩得更加狂野。

玩耍需求：玩耍时狼常常扮鬼脸，为了锻炼面部表情让狼群成员更易理解。八个月大的狼会调皮地皱起鼻梁，成年狼的面部表情则更加细致、更加灵敏。出生十二周的小狼会张大嘴巴，露出牙齿，来回摇晃脑袋并学着皱鼻子，夸张地张大嘴巴就是想要玩耍的标志。作为邀请者的狼的脑袋快速而夸张地旋转，几乎有脱臼的危险；而它身体其他部位却是放松的。被邀请的伙伴则会害羞地，从下面和侧面观察对方，或者目光呆滞地看向远处。起初是没有接触式的游戏，但它们很快就亲近起来。

游戏种类：从出生后第二周或第三周开始，小狼崽就会玩接触式游戏，即撕咬或者争斗。它们互相搏斗，拉扯兄弟姐妹的毛皮并摇晃，它们是在学习撕咬。如果搏斗出现疼痛，例如过于用力地撕咬，游戏会马上停止。随着小狼的成长，这种充满疼痛感的撕咬会越来越频繁。从第三月开始，它们最常玩的就是奔跑、追踪和找寻游戏。

对狼而言，与同伴的玩耍非常重要。为了能够成功地捕捉到猎物，它们必须群体合作。没有争吵，没有互相的伤害，狼群中年长的和聪明的就可以得到最好的那块食物。它们假装攻击那些没有经验的，已经没有那么饥饿的小狼们，以类似游戏的方式的转移食物，以便随后独自食用。

顶的手臂迅速向前向下摆动，像孩子一样快速变换着方向，呈“之”字形奔跑，偶尔还跳跃几下。您的举动虽然看上去很幼稚，但是对狗狗而言，这就是清晰的玩耍的信号。狗狗会做出前屈姿势，紧接着开启玩耍模式，信号是大声叫、游戏式地跳起来进攻和逃跑、随地翻滚等。您可以模仿狗狗的动作并且拍手，可以假装威胁它——大声喊着并且伸开双臂追捕它。这样，您虚拟了一个游戏式的打斗场景。您的狗狗毫不畏惧，它会开启新一轮的攻击与逃跑。它们露出典型的游戏表情，高兴地大叫。或许它们在奔跑的同时还发现一个球或者小棍，它们会用尽全力地蹦跳着飞奔过去。这是给您发出的邀请，请您继续与它游戏。

这种游戏有助于锻炼狗狗的理解力和沟通能力，应该多加练习。可惜很多狗狗的主人总是一味地玩“寻回猎物的游戏”。时间久了，狗狗也会觉得无聊、腻烦。

学习玩耍中的“艺术”： 狗狗日常行为中随意的游戏形式可以变化出很多花样，您可以将它们作为口令多加练习。比如，您可以在狗狗喜欢抬起前腿的基础上教它们击掌，它们将很快学会这一招，因为玩着学习是最有效的。

游戏也会成真

如果不能有效地制止狗狗，它们的撕咬游戏、奔跑游戏或者搏斗游戏也可能是非常危险的，我将会在后文详述。尤其是搏斗游戏的信号常常被我们忽略。狗狗想要玩耍的信号不仅仅包括抓挠或者用口鼻碰触，有时它们还会张大嘴巴咬到我们的手或者胳膊。此时，狗狗大多会非常谨慎地用牙咬，然后会游戏式地拉着我们跟它玩一会儿。

和谐的表演——与亚诺斯的家庭音乐会

狗狗还有一个特别滑稽搞笑的游戏方式，就是跟人一起“唱歌”。狗狗会在多种状况下叫着歌唱，或者独唱或者跟同类一起。但这并不一定意味着放松和舒适，而是分离的恐惧。然而狗狗和人的合唱却体现出人和狗狗之间和谐的关系。当然，合唱的前提是人是主唱，狗狗伴唱。

只要我的夫人坐在钢琴前面，我们家的狗狗就会充满激情地合唱。它就像一个明星，脑袋向后仰着，收起舌头，抬高鼻梁，大声演唱。如果得到我们的允许，它还会用爪子用力地敲击琴键。当然，我们可以把狗狗的这个行为解释为引起人类注意的模仿，或者是娱乐主人的方式。可是为什么亚诺斯时常会跳上钢琴，自己边弹边唱呢？我猜想，它可能已经学会了用钢琴来排解压力。

狗狗通过自己玩耍可以化解负面情绪，长此以往还可以提升它的智力。

交配行为——仅仅是为了繁殖还是出于乐趣？

生物界最重要的任务是物种的延续，即将自己的基因传递给后代。动物繁殖后代越多，表明其个体体质越强。只有满足了基本的生存需求并处于安全状态的动物才会繁殖后代。

狗狗是怎样“行事”的?

交配行为是动物社会行为的一部分。雄性和雌性动物必须互相宽容、互相接受，才有可能成功地、安全地进行交配。这绝不是随意发生的，就像许多动物案例所显示的那样。在交配中，有些生物物种的雄性会面临被杀死或者被吃掉的危险，而狗狗的交配行为则要和气许多。另一方面，狗狗不像狼那样有“道德约束”，公狗会表现出持续的交配兴趣，它们会追赶每个发情的母狗。

寻找伴侣——谁合适呢?

前面曾经提到过，狗狗的世界是“母亲主宰”的。母狗当然会挑选最好的、最强健的公狗，才能保证后代的健康。虽然母狗们倾向于体格强壮的伴侣，但是相比“大男子主义”型，它们更喜欢“柔情似水”型公狗。

择“偶”标准：首先公狗得会调情，即“求爱”（发情行为）；当然母狗也要考察未来伴侣“做父亲的能力”。然而受欢迎的并不仅仅是未来的“狗窝建造者”，具有很高的社会能力的狗狗更受青睐。在接触的过程中，除了发情行为，狗语的理解能力也是重要的标准。“阅读”和“使用”社交信号、竞技信号与和解信号都能体现出狗狗的社交能力。母狗的主人常常不能理解，为什么入选者会是邻居家那只最丑的、最粗鲁的杂种狗呢？请放心，您的狗狗更懂些！

人类的干预：母狗的需求常常被误解，因为人工培育时更注重的是体型、外貌和良好的教养等。尽管德国有法律明文规定，存活能力差的狗狗和有基因缺陷的狗狗在现实中却还是存在的。这是人类负面干预的结果，他们会强迫狗狗进行交配。

前戏

进入性成熟期（青春期）之后，公狗们就表现出交配的兴趣，并且主动去尝试。狗狗进入真正成年期的时间差异很大，从 6 个月到 18 个月不等，取决于不同的种类、体重和生活环境。通常狗狗在一周岁之前都会进入性成熟期。狗群之中也是母狗更早熟些，此后母狗每年发情 2–3 次（参见 259 页）。

交配信息：母狗会通过带有荷尔蒙的尿液标记或者发情行为来告知雄性追求者它在等待，特别是在排卵期，它的性趣特别高涨，公狗对此会迅速做出回应。它们会花很长时间，用鼻子仔细地闻那些“爱的信息”，它们是在性嗅。

爱的圆舞曲开始了：两只狗狗在草地上见面了，起初的问候跟平常一样，只有那么一点儿兴奋。它们互相蹭鼻子，闻对方的全身，特别是生殖器。母狗反应更快些，而公狗却需要些时间。母狗的发情气味吸引着公狗，它使劲摇着尾巴从正面靠近它的“新娘”。如果母狗已经进入状态，它会做出前屈姿态，高兴地给这个未来的伴侣发出暗示。两只狗狗已经进入前戏的最美妙时光了——发情，即求爱。公狗会紧跟在母狗后面，一直跟着跑（追跑）。两只狗狗也会打闹、追踪、互相骑跨。母狗也会跨骑公狗，它的暗语是：“我马上就准备好了。”

愿意还是不愿意呢？真正的交配时间是很短的。母狗可以受孕的时间大约是两天左右。人们可以观察到，母狗排卵之后会出现例假，会有肉红色的液体流出，直至排卵期结束。排卵期间，母狗的尿液标记越来越频繁，然而每次的量却很少。这期间，我们还能观察到母狗所谓的抬腿式撒尿。前戏结束后，母狗会静静地站在那里，尾巴偏向旁边，露出它的阴部。兴奋的公狗被母狗的交配气味完全迷住，它猛嗅并且舔舐母狗的尿液和阴部，蹭过来准备交配。但是必须谨慎！如果看似愿意的“新娘”跟公狗开始“捉迷藏”，表明它内心还是不愿意的。

对生殖器的气味进行彻底的检查可以拒绝那些“误解者”。

狼的行为方式

狼到两岁（母狼）或者三岁（公狼）时才会性成熟，它们每年春季繁殖一次。

在发情期的前几个月公狼和母狼就开始嬉戏，建立信任。狼通常一生只有一个伴侣，一旦找到就会保持和谐稳定的关系。狼的发情期持续大约两周，它们每天可以交配2~3次。只有在这期间母狼才有可能受孕，公狼才有能够繁衍后代的精子。母狼一胎能生产1~6只小狼崽。

“狼王夫妇”的地位——狼的家庭模式：发情期的领头公狼和母狼都烦躁好斗，这被称为“发情期狂躁反应”。它们都不能容忍对方的其他追求者。“狼王夫妇”在发情期会阻止其他狼群成员的任何交配行为，为此它们会采用抬腿式撒尿、其他威胁行为甚至主动攻击。领头公狼常烦躁不安，攻击其他公狼，尤其在交配的几天里，其他公狼对领头母狼的任何企图都会被阻止。而领头母狼的策略却不同。一方面，它能干扰狼群里其他母狼，尤其是年轻母狼体内的荷尔蒙平衡，让它们的例假不规律，压制它们的性需求，并让它们“假怀孕”；另一方面，它跟领头公狼一起，共同为狼群的其他成员创造一个舒适的环境。

狼群成员的地位：其他母狼在经历了一个同步的“类似发情期”后，在领头母狼怀孕的同时也“假怀孕”了。它们成为“后备奶源”，作为奶妈，与领头狼夫妇一起抚育小狼崽。这样提高了“王室幼崽”的成活率。狼群的其他成员都成为“狼叔叔”或者“狼阿姨”，承担着“供奶”、“喂食”和“教育”的任务。这种共同抚育后代的模式非常实用，因为“养父母”通过亲戚关系把它们的基因间接地传递给后代，却不必承担亲生的责任，这难道就是基因的自私性吗？

狼群结构的变化：只有一种可能性，即离开狼群组建新的家庭，但这必须得承担死亡的危险。因此，许多单身公狼仍然留在狼群里，它们还能够忍受那里的生活。

在特殊的条件下，狼群家族模式的社会结构也会发生变化。较大的狼群结构复杂，因而会产生相对灵活的等级体系。狼群中可能会有几对“可以繁殖的狼夫妇”，整个狼群每年就会有多胞新生小狼崽。

交配

在正式交配之前，公狗还得再做个测试。它会很享受地站在母狗的屁股旁边，把脑袋放到母狗的背上，为了舔它、嗅它。如果母狗接受，它们就可以交配了。公狗会用前爪抱住母狗的胸部，拉近，跨骑，插入，规律性地摩擦。母狗则比较被动，安静地站着，尾巴歪向旁边。交配持续时间不长，公狗借助后腿快速用力完成射精，交配过程结束。

“粘连”：接下来的5~20分钟或者更长时间，两只狗狗还会粘在一起。这是狗狗交配的一个特点，被称为“粘连”。由于公狗的生殖器在射精后充血胀大，还无法从母狗的体内抽离。如果这时主人强行将它们分开，干扰交配或者驱赶它们，狗狗的生殖器官会受到严重的伤害，极度疼痛。

待生殖器恢复正常后，两只狗狗会小心地分开，然后开始舔各自的“私密部位”进行彻底的清洁。估计这样可以避免其他的感染。

狗狗的同性恋

人类的同性恋概念，即指同性之间的爱和性行为，不能用在狗狗身上。尽管我们常常看到，一只公狗从背后跨骑另一只公狗，做摩擦运动。极少情况下，母狗之间也会发生类似行为。这看似是交配行为，但却未必一定是。更多时候，跨骑被理解为要求臣服的暗语。“骑手”通常更加自信，更加主动，但这绝不意味着占主导地位，因为在狗狗之间没有“等级高下”这个概念。更多时候它们是在积累积极的排解压力的经验。“被欺负者”保持沉默，一定是出于对事件升级的恐惧，面对“强硬派”，它们只好选择沉默。当然也的确会有关系特别亲密的两只狗狗，它们扮演着“同性恋”里不同的角色，其关系的前提是不让对方感受到压力。

出生后狗妈妈会不断地用舌头舔小狗崽，这同时也刺激了肠和膀胱的排空功能。

社会行为——您理解“狗语”吗？

狗狗既不是鲁莽的动物，也对根据社会等级统治社会伙伴不感兴趣，无论社会伙伴是人还是同类。长期以来人们普遍认为，狗狗的内心渴望统治权，希望在与社会伙伴——人或同类——在食物、地位等资源的竞争中占据优势地位——这是荒诞的，也是错误的。狗狗既不会主动地、有目的性地或者前瞻性地提升自己的家庭地位，也没有能力在等级之争里为自己赢得一席之地。它们只是对现状做出反应，是基于在社会互动中学到的经验而已。

什么是保持社会性?

狗狗的社会行为包括所有有助于它们与同类，或者与最主要的社会伙伴——人类的交流和共同生活的行为方式。狗狗是高度社会化的动物，为了生存它们必须跟人类和同类共同生活。它们也愿意跟信任的人和同类建立联系，从而避免社会性的孤独（长期独自生活，流浪街头或者流浪荒野）。

社会性动物的最主要特征是具备交流能力。狗狗的行为是与其社会伙伴——人或同类的行为相适应的，它们能够适应自己家庭内外的生活，这一切的基本前提是能读懂并发出交流的信号。狗狗在社会互动中学会了从交流伙伴的回答中知道自己行为所产生的结果。它们学会从对方那里快速接受正确的信息，从而避免误解和争斗。

这只年轻的狗狗舔对方的嘴角，这是主动的社会性联系行为。年老的狗狗则表示出宽容。

当然狗狗们也学会了怎样在不同的场景下影响交流对象，或者说操纵。重要的是，无论是与同类还是与人，它们都能交流、理解、沟通。为此狗狗使用不同的交流形式。为了能在群体中更好地生活，狗狗必须学会示弱、求和，必须能够读懂隐蔽和公开的攻击行为，也得学会主动攻击，从而避免意外事件的发生。

“狗语”怎样沟通?

狗狗跟社会伙伴——人或其他狗狗——用不同的方式方法进行沟通。它们喜欢以对话的形式进行沟通。当信息的发出者和接收者用同一种方式交流，它们能够无障碍地沟通。狗狗同时处理听觉、视觉、嗅觉和触觉收集到的信号，通常也同时给同伴发出许多信号。这种综合交流方式的优点在于不仅仅能够收、发单个信号，还能帮助狗狗通过不同的信息组合更准确地理解对方。我们人类更多使用口头或者书面表达，而狗狗更信任手势、面部表情和肢体语言所传递的信息。同时它们还用鼻子和耳朵交换嗅觉和视觉信息，适应对它们而言极为夸张的语音和语调。

胡言乱语——狗语：狗狗在幼年时期就已经跟其他狗狗一起练习“狗语”了，如果主人允许它们成年后继续练习，它们的狗语会越来越棒。许多狗主人都苦恼地意识到狗语跟我们的语言有多么的不同！我们怎样才能理解这种生物呢，人与人之间的理解就已经这么困难了。此外，我们希望狗狗也能融入我们的生活。因此，我们也希望狗狗能懂我们人类的语言——声音上的和视觉上的——却无须我们反复地重复每个单词。

两只狗狗之间的游戏表情：躺着的狗狗露出“小丑脸”和放松的爪子，它邀请站着的狗狗一起玩耍，然而任何时候游戏都有升级为“战争”的可能。

亲爱的读者朋友，结论非常清晰：我们人类必须得学习“狗语”！我们之中那些能用典型的狗语的手势、面部表情、语音、声调和肢体语言跟狗狗沟通的人们，很快能得到狗狗的关注。有了关注和在彻底放弃语言以及身体惩罚基础上建立起来的信任，我们就可以教好学的、勤劳的狗狗尽可能理解人类语言的含义，毫无压力地接受我们的口令。前提条件是，不给我们自己，也不要给狗狗提出过高的要求。

接下来我想给大家介绍——狗语的含义。

视觉信号的命令功能

狗狗与同类或者人的沟通主要依靠手势、面部表情、特定的身体姿态和运动方式等。有些种类的狗狗能通过面部表情向同类传递复杂的信息。身体姿态、身体紧张程度、背部毛发的状态、尾巴的位置等，都可以使无声的“交流”成为可能。

面部表情和身体姿态：从恐惧的、屈从的到中性的再到明显的威胁性的表情。

- 正常放松的面部表情：眼睛、耳朵、上唇和所有的皮毛都处于放松和正常状态。比较各个种类之间的差异几乎不可能，因为每只狗狗都有无数的表情。另外，身体姿态正常的话，尾巴也会保持常有的姿态。

- 游戏表情和游戏时的身体姿态前文已介绍过了。“小丑脸”是完全符合场景的，这样的表情和身体姿态会让对方很快转变态度。

- 恐惧的狗狗通常会双眼圆睁，眼神游离且没有观察目标，它们似乎是在困境中寻找出路。有的狗狗会眨眼睛并躲避目光。“胆小者”的典型动作就是后缩的耳朵，上唇和整个嘴也像经历了不成功的整容手术一样向后拉扯着。狗狗缩着脖子、蜷着身体、颤抖地蹲坐着，像个“小倒霉鬼”——没有比这再合适的比喻了，而叠起的后腿和紧紧藏在肚子下面的尾巴使得可怜的模样更加形象。如果狗狗仰卧着露出了它的咽喉，这表示它想摆脱威胁。在极度危急的情况下，为了避免跟对手的眼神接触，

交流是这样进行的

小贴士

重要的信息通过特定的信号在“发送者”和“接收者”之间互相交换，这些信号大多具有口令功能。在交流过程中，每个谈话者都必须“发言”。交流的目的是理性或感性地影响对方，让对方做出某种回应。“讲话者”试着让“倾听者”做出某种行为（游戏要求），或者克制某种行为（警告，威胁行为）。

驯化的缺陷导致有限的交流能力

1 凸出的眼睛和短短的鼻子使得巴哥犬不再能够做出威胁的表情。它们非常失望，因为其他的狗狗不能理解它们。争吵对它们而言已经不可能了，误解是必然的。

2 脑袋上多余的褶皱和过于后咧的上唇，使得驯化的狗狗不能做出真正的威胁或者警告表情。人们想从一张满是皱褶的脸上看到什么呢？是否又多了一两条皱纹？这些狗狗常被欺骗，它们满脸的褶皱还是视觉信号吗？

3 毛极短的狗狗和毛特别长的狗狗都无法再通过毛发的变化暗示出感受到的压力。现在的狼还有 60 种不同的面部表情，而牛头梗却只能做出 3~5 个不同的表情。

4 面部的长毛已经盖过眼睛的那些长毛狗狗不能跟社会伙伴——人或者其他狗狗——进行眼神交流。它们几乎就是瞎子，不能接受交流信号也不会眨眼睛。

狗狗会把头埋得很深很低。

• 狗狗在争斗中想要投降的表情与上面的相类似，但却没有那么痛苦。通常它们的瞳孔不像恐惧时那么大那么圆，偶尔会舔自己的上唇，这是弱势和压力的信号，它的暗语是：“我不想惹麻烦！”如果已经和解，恢复友好，它们会转头看向别处。

• “狂妄型”和“胜利者”会露出“扑克脸”。它们冷冷地看着前方，竖着耳朵，面部和上唇都很放松。它们昂首挺胸地站着，伸直的腿支撑着整个身体并向前倾，尾巴向上斜翘着，面对对手自信满满。

• 无论是某人或某物惹恼了狗狗，它们平静的表情会立刻转变成明显的警告或威胁——如紧盯着对手、露出牙齿、鼻子和额头皱起、张大嘴巴等——都是非常有效的武器。如果狗狗的下颌反复张合，危险就在眼前了。注意，此时无论是人还是狗伙伴都不要犯什么交流失误。

• 还有一种情况，狗狗出于不安全感和恐惧，需要保持一个安全距离，为此会威胁“恐惧制造者”离开。其标志是唇沟线变长、耳朵向后缩、瞳孔变大、鼻子皱起并露出牙齿。此时也是事件升级的危险关头，特别是当对方看穿了这些动作原本只是为了示弱。

摇尾巴：首先得有正确的认识，狗狗不只是在高兴或兴奋的时候才摇尾巴。尾巴的位置和动作都包含不同的信息：自信的狗狗摇摆尾巴是一种展示；尾巴高高地翘着来回摆动，那是威胁的信号；当尾巴水平或者更低，并且轻轻地摆动，它的含义是“小心，有威胁”；狗狗受到惊吓或者准备攻击时，尾巴下垂，略为斜着摇晃；小狗崽面对恐惧和准备示弱时会仰卧，尾巴藏到腹部底下乞求式地摇摆，成年犬在希望和解的时候也会做出这种示弱行为。

毛发变化（竖毛）：指脖颈、背部和尾巴上的毛像被雷击般地竖起来。这种现象是身体对恐惧、压力或者寒冷做出的不自觉的反应。这源于植物性神经系统引发的肌肉收缩，导致皮肤下的毛囊凸起，从而毛发就直立起来了。

此时“长满刺的”狗狗通常具有攻击性，但也不是绝对如此。首先，竖起的毛发让狗狗看起来更大些，从而给对方施加压力。这种不可控的“保护策略”能够帮助不自信的、恐惧的和压力下的狗狗在对手面前树立形象，并为自己赢得时间。在对方的“思考间隙”里，狗狗可以决定是示弱、和解还是战斗。真正自信的狗狗通常不会被假象所迷惑，它们会不假思索地马上展示自己的优势。

威胁眼神：这是一种挑衅信号——蔑视。胜利者以此向对手展示自己的强大和实力。我们常常会感到震惊：另一只狗狗不敢抬头看、转头离开，没有任何协商的余地。作为观察者我们困惑了，这真的是“眼神可以杀人”啊！

眨眼：这是友好的表示，代表着渴望和谐。眨眼的狗狗以此表示友谊，或者是在压力、恐惧的情况下表示对和平的愿望，特别是当它同时舔自己的上唇和鼻子的时候。亲爱的读者朋友们，如果您的狗狗向您眨眼睛，这表示您的音调或许有些太高了。如果您不仅能辨认出狗狗的和解愿望，还满足了它的愿望，狗狗非常乐意接受您的好意！

“摇尾巴”

狗狗摇尾巴常常被误解为表示友好或者邀请对方一起玩耍，然而狗狗摆动尾巴未必是心情大好，主人却要特别留意了，它想表达的含义取决于其他的行为和表情，同样是摇尾巴，却能体现出狗狗截然不同的心情。

进化过程中的外表特征

与狼相比，狗狗的交流方式更少更粗糙——这是人类驯化的结果。“笑”却是狗狗新学会的行为方式，这是它们跟狼最主要的区别。“笑”表示友好，证明狗狗的外在交流方式正逐渐向人类靠近。但是相反地，由于人类在选择和驯化狗狗时的错误和无知，使得狗狗与同类或者与人之间的交流变得越来越困难。狗狗某些外表特征被无意识地抛弃了，这使得它们通过外表特征被理解的可能性变得更低了。比如，尾巴或耳朵被修剪过的狗狗，无法再通过这些部位传递信息或表达自己的心情。

声音交流

狗狗和狼有许多相同的声音信号，然而“长毛演说家”在发声方面却要更胜一筹。它们叫得比狼更频繁、更大声、也更多样化。

如果某人嘲讽狗狗频繁的叫声，就会有人告诉他，狗狗的祖先们是会叫的领土“守护者”。狗狗在幼年时期喜欢大声叫，几千年的驯化过程仍使得这一“放纵”行为得以保留下来。狗狗的生存环境变了，无须再面对大自然中的紧急状况，例如在野外的狩猎。因此，保持安静对狗狗而言不再是生死攸关的事情。现实还恰恰相反，与人的“谈话”越来越重要。而人是狗狗最主要的社会伙伴，是非常依赖口才和声音的生物。狗狗一直努力尝试着用不同的声音去引起社会伙伴的不同回应。小狗崽就已经通过游戏跟同伴一起学习理解“狗语”中的“单词含义”。伴随着狗狗的成长，它们发出声音——特别是叫声——越来越频繁，但是每只狗狗都是不同的。狗妈妈会对小狗崽的各种天真的声音（如呜咽、细细的叫声）本能地、迅速地做出回应。而当我们试着发出咕噜的声音或者学狗叫的时候，狗窝里的“淘气包们”却毫无反应，狗狗与人的沟通过程也是类似的。在狗狗学习“声音”的过程中，它们最初使用的“单词”是未经选择的，后来就是有目的性的，因为它们发现了每个特殊的声音都得到了人类不同的回应，于是它们开始学着理解每个声音的含义。从这时起，我们已经跟狗狗有共同的“词库”了。同样地，我们频繁地重复一个语音信号，希望从狗狗那里得到我们期望的反应。当然不断重复的叫声让人觉得厌烦，其实对双方都是如此。聪明的做法就是对烦人的叫声不做任何回应，狗狗就会明白并尝试改变它的策略。

天生的声音信号：狗狗一直被“改造”着并且越来越适应人类的生活环境。

• 小狗崽会高声地呜咽，当它们被抛弃、感觉到疼痛或恐惧、烦躁不安或激动时，或者当它们想示弱或恳求和解时。越是不舒服，它喊叫越大声越刺耳。小狗崽的呜咽声会立刻得到友好的回应。狗狗成年后也会呜咽，这还是不舒服的表现。

• 嘀咕声只会出现在狗狗出生后的三周里，并且只在轻微的压力状况开始和结束时才出现。嘀咕声随后会变成哼哼，呻吟，但通常持续的时间很短，狗狗很快就恢复了舒适状态。

• 当哪里非常不合意的时候，小狗崽会咕哝。还在幼年时期，这种咕哝就会变成咕噜声。这种声音被理解为对对

两只狗狗在吵架（T形位置），或者是正常的通过嗅尾巴互相认识——两种猜测都有可能。

方暴力的警告和威胁。成年犬在感受到很大压力的时候会发出咕噜声，但在玩耍或者高兴地猎捕时也会。

• 狗狗的咕噜声是深沉的，听起来是从胸腔的底部发出的隆隆声。这种“展示行为”的标志（短促的）或者“攻击行为”的标志（持续较长的）必须得引起注意，因为那意味着进攻马上就开始了！

• 如果小狗崽的咕哝声还是不能缓解压力，它们就会最大声地尖叫，并有可能升级为喊叫。成年狗狗在受到突然的惊吓、急性疼痛、狂妄自大，甚至在兴致盎然的时候也会尖叫或喊叫。如果是偶尔的几声尖叫，表示狗狗对马上要进行的散步充满了期待和喜悦；如果是反复的短的尖叫和哼哼声，则表示需要主人陪同玩耍、抚摸或者类似的其他行为。当然这也会让主人很反感。

• 与狼一样，狗狗也会嚎叫。狼“独孤的嚎叫”表示独处时极度的恐惧和紧张。狗狗的嚎叫则是想组建一个群体，所以你总能听见周围邻居家的狗狗都在一起嚎叫。

• 当狗狗已经嗅到了危险，却还没有看到时，它们会呼呼喘气。

• 狗狗特有的“呜呜叫”是闭着嘴时发出的闷闷的叫声。大多时候，这是狗狗感觉到恐惧和危险时发出的警告和威胁信号。

狗吠的不同形式

没有其他的发声形式能像扯着嗓子大叫传得那么远。狗狗在激动、高兴、欢迎、游戏中都会大叫，大叫有时也是保护或者防卫状态下的警告、威胁或者攻击信号，猎捕时也是如此。

• 玩得过于疯狂或者游戏中被弄痛时，狗狗会冲着“凶手”大叫，短促地不停地大叫。

• 狗狗防御时的叫声变化多端，不同的咕噜声混合在一起，似乎在论证它的防卫理由。

• 狗狗有时会出于恐惧发出真正的大叫声，类似断奏曲一声接着一声，而对方则常常以低沉的咆哮作为回应。

• 非常恐惧的狗狗会变换着声音急促地大叫，还夹杂着尖叫。

• 狗狗之间见面时的叫声相对较轻，音量较高。

• 当陌生人进入自己的领地或者出现在领地的边缘，例如篱笆旁边，狗狗会迅速大叫以示警告。这是狗狗从事了 15 000 多年的固定工作。

但是不停大叫的狗狗让人厌烦，特别是毫无意义的“仰天大叫”，跟周围的人和环境都无关。狗狗站在那里，似乎很喜欢听自己的声音，它们是冲自己大叫。可这单调的、几乎固定的叫声会影响狗狗和主人的关系。“没有工作”的狗狗精神上或者体力上的能量得不到充足的释放，它们常常会因此神经衰弱。

触觉交流

为了让它们的语音能包含更多的含义和内容，狗狗的脑袋、颈部和整个身体都参与到交流之中。我们把这称其为“触觉交流”。

轻松状态下的社会性身体接触：这能让狗狗们感到舒适并且增进友谊。合得来或者有亲戚关系的狗狗互相舔对方有助于关系的稳定。它们不仅用舌头舔对方的脑袋、上唇、脖子和身体，还会用牙齿轻轻地咬对方。还有一个特别的接触形式——“温柔的亲嘴”——一只狗狗张大嘴巴，小心地用自己的嘴巴包裹住另一只狗狗闭着的嘴巴。狗狗也把类似的友好行为馈赠给我们，但前提是互相信任！当然您也可以拒绝，不必跟狗狗亲吻，温柔的抚摸同样有助于建立良好的关系和安全感。

一起躺：合得来的狗狗非常喜欢紧挨在一起躺着，或者像跳冰上舞蹈那样前后一起跑。挤来挤去也会带来类似的身体接触。有些狗狗喜欢蹭其他的狗狗，就好像是在给它挠痒痒。

用身体阻截：这是不友好的表现，包括故意碰撞、挡路、故意超越或者带有攻击性的扑跳。

- 典型的展示或威胁姿势是把脑袋或者爪子搭到其他狗狗的背上。

- 没有什么动作能像扑跳这样锻炼狗狗的头脑。这个动作原本起源于狗狗的进食过程。小狗崽断奶后就需要固定地进食，年幼的它们需

狗狗谨慎地嗅和舔主人的手，此时主人保持不动。无论是问候还是属于社会性接触，都有助于彼此间关系的稳定发展。

要从狗妈妈那里得到食物。狗妈妈会把吃进去的消化了一半的食物吐给小狗崽吃，小狗崽们会用爪子和舌头冲撞妈妈的嘴。这个“进食机制”是天生的本能，否则小狗崽会饿死。所以，扑跳是非常重要的正常行为。再大些的狗狗会朝着成年犬扑跳，那是表示问候。特定情况下，它们有时也会淘气而没有礼貌地跳向老年犬，但这表示的却是诚意的道歉。面对这样的和解，大部分受过教育、经验丰富的老年犬都会大度地接受道歉。放肆的小狗狗会短时间地愣一下，然后就不把它放在心上了——它已经被宽恕了。

小贴士 **蹭屁股——友好的标志**

互相信任的狗狗会互相蹭屁股，同时它们的脸是相背的。狗狗也会对主人做出这个动作，特别是在问候或者和谐美好的时刻。这是狗狗真诚而友好的表示，代表着高度的信任。当您的狗狗用屁股温柔地蹭您时，表明您为狗狗所做的是正确的。

幼年时的触觉行为及其含义的变化：这些行为方式是“紧急时刻”的缓和行为。

- 用嘴碰撞：小狗崽寻找乳头或者催促狗妈妈把食物吐出来。狗狗成年后，其普遍的含义是明确的和解意愿。
- 伸出爪子：这是从幼年时的“压奶”动作发展而来的。平放的爪子与用嘴冲撞一样，表示建立社会关系的愿望以及请求其他狗狗或者人的关注。这是唯一一个被成功地运用到与人的交流之中的触觉信号，我们可以把狗狗的“伸出爪子”等同于我们人类的握手。如果狗狗远远地朝我们“招手”，它们是请求您的好脸色。

在狗群里

作为社会性动物，狗狗必须跟社会伙伴建立联系，虽然人不能以同样的方式取代它们的同类。可惜，今天的宠物狗更多地生活在人类的家庭里，并且常常是“单身”。有些狗狗幸运地跟一个或两个同类生活在一起，在它们之间可以发现许多与人类社会相一致的互动形式。

传说中的优势——狗群共同生活的新视角

长期以来的观点认为，狗狗天生就渴望面对家庭成员采取最大程度的社会化行为。按照这种所谓的“内部动机”，狗狗们应该竭力争取比其他家庭成员更高的社会地位以及获得重要的资源，必要时会采用直接的攻击。显性，或者称为优势，被视为两个或者多个狗狗之间的关系，这种关系调节着它们对特定资源的支配权。不久前的研究结果表明，这种关系不是僵化不变的，而是灵活地取决于每只狗狗的动机。所以我们可以在共同生活在一起的狗群中观察到，不是“等级最高的”或者“有优势的”狗狗可以最先进食，尽管它想成为第一位。不仅没有所谓的可以优先支配资源的占优势的狗狗，一个社会群体中的狗狗也不是按照它们的地位分配特定的资源，事实上是一种动物间自发的根据场景决定的协议。狗狗具备这个能力，能辨认特定的信号并且学着用这些信号来做预测，例如正在进行的“争吵”会如何发展下去，这使得用所谓的“优势”模型来解释狗狗在社会行为中的复杂关系就显得过于陈腐了。

人的俯身动作和强迫性抚摸被狗狗视为威胁信号，它惊恐的眼神已经说明了一切。

狗狗能从过去经历过的互动和交流中获益，因为它们会将现实跟过去的经历相比较。事实就是，狗狗对社会伙伴的回应是基于个体的学习过程和学习经验。狗狗学着靠近人类，学着从伙伴的回应中找出自己行为的后果，它们观察社会互动过程并收集信息，以帮助自己预测社会伙伴在不同的标准场景中会采取怎样的行为。

但是狗狗究竟是否理解“等级”概念，它们能够意识到“社会地位”吗？不，这些都是荒唐的。狗狗活着为了什么，需要什么？它们想要吃饭、交配、守护领地、玩耍、猎捕、还有许多其他的。这些“愿望”和愿望的实现足以维持个体的生命，不需要去歧视社会伙伴。有说服力的例子就是“狗崽的争斗”，其目的就是让每个狗狗的竞争能力得以提高。当然，每个家庭成员对目标的追求可能会导致矛盾。每个参与者都首先得考虑它自己和其他成员为资源争斗的动力有多大，还要考虑每个成员的身体状况和精神状况。此事值得去“欺骗”，以巨大的威胁开始争斗，很快就可以得到双方想要的资源；或者得妥协让步，因为这事不值得跟伙伴进行争斗。成熟的狗

狼的行为方式

狼以组建大家族的方式生活在一起。通常由一只年轻的母狼挑选一只年轻的、社会能力强的公狼组建家庭。这对“狼王夫妇”会跟它们的子女共同生活 1~3 年。狼父母领导整个家族，做出决策。母狼占据主要的领导地位，公狼负责觅食和安全。当然成年的子女也要学习社会性行为，参与分工，承担部分责任。

成熟的领头狼会尽量平息家族内部的矛盾。通常所有的成员都倾向于采取“和解行为”和“示弱行为”，为了缩小等级差距，不威胁到家族的和睦，“互相了解”是避免矛盾最重要的前提条件，因为矛盾会伤害到每个成员。攻击性的事件和激烈的食物之争在稳定的社会关系（与其相反的是没有亲戚关系的狼随意组合的群体）中极少发生。偶尔发生的争斗也是情景化的（在某个时刻为了某个具体资源的直接的矛盾冲突），而不是形式化的（可以预料到的争斗，因两只狼之间的长期矛盾）。

领头狼也会用统治权来“收买”其他成员。在食物充足时，大家族里也可能出现几对“可以繁殖后代”的狼，但事实上这种情况极少发生。这样的话就会有多胞小狼崽出生，却不会被“狼王夫妇”杀死。狼家族的数量大约为 2~42 只，取决于每年出生的狼崽的数量（每胞 1~6 只）和离开的成年狼的数量。通常 1~3 岁的成年狼会离开家族或者被驱赶出去。它们或者加入其他族群，或者成为暂时的或长期的独行狼。如果独行狼为原狼群提供食物作出贡献，或者原狼群的数量急剧下降的时候，它们被允许重新回归家族。

狗都知道：“不要跟一个比自己更高大、更强壮、更聪明的对手争斗——否则真的会受到伤害！”在自己的家庭里，狗狗学会了基于观察和经验所得的“社会基本准则”。这些个体间的约定和与其他成员相处的“基本准则”表面上很像是等级制度，但实际并不是。它更加灵活，能够适用不同的场景。当然有些狗狗看似“有优势”，但通常它们也只是对争斗游戏感兴趣，而不是其他的。这些狗狗与运动员相似，积极地参与某物的竞争，却不是有意想要提升等级地位。借助日常冲突的经验和所谓的“基本原则”，狗狗可以跟每个成员都和平相处。它们了解并尊重其他成员的喜好和心情。

狗狗的约会

我们的狗狗非常聪明！狗狗之间日常频繁的相遇不可避免会出现领地之争，但是却很少发生互相撕咬的事件。其原因是狗狗普遍具有较高的社会能力。偶遇时，两只狗狗通过读信息（检查对方）和使用“狗语”中合适的信号礼貌地进行交流。值得注意的是，它们的交流越是符合礼节和规则，争吵的危险就越小。

问候

第一印象至关重要！两只狗狗远远地就开始交换视觉和嗅觉的信息。相比观察对方的“外表”，狗狗们更信任它们的“嗅觉”。因为不同种类的狗狗外表不同，加之驯化时的选择和改造限制了狗狗的视觉信号体系，许多狗狗只能有限地通过面部表情来表达自己。狗狗会互相检查对方的脑袋和屁股，同时绕着对方转圈，边转边嗅。随后它们互相嗅皮毛，用嘴碰触对方的脑袋、脖颈和身体侧面，互相嘴对嘴，大叫，舔对方的毛，嗅对方的肛门和生殖器并互相舔，它们还常常嗅对方尾巴的根部。这些检查都是信息交流的第一步，含义是：“你是谁？要去哪里？你是男生还是女生？健康吗？被阉割了吗？……”有些雌性狗狗会拒绝气味检查，它们会用尾巴盖住肛门和生殖器。这种行为跟生理周期有关，也就是说，不在发情期的雌性狗狗不允许别的狗狗嗅这里。

如果狗狗从第一步的信息交流中得到了足够多的信息，那么接下来通常会出现三种状况：

- 互动结束，两只狗狗各自朝不同方向跑开。
- 开始游戏，展示互相的好感。
- 极少数情况下，会出现严肃的升级事件，原因常常会是交流中的误解或是保护重要的资源（球、食物、主人那里的优先进食权等）。此时，主人通常是狗狗见面时发生冲突的主要责任者。

当狗狗与同类进行沟通时，人的干预通常会干扰它们的交流。

争吵

如果狗狗真的心情不畅，可能会引发争吵。一只狗狗会向另一只做出挑衅动作，另一只会回以同样挑衅性的威胁或者直接攻击。母狗常常会采取攻击性紧盯或者防守性进攻，而公狗则喜欢扮演“大英雄”，典型的姿态就是所谓的 T 形姿势（见 85 页照片）。

“横向的狗狗”会主动出击，它挡住“竖向的狗狗”的去路，挑衅性地展示它的侧面，仿佛在说：“来，你来试试……”接下来的局势走向如何，取决于那只看似处于弱势狗狗的反应。如果挑衅狗狗错估了自己的实力，它马上就得为自己的狂妄行为买单了。另一只狗狗会挑衅性地把爪子或者整个身体都压到它的肩上。其他的自信行为有：用身体侧面推搡对方，阻止对方继续前行（身体阻隔），挑衅性地嗅对方，传统式地咬脖颈，挑衅性追踪或者叼起对方。

毫无疑问会有鲁莽型“男子汉”，但没有“天生优势型”的狗狗。当不属于同一群体的两只狗狗相遇，占优势的总是那只自小就练习与同类沟通的狗狗。狗狗在社会交流中越有礼貌、越灵活，它越能从容地应对相遇时的挑衅。社会能力强的狗狗在与同类相遇时，能运用合适的策略和技巧保证自己不受伤害，并能跟对方顺利地沟通。当然总有些狗狗喜欢争斗，还总是高估自己，根本无视对方的体格就先开始进攻。还有些狗狗非常聪明，嗅着观察比自己身强体壮的狗狗，揭穿它们的“软弱”。观察狗狗之间完全自由的、不受人干预的相遇场景是非常有趣的。

争吵之后可能会出现示弱行为、和解行为、继续威胁或者攻击，矛盾总得解决才行。

示弱行为：包括逃跑、躲避、替代行为以及被动屈服等。

- 转身逃走，或者紧急情况下直接“倒退”。
- 狗狗试着用谦逊的（转头转移目光）或者明显的（整个身体都转开）回避行为来结束争吵。
- 通过嗅地面、舔自己的口鼻、抓挠自己等中断直接的交流，同时排解内心的压力（跳跃行为，参见 265 页）。
- 被动屈服属于恐惧行为，狗狗会仰卧倒、缩身离开、翕动、抓挠、舔自己的口鼻、向远处空抓、伸展后腿、四脚爬行、呜咽、发出尖细的叫声、大声叫、排尿等。

无论如何，它们只想赶紧结束争斗，与对方保持安全的距离。

和解行为：常常和主动的亲社会行为（也称“主动屈服”）以及游戏行为同时出现。狗狗会伸出爪子、向前方高高跳起、舔对方的上唇、仰起头、耳朵倒伏、端正身体、主动地跑向对方，同时与对方进行眼神交流，通常还会做出“小丑脸”，邀请对方一起玩耍。只有在少数群体中这些行为会被视为威胁，大多数情况下矛盾会被化解。如果对方的回应是攻击，狗狗可能会转换成真正的屈服行为，并流露出恐惧。如果所有的努力都白费了，弱势的狗狗被误解了或者和平的意愿被否决了，它也可能试着扭转被动局面，开始威胁对方。

威胁行为：为了摆脱被动的局面，被动恐惧的狗狗首先会进行防守型威胁。它们露出牙齿，向后咧着嘴巴，唇沟尽力向上，耳朵平贴着脑袋，摇动着尾巴，后腿用力，做出撕咬的动作；或者它会采取进攻型威胁，张大嘴巴，发出深沉的咕噜声，露出牙齿，皱起鼻梁，尾巴斜斜地垂着，它紧盯着对手或者骑到对方身上，接下来的回应可能是逃跑或者新一轮的威胁或攻击。

攻击行为：如果威胁行为没有达到预期目的，新一轮的“武力威胁”开始了。局势更加紧张了，冲突、打斗或者撕咬随时可能爆发。其他的进攻行为还有身体阻隔（故意碰撞，推，向下压）或者骑在对方身上。

狗狗的表演争斗：这是特殊形式的表演（见193页照片）。两只狗狗面对面，都用后腿支撑着站立起来或者前爪交叉地躺着，发出咕噜声，并冲对方大叫，嘴张得特别大，似乎准备撕咬对方。不过，这完全是在演戏！接下来，它们通常会同时远离或者一只狗狗先转身，真正的打斗极少发生。

图中人正跟狗狗友好地交流，他屈膝蹲下，转过头，伸出自己的手——狗狗通过嗅闻进行判断。

守护行为——超过 15 000 年的守护者

“不！停下！讨厌！——发生什么事情了？”当狗狗被拴着狗绳，站在门口或者花园篱笆处大叫时，立刻会传来主人这样的声音。狗狗在领地边界大叫表示什么呢？我们没有发现吗，狼之所以嚎叫是为了保护家园不被敌人侵占？狗狗还是那个最可信赖的伙伴吗？还像统计数字显示的那样，狗狗能有效地防止偷盗和抢劫，保障家庭或企业安全吗？虽然对大多数生活在家庭的狗狗而言，“守护”这一功能已大为减弱，有仓库的企业或者占地面积较大的工厂可从没有放弃“四条腿的安全守卫者”。

狗狗为什么守护领地？

狗狗有清晰的领地意识，并且时刻准备着保护自己的核心领地和它们日常的活动领域。那些有价值的不动产，例如房子、庭院、花园等，也在被保护范围之内，因为狗狗每天会在那里待好几个小时。领地内的重要区域，例如进食点和游戏场所等，更是重要的保护对象。只要有其他狗狗进入自己的核心领地，无论是陌生的还是合得来的狗狗，它都准备好进攻。这与平时散步时的偶遇截然不同。值得庆幸的是，大部分狗狗没有把“守卫者”的任务看得特别严肃。当有四条腿的或者两条腿来访者、入侵者出现时，它们只是大叫着通知其他成员，这样它们就完成“报警”任务。

看守中！在领地内或者领地周围，即使是最细小的改变也会被察觉到。

增强的守护能力

如果狗狗特别认真地对待它的领土

守护任务，它们就会非常辛苦。谈到具体的“守护行为”，在不同种类的狗之间，以及在单个狗狗之间的差异都非常大。那些长期生活在家庭之中拥有社会能力的狗狗，不如那些世世代代都被挑选为专业的“守护者”的狗狗们更会守护。

狗狗在领土被侵犯时进行攻击，这不仅取决于基因遗传，还可能是因为无聊和没有足够的工作，以及缺乏与外部世界的充分交流。那些只在花园里或在一个固定地点奔跑的狗狗，或者一直被狗绳拴住的狗狗，逐渐忘记了“狗语”，也忘记了怎样跟人和平地沟通。它们常常是非社会性的，非常危险。

有安全特质的狗狗种类： 许多猎狗和狮子狗是懒于守护的，而有些种类的狗狗又对守护工作特别感兴趣。如果您家里养的是库瓦兹犬、坎高犬、比利牛斯犬等，您不仅要在训练狗狗上花费很多的耐心和时间，并且还要详细了解它们父母的祖籍和职务。或者您利用狗狗的天资给它安排别的合适的工作。如果您觉得这太麻烦，那么您应该选择那些需要较少训练的“守护者”，它们还是可以胜任“报警”工作的，例如杜宾犬、雪纳瑞犬、德国獒、牧羊犬、短毛猎犬、山犬、瑞士短毛警犬、阿彭策尔犬、洛特维勒牧犬等。这些种类的狗狗经过驯养，始终为人类承担着守护领土（房子、庭院和土地）和活动领域（放牧，保护牲畜棚）的职责。

越是在幼年时期安静的狗狗，在它们的青春期甚至后来的社会性成熟期（参见264页）越能给主人带来惊喜。它们曾经是无所畏惧，也没有攻击性的狗狗，长大后突然就变成了“狂吠者”和挑剔的“检查官”。这跟场景有关，例如，来访者是否能够留意到领地的边界。它们最喜欢的“牺牲者”除了邮差，还有邻居和“拿公文包的人”。如果狗狗接下来能够跟“入侵”的人或同类顺利地沟通，自行解决问题的话，那么尽管它们的行为不太友好，也还是可以被宽容的。如果狗狗几乎对“入侵”领土的所有狗狗都本能地发动攻击的话，那么狗狗和它的主人都会有大麻烦，特别是涉及危害公共安全问题。狗狗的主人会感到会被社会孤立了，约好的拜访取消了，友谊也结束了。可见，这种本能的守护领土行为也有弊端。而且，总是为了守护家园而争斗的狗狗，自己也面临着受到伤害的巨大风险。

人类怎样影响狗狗的守护行为？

除了前面提到的驯化过程，主人也能够影响狗狗的守护行为，就像影响其他行为一样，无论结果是您期望的那样还是与之相反的。训练狗狗守护行为的经典练习就是按门铃。

一个现实中的例子：门铃响了，狗狗和男主人正躺在沙发椅里睡觉，女主人还在忙着清洗玻璃杯，所以她让她的先生去开门。男主人立即跳起来向门口飞奔，并急促地喊道："来了！"因为他不想让来访的岳父母久等。这对狗狗而言就是一个清晰的信号——向门口飞奔并且大叫。此时，所有试着让它安静的努力都是徒劳。越让它安静，它叫得越大声。为什么会是这样？为什么越是惩罚它，它叫得越大声呢？

狗狗从成功和失败中的经历当中学习何时大叫才是有意义的，何时是无意义的。

正确的反应：这种行为的原因是狗狗几乎整天都在观察并且模仿我们的行为。在门铃响起之前一切都很平静，我们迅速的起身动作似乎是在暗示狗狗发生了特别的事情，它必须得报告。这是正常的反应。亲爱的读者朋友，当您想要改变这种"模式"的时候，请在类似的场景中不要那么急促。下次门铃再响起的时候，您不要讲话，尽管待在沙发里，继续读报纸，再把您的咖啡慢慢喝完。当然，您得跟客人事先约定好。即使您的"守卫者"已经匆忙地冲向门口，不停地大叫，您也得放轻松。一段时间后，您的狗狗就明白自己的错误了：在门口大叫是没有意义的（门还是关着的，其他成员没有做出任何反应）。它会悄悄地回到原位，此时它却意外地得到了表扬。一段时间之后，您看似无聊地慢慢走向门口，彼此的问候无须太热情，您和客人都不会理睬狗狗。这样狗狗就从您的行为中学到：门铃响和客人的到访不是什么重大事件，它无须报告。相反地，静静地撤回，躺在角落里却能得到赞扬。

扩展核心领地和行动领地

不仅屋子周围是被守护的核心领地，某些陌生场所也会被守护，例如汽车、饭店、公园等。在那里，狗狗们通常守护的是很小的一块领域。对狗狗来说，在主人附近是至关重要的，这让它觉得自己能够（也是必须）保护自己和家人。狗狗的这个行为或许会让您觉得不安全，如果它在您周围跑来跑去，还在陌生人跟您搭话的时候发出"警告"。因为我们无法准确地判断，狗狗会在何时把哪些领域视为自己的领地，它很有可能在安全领域之外也进行嗅觉"检查"，根据不同的状况或者跑向您，或者逃跑。如果它逃跑了，

狼的行为方式

核心领地：也被称为“家园”，对狼而言是神圣之地，因为那里是它们的栖息地、休息场所和幼儿园。在核心领地的边界上都有明显的气味标志，潜在的入侵马上会被察觉。狼群会坚决守护自己的领地。如果领地边界周围出现了其他狼群留下的气味，会立刻被覆盖，重新留下自己的气味。通常是由领头狼完成“气味标记”这一任务。领头狼行动时，几只“守卫狼”或坐或躺在狼群外围的高地上，这样更便于观察，紧急状况下能够迅速出击。

行动领地：狼群的狩猎领地可能会有交叉。根据食物的种类，狼群有时部分地共享行动领地。而经常走过的道路，尤其是交叉路口，狼群会留下尤为清晰的“标记”，便于自己和狼群其他外出成员找到回家的路。在这些活动领地里，其他狼群的标记也可以被接受，必要时也可以转换地点，以避免产生冲突。

请您不要对危急情况下的“逃兵”感到失望，过分的勇敢从生物学而言是没有意义的。

行动领地原本是指狗狗的猎捕领域，所以它是不固定的，它可能在空间上靠近核心领地，也可能是跟房子和庭院没有任何联系的陌生领域。例如，您在公园的长椅上休息了几分钟，这就可能导致，只要有人靠近长椅狗狗就会冲着他大叫，尽管刚才遇见的时候彼此还友好地打过招呼呢。另外，每只狗狗选择的行动领地在形式上和范围上差异很大。有些狗狗只是大叫着守护自己的花园，而有些狗狗却会追赶着入侵者，一直把他赶到离领地很远的地方。

驯养牧场守护犬的目的

牧场守护犬包括的种类有坎高犬、高山牧羊犬、高加索犬等。它们被人类驯养后，能独立自主地做出决定，并且忠实地守护着牧场的动物（例如羊）。它们会攻击靠近领地的人和其他动物。这些狗狗通常表面上看似温和，如绵羊一般，但是却承担着保护领地的重任，防止狼、其他动物或者人的侵袭。屈服、顺从，或者其他融入家庭生活的品质都不属于驯养此类犬种的目的。

胆怯的狗狗和攻击性的狗狗

胆怯是正常的，从生物学角度而言也是必要的，因为它可以保护狗狗不受伤害，在特定的情况下甚至可以保住性命！那些不顾后果勇敢赴死的狗狗是愚蠢的，疯狂的或者是厌世的。

胆怯是“一种生存力量”

无论是现实的还是假想的威胁都会给狗狗带来压力，会给狗狗带来不舒适感，具体表现为恐惧或者畏惧，但这是天生的保护机制。为了保全性命，狗狗首先必须学会了解疼痛、自然界的敌人，或者那些预示着威胁和危险的特殊声音。出生五周内的小狗崽们几乎不知道害怕，它们对一切都充满了好奇。最迟从第八周开始，它们的行为开始发生变化，这对狗狗的发展是非常有利的，初生狗崽的无所畏惧有助于它们了解狗窝里以及狗窝周围的许多事物。随着它们活动范围的扩大，保证自己不被攻击，甚至不被吃掉更为重要。虽然它们还是可以继续好奇地探知世界，但是得学会小心谨慎。

皱起的鼻梁和张大的嘴巴，意味着跟左边的狗狗言语不和。左边的狗狗伸出爪子表示和解。

来自周围环境的刺激也可能引起狗狗的恐惧。

恐惧的反应

无意识的防御反应：通常在极短的反应时间之内发生，大约为 12 毫秒。威胁信号还没来得及传输到感觉器官，大脑就会迅速地启动反射的（参见 262 页）防御系统。无论逃跑或者攻击都是无意识的，未加权衡的。如果我们的健康都受到了威胁，才意识到该把手从滚烫的火炉上拿开，那岂不是非常糟糕。我们的狗狗也是如此。

有目的的防御反应：此时对威胁性刺激做出了更高级别的反应。反应时间较长（至少两倍），因为感知到刺激之后大脑才能进行判断。动物和人都会在分析状况之后主动做出多种多样的决定。过去的经验在此时也是非常重要的参考。

两种反应都很重要！快速、无意识的防御反应通常能保住性命，而较慢的主动防御反应能借助学习经验和生活经验做出适合当时状况的最佳选择。当然动物对恐惧刺激的敏感度是不同的，这取决于遗传因素、过去的经验和社会化的程度。如果狗狗遭受到巨大的恐惧8，以至于无法控制自己的行为，此时狗狗是痛苦的，它的正常生活也会受到或多或少的影响。

恐惧时身体内会发生怎样的变化?

紧缩的身体，折叠弯曲的腿，下垂的尾巴——这副“可怜相”表示缺乏安全感、卑躬屈膝和恐惧。

首先，身体会调整到“警报状态”，为了保住性命，全身都亢奋起来。这时，凡是非保命所必需的部分会被忽略。所以，当我们感到害怕时，我们的脚会变得冰凉，裤子会变湿，那是因为所有的血液都必须集中到身体的关键部位，没有多余的能量来调节膀胱和小肠的功能了；流口水和呕吐也时常发生，因为恐惧和压力也会影响到胃部；同时体内的肾上腺素会增加，外部肌肉变得紧张，心跳加速，血压升高。狗狗也是同样的，恐惧令狗狗变得特别清醒和亢奋，疼痛的承受能力和攻击性都增强了，意味着它体内的防御系统已经完全启动。

恐惧的含义

恐惧的面孔前文已有所述，狗狗的恐惧更主要体现在肢体语言上：蜷缩着、倒着走、拉大距离、站住、逃跑、躲到角落里或者贴在地上；同时露出典型的恐惧表情：耳朵向后缩平贴着脑袋，扩张的瞳孔和躲避的眼神，面部肌肉紧张、颤抖，张

克服恐惧——狗狗的日常实例

1 狗狗在草地上等它的朋友。这时走来一位邻居，狗狗很惧怕他。它想离开，但却被狗绳拴着。为此，它缩起身，让自己变小变得不显眼，希望不要被发现。

2 邻居还是发现它，然后高兴地走向它。狗狗知道它没有逃脱的机会，发呆也无济于事。于是它试着沟通：它移开目光，背部着地仰卧，伸出前爪。可惜邻居没有理解狗狗的顺从是想要表达："我怕你！别靠近我！"

3 邻居弯下身，冲它笑——可是对狗狗而言这就是威胁。因为狗狗感觉到未被理解，它继续对邻居做出屈从于恐惧的行为（仰卧，舔上唇）。当这些仍然无效时，它开始防御性威胁（皱起鼻梁，露出牙齿）。

4 狗狗突然起身直立，这让邻居无法理解。狗狗露出牙齿，上唇向上收，鼻梁紧皱，向邻居发出咕噜声。最晚这时邻居就该离开了。如果他仍然试着去抚摸狗狗，极度紧张的狗狗会失去理智，猛咬他的手。

大嘴巴并向后咧，身体紧缩，毛发耸立，折起前腿，尾巴藏到腹部下面，浑身紧绷，显得极为不自然，并且随时准备再次逃跑。当它们离开藏身之处时，常常会留下清晰的爪痕，那是因恐惧冒出的冷汗。

恐惧的原因

• 关于基因的影响已经进行了大量的研究和讨论。科学已经证实，驯养可以使恐惧－攻击行为产生的临界刺激（参见262页）升高或者降低。所以，关于是否存在攻击性“好斗种类”的讨论已经没有意义。在每个种群中都有被驯化过的分支，它们的临界刺激已经减弱，对压力的反应更加宽容。通常情况下，这些狗狗能更快地做出恐惧行为和攻击行为，比那些未被驯化的分支更快。

• 缺少社会沟通的机会和经验是产生恐惧最常见的原因之一。那些狗狗在幼年时期没有在毫无压力、毫无恐惧状态下学会的知识，都会在成年后导致恐惧或者攻击。

• 负面或者正面的经历在特定的情况下会影响克服恐惧的策略，导致同样的情况会出现不同的反应——或者出于恐惧而回避，或者采取主动的攻击。

• 机体的障碍和疾病，例如疼痛、耳聋或者视觉障碍等，同样也会导致狗狗产生恐惧。

克服恐惧和压力的策略

狗狗在何时采取怎样的策略取决于当时的状况、遗传的行为方式、目前的体力和精神状况，以及已有的经验。之前划分的四种应对恐惧的策略（逃跑——僵住——沟通——反击）。如今不再这样划分，而是：示弱行为（逃跑，回避行为，替代行为和被动屈从）——和解行为（主动建立联系和游戏）——威胁和攻击行为。处于恐惧的狗狗大多会主动地寻找压力源，并试着控制它们。而出现回避行为和被动屈从时，恐惧的狗狗常常需要被动的静止行为，它想用静止减缓压力，在无法主动控制局面的时候。

核心内容：我们自己教育出了“恐惧时的大叫者”，因为它们学到，只有威胁行为和攻击行为才是有效的。

狼的行为方式

狼是肢体语言的大师：强者在战斗中展示身体和智慧上的优势，而弱者则表现出和解的面部表情和肢体语言。当然同性间生殖竞争（参见 258 页）也非常激烈，特别是在狼群结构发生变化的时期。通常狼与狼之间清晰的“约定”关系保障着整个狼群的生活。其他的狼或者动物如果威胁到了狼群的猎捕区域、养育后代的领地或者食物，则它们都会被视为狼群的威胁——或者被狼群清除掉，或者狼群得选择躲避。

攻击行为——利还是弊

面临保住性命的抉择，动物们通常都会理智地进行成本 – 利益的核算，以尽可能少的风险来满足它们对必需资源的需求，例如不受伤害、领地、食物、仓库等，并在必要时进行防卫。狗狗一旦拥有许多资源，就拥有很高的 RHP（控制资源的潜能，参见 263 页），但却没有在社会团体中“更高的等级”概念。它们需要耗费多少能量和力气才能获得资源，既取决于当前的紧急程度，也取决于资源的占有程度。如果有足够多的食物，它们就不必去为此而战斗。攻击性行为是与生俱来的本能，是正常的行为，它可以避免狗狗受到伤害。但是，攻击行为绝不是“主导型”行为，通常只是紧急策略。只有当双方实力相当，都想获胜也都拒绝和解的情况下，才会爆发真正的争斗。

攻击的原因

恐惧是攻击的主要原因。此外，争夺或者守护资源，例如食物、仓库、玩具或者领地、沮丧、疾病、疼痛或者恐惧的经历等，也常会引发攻击性行为。幼犬时期，在游戏中为了守护也可能会产生攻击行为。威胁是否真的能升级为冲突事件，还是能被和平地解决，则取决于之前的经验、当前的状况、天资秉性，以及身体状况。

攻击性的交流形式：我们必须对狗狗之间的攻击行为要加以区分，是同一群体的成员争夺重要的资源，还是狗狗在草地上偶遇，通过这种威胁行为表现出它自身社会化和交流经验的不足。人也可能会成为被攻击的牺牲者，或者被当作群体成员（争夺资源），或者被认为是侵入领地的陌生人（领地攻击），或者作为公共场所和善的散步者。无论是不是正常，也不管是在公共场所还是在家里，这样的狗狗是不受欢迎的。

幼年没掌握的本领，长大后很难学会

学习是永无止境的主动行为。即使不想学习的时候，学习仍然还在继续：首先通过感觉器官收集环境中的所有信息，存储到大脑，被加工处理，在将来需要的时候再提取。动物的想法和感觉，大部分只是我们的猜测，而当狗狗的行为发生了改变，变得能适应不断变化的环境，也表明狗狗在学习。

学习的意义是什么？

学习是为了优化自己。狗狗会把本能的知识和学到的经验结合在一起，经验作为短期记忆或者长期记忆被储存在大脑里。这使得它们能够在未来的某个时刻重新被唤醒。

狗狗怎样学习？

狗狗从它们自身行为的成功或者失败中学习。它们专注地观察世界、感知世界，逐渐意识到特定的规则。它们能把至少两个事件作为因果关系联系在一起进行联想。经过无数次的重复，这些事件被组合、固定在大脑里。然而如果不反复练习的话，狗狗很快就会忘记它的联想。

只有那些处于轻松社会环境中的狗狗才能成功地学习。它们周围有一种氛围，激励它们学习并会得到表扬。狗狗最喜欢游戏式的学习方式。但是，恐惧和负面压力会导致暂时或长久的记忆困难及学习困难。

学习能力当然也受遗传因素影响，但这并不意味着学习能力无法继续提高了。采用符合现代学习理念的最佳训练方法，并彻底放弃惩罚，就能优化学习成果并使之保持稳定。影响狗狗以后发展的重要时期是幼年的敏感阶段，这期间它们的大脑发育经历着结构性的改变。出生后第一周的经验——无论是好的还是坏的——都会成为以后生活中的指导方向。其他任何时期的学

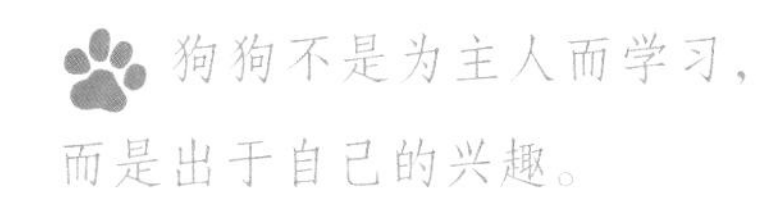

左清单
学习形式

- ◯通过模仿学习：狗狗们会在父母或者兄弟姐妹不在场且没有引导的情况下模仿它们的行为。例如，尾随反应和模仿动作、声音和应对方式。
- ◯通过观察社会伙伴学习：狗狗观察主人（例如弹钢琴）或者同类（例如清空垃圾桶）的行为方式。在有引导的社会性学习中，父母主动地给予了优化某种行为方式的建议，例如捕猎的方法。
- ◯印象式学习：狗狗幼年时期敏感阶段的特殊经历会留下不可逆转的印象，因为此时关于“好与坏”、“危险与安全”、“熟人和陌生人”等的区分留下的印象是不可消除的，此时记忆中就已经被安置了“未来行为的过滤器”。
- ◯理智的学习：为了实现某个目标，狗狗会把特定的行为联系起来，去理解全新的、之前从未练习过的场景，理解其发生的必要性并且思考实现目标的方法，而在这之前它却没有机会学习怎样实现这个目标。

习和认知都比不上出生后的16周容易，且印象深刻——这要感谢幼年时期的好奇心。狗狗们必须自己积累经验，懂得怎样做才是对的，才能保住性命，仅仅靠父母的建议是不够的。

传统的条件反射——巴甫洛夫的狗

除了左边清单里列举的学习形式，您或者还知道一个，那是我们在小学里就曾学过的“巴甫洛夫反射”。俄国生理学家巴甫洛夫发现了狗狗的口水和食物之间的关系。我们能够理解，大多数动物都流口水，尽管他们嘴里根本没有食物。这是正常的本能反射（参见265页），狗狗自己无法控制。您可以像巴甫洛夫那样做个试验：在每次喂食时，把一个嘀嗒的节拍器或者一个普通的物品放到碗旁边，例如一只球。反复几次之后，您就可以不放食物了，只要节拍器或者球出现在碗的旁边，狗狗的口水就会流出来。为什么会这样？狗狗已经学会了联想，将普通的物品（如球）跟马上被提供的食物联系在一起。因此，即使没有食物，它们还是会流口水。值得注意的是，如果最终的刺激物“食物”长时间不出现的话，它们会很快忘记曾经学会的内容，但是它们没有忘记食物和球的关系，只要再重复地同时提供食物和球，当只有球出现在碗旁边的时候，狗狗又会流口水了。

狗狗怎样学会了恐惧行为：这算是条件反射的一个负面例子。当狗狗知道采用和解和示弱行为都没有效果时，它会变成“恐惧大叫者”。这意味着，它不仅自己变成了恐惧制造者，试着通过攻击达到驱赶的目的；同时更多地使用“攻击是最好的防护”战略来对付同类或者人类。

对恐惧的恐惧：恐惧状况下，联想式学习最糟糕的情况就是恐惧症——“对恐惧的恐惧”。所有秋千式的运动都可能导致人和动物出现恶心呕吐的症状。如果一只狗狗不得不经历几次“秋千式汽车”，仅仅是乘车就会成为负面刺激。接下来狗狗会产生恐惧，当它只是看到交通工具时，它会拒绝乘车。这种学习方式的特殊之处是普遍化。一只害怕乘坐“自己家”的车的狗狗，是绝对不会跳上其他的车的！

器械式条件作用——成本－利益核算

从字面上，我们就能理解其含义。借助器械，例如工具或者放大器，在特定刺激下出现某种行为方式的可能性会上升或者下降。这里涉及互相关联的三方面：狗狗至少要从一个信号联想到由此可能产生的行为反应和放大器。

举例“坐下”：您每天都在用这种学习方式教育您的狗狗，也就是最简单的口令“坐下”。为了让狗狗能够理解您的口令，首先，您站在还是个不懂事的小狗崽的面前，手里拿着一根香肠，您要慢慢地把香肠移动到狗狗的头顶，要让它那双充满疑惑的眼睛跟着香肠一起移动并慢慢坐下（吸引阶段——最初手里有东西，随后就没有了），之后给它香肠。您反复重复这个动作，直到狗狗自己能够主动坐下，等待着美味的食物。它已经知道坐下之后马上会发生特别的事情，例如得到不是天天都有的美味香肠；接下来该进行下一步训练了——引入信号。就在狗狗再次开始移动，打算坐到地上的时候，您抬高食指。当狗狗经过多次练习，已经学会来回观察您的脸和手势的时候，它已经理解这是“坐”的信号。当它不看到食指信号就不再坐

动力——原动力代替本能

小贴士

动力是愿意为了满足必要的需求（食物）、避免伤害（敌人）以及繁殖后代等而采取行动的一种状态。这种原动力使得动物愿意做出某些行为来保障自己最基本的需求，而这些都与它自己的本能无关。只有始终保持好奇心，并且生活在没有恐惧环境中的狗狗才能积极地参与生活并不断学习。

下的时候，就是引入听觉信号“坐下”的时候了。您在抬高食指之前先说出“坐下”这个口令，0.5 秒之后再抬高食指，狗狗完成动作后给美食；在反复训练之后，就可以进入训练的第三阶段——检查学习成果。听起来似乎很复杂，但实际却很容易。如果狗狗已经理解了这种联想关系，就开始第二阶段：您可以试着让狗狗听从“坐下”口令，并看着食指来完成动作。如果成功，它会得到表扬。它很快就会发现，生活中又多了一个新游戏（坐）。您必须得在不同的场所训练它，得让它不仅在家里，而且在任何地方都能听从口令。

结论：狗狗对不同信号的经验会影响它成年后的行为。它面临两种选择——执行动作或者拒绝，此时它会进行成本 - 利益核算。放大器（表演）的作用非常重大：您必须在它完成动作之后马上（最多间隔 1 秒钟）给出对应的结果（必须得做），并且必须得符合足够的强度。

狗狗的眼神——寻求帮助的叫声

1 球滚到橱柜底下，狗狗够不着。它自己尝试了很久，用前爪去抓它的玩具。

2 它没有成功，于是它做出了狗狗特有的举动：向人寻求帮助。它看着主人，跑向他或者尝试着使用有效的沟通方式——大叫。狗狗常常会在困难（球和橱柜）和主人之间来回地看，眼神之中包含着请求：“请帮帮我吧！”终于，主人帮它拿出球。狗狗在成功地拿到球之后学到了什么，已经不言而喻了。我们聪明的狗狗适应能力多强啊！

如果机械式的条件作用不起效

常常出现下列场景：狗主人已经开始第二阶段。他站在狗狗的面前，要求它“坐下”；但在此之前他没有对狗狗进行“条件作用”的训练，也就是说狗狗还不能把信号和“坐下”这个动作联系在一起。狗狗看着它的主人，眼神中充满期待，但是它听不懂人类的语言。主人多次给出“坐下”的口令，试着说服保持站立姿态的狗狗学着坐下。为此，主人抚摸它、表扬它。狗狗明白了，原来“坐下”这个口令意味着对它现在的所做所为——站立着——进行表扬呢！有些主人会按着似乎听懂了的狗狗，让它坐下。您现在一定知道，这个举动又让狗狗学会了什么：狗狗把“坐下”这个口令和“用手按压”联系在一起了，这之后，没有人的“辅助”，它几乎是不会坐下的。

从成功和失败中学习

许多狗狗“被允许”在日常生活中积累这种特殊的学习经验，而且是在人毫不知情的情况下。狗狗会为了获得食物大叫，特别是那些美味的食物，那些主人盘子有而它的碗里没有的。

主人坐在桌边（外界刺激），狗狗开始大叫。如果夫妻二人是理智的，并且在教育狗狗方面意见一致的话，他们会无视它的叫声，不给它任何东西。狗狗从它失败的行为中学到了“我什么也得不到”，它会退回它原来的位置。但是如果夫妻中的一人心软了，在几天之后还是给了狗狗一片香肠（原本是例外），这种情

能力的形式

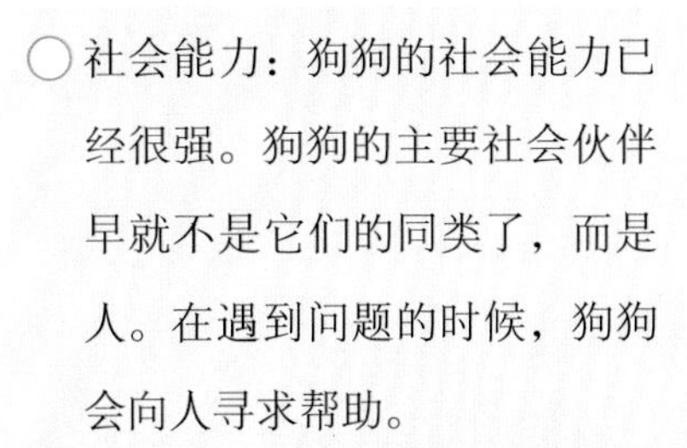

- 社会能力：狗狗的社会能力已经很强。狗狗的主要社会伙伴早就不是它们的同类了，而是人。在遇到问题的时候，狗狗会向人寻求帮助。
- 语言能力：狗狗与人的沟通不再依赖肢体语言，那是狼的主要交流形式。它们更喜欢把“叫声”作为自己的表达方式，因为它们发现，人类主要是通过说来沟通的。
- 运动能力：狗狗从小时候开始就从运动中学着了解自己的身体特征（体型、腿的长度、各个器官的大小及功能），为了在必要时能够迅速地联想到已经保存过的信息（例如自己能跳过多高的墙，钻过多宽的洞）。
- 空间能力：狗狗能清晰地区分熟悉的和完全陌生的地点。如果狗狗是第二次来到一处不熟悉的地点，它常常能够准确地定位，就好像这里是它的家一样。

狼的行为方式

小狼崽和幼狼在家族里生活的时间很长，有些甚至是终生。它们很快就学会了狼群特有的社会行为，包括猎捕行为、游戏行为，但仅限于它所在的家族内部。因为狗狗大多生活在“人类家庭”的社会群体里，它们相对较早地离开了父母，必须学着了解人类的世界。小狗崽大多在八周大小的时候就会来到它们的新家。

有回报地学习：当学习内容对狼没有直接的意义和好处时，它学得很差。人类曾经尝试着把适用于狗狗的口令教给捉住的狼，虽然也成功了，但仅限于当狼完成任务后马上就能得到（食物）奖赏的时候。如果训练者忘记给狼“回报”，它就拒绝完成任务，或者它会满怀期待地在训练者的身上寻找食物。

学习的形式：狼的学习形式跟狗狗相似，但它们不会通过观察人类进行学习。遇到困难时它们跟猫相类似，不会向人求助，而是宁可自己去解决。

况下，狗狗会几周几个月地守在桌边静静地坐着。因为它已经学到了，虽然它不会总是得到些什么，但偶尔还是可以的（间歇性积极放大作用）

然而为什么大部分的狗狗都会在桌边大叫呢？即使主人完全无视它的行为。你不曾想过，这一切都源于我们吃饭时的“不卫生行为”。我们把食物弄碎，溅出汤汁，不小心从盘子里掉出食物残渣……狗狗“发现的食物”就被认为是对它们的奖赏，每天的等待是值得的！

智力和学习积极性

无论是人的智力还是动物的智力，都同样地被定义为一种能力，一种为了保持或者提高个体的生存，从经验中学习分析特定局面，并能对自己行为可能产生的后果进行评估的能力。

智力还是本能——后天学会的还是天生的能力

在动物界，除了本能的（天生的）行为方式之外，动物们还会使用各种后天习得的策略来改善自己的生活。不仅是大家普遍认为聪明的动物，例如狗、猫、猴子、海豚等，就连鸟和昆虫也有特殊的活命技巧。动物们一方面能学会一些本领，另一方面它们或多或少地都有独立解决新问题的能力。这种复杂的认知行为（有助于提高认识能力的行为）能发展到何种程度，在很大程度上取决于动物个体的生存状态是否受到限制。也就是说，动物必须得毫无恐惧地生活，因为恐惧影响了它们的学习，限制了它们的行为。

动物会逻辑地思考吗?

认知行为是有助于获得知识的行为。当动物通过学习、思考、使用工具、探知行为、好奇行为、游戏行为和解决问题行为，以及个体意识的增强对周围环境更加了解的时候，它就展现出了认知行为。理智也可以被定义为对因果关系的正确认识，这是任何行为的基础。认知表述的是人或者动物获取知识的能力，这些知识包括所有从周围环境中感知到的（收集信息）、加工过的（思考）、被存储的（知识）或被灵活运用的方方面面。

人和动物之间当然是有差别的！狗狗虽然会去寻找一个物品，但只有当它看到这个物品被转换了地点的时候；如果它没有看到转换的过程，它就不会去找了。而且,狗狗只会到它最后一次看到该物品的地方去寻找。狗狗同样也会区分数字和数量。当面对简单的个位数和足够大的差距的时候，狗狗会目标明确地选择盛有四块肉的狗碗，而不是只有一块肉的那个。但是它们对原因的理解能力有限，所以它们不能解释其中的原因。

狗狗的表情透露出："我愿意去认识世界，我也准备好了。"

值得注意的是，狗狗和人的合作方式是唯一的。狗狗常常只听从我们的手势和口令。当狗狗不能胜任日常任务时，它会马上向人求助、高声大叫，无论是它们自己迷路了，找不到篱笆的门了，还是用前爪够不到滚到橱柜下面的心爱小球。猫就不会向人求助，而是试着自己解决。如今，狗狗的智力不完全是天生的，出生后 16 周内，社会化过程中的驯养条件和生活条件极大地影响了狗狗的智力——或者是积极的，或者是消极的。

测试您的爱犬的舒适感

对我们人类而言，评价狗狗在我们的世界里是否感到舒适当然是非常困难的。当狗狗伸展身体的时候，它觉得舒服吗？或者哪一个时刻的伸展表示缓解压力，希望重新找到舒适感呢？

这些都无所谓！反正我们自己也常常不知道是什么让我们感到舒适的，是什么让我们开心。或许这是合乎情理的，当我们假设那些在他们的世界里能够适应各种吵闹和压力，却并没有感到痛苦的人或动物，就应该感到幸福和舒适。谁能够缓解压力或者避免压力，谁就有能力去应对大大小小的“灾难”。

下面我列举了基本条件，必须满足这些条件，才能满足狗狗生存所需，保护它们不受伤害。只有当所有的基本条件都符合您家的狗狗，也就是说，8个条件前面都打勾的前提下，继续做下面的测试才有意义。

下面的表格会帮助您借助一个评分体系评价您的爱犬的舒适程度。您可以在左边的6个行为领域里找到符合狗狗的行为方式，它们或者直接体现出狗狗的舒适度，或者使狗狗有机会通过所做的行为达到一定的舒适程度。

现在请仔细观察您的狗狗。它符合所给出的行为方式吗？您最好是跟所有的家庭成员一起讨论，狗狗做出这种行为的频率是怎样的。您可以在右边选择，从“非常频繁”到“几乎从不”。计算您的选项所对应的数值，4是“非常频繁”，0是“几乎从不”，随后您会找到对分值的评价。

基础知识——舒适的基本条件

- ◯ 狗狗的身体健康，没有受伤，没有疼痛、痛苦和伤害。
- ◯ 狗狗的饮食和饮水符合它的种类和生活方式。
- ◯ 狗狗有足够的机会排便和排尿。
- ◯ 狗狗表现出正常的标记行为。
- ◯ 狗狗表现出合适的运动行为。
- ◯ 狗狗有正常的睡眠和休息。
- ◯ 狗狗生活在社会群体（“家庭”）里，非独自生活，不必流浪。
- ◯ 狗狗每天跟人和同类交流多次。

体现舒适感的指数

能清晰地体现舒适程度的行为方式

非常频繁	经常	偶尔	极少	几乎从不
(4)	(3)	(2)	(1)	(0)

舒适行为(特别的身体护理):

狗狗自己跳华尔兹。

游戏行为:

狗狗跟自己玩耍(所谓的单人游戏,例如跟物品玩耍,找食物游戏,追踪物体游戏)。

狗狗通常跟人玩耍(与人的社会性游戏)。

狗狗跟同类玩耍(与同类的社会性游戏)。

睡眠和休息行为:

狗狗有规律的睡眠－清醒模式,有深层次睡眠和随后的梦境。

学习行为/智力:

狗狗通过成功和失败、条件作用(命令)、观察(获得食物,寻找食物,藏食物),获得知识和能力来进行学习。

得分

既能体现出舒适感的行为方式,同时也是缓解压力、期望获得舒适的行为方式。

非常频繁	经常	偶尔	极少	几乎从不
(4)	(3)	(2)	(1)	(0)

舒适行为(特殊的解压行为):

狗狗舒展身体,伸懒腰。

狗狗抖动身体。

探察行为和定位行为:

狗狗寻找新的环境刺激(领地里的新事物,咖啡馆或兽医诊所里的领域)并且进行探察。

得分

评价:

36–28 分:您的狗狗感觉非常舒适(绿色范围)。

27–19 分:您的狗狗感觉舒适(黄色范围)。

18–10 分:您的狗狗可能感觉到舒适(红色范围)。

9–0 分: 注意:您必须得关注狗狗的舒适度。(▲)

关于测试的重要信息:

您只要选择一次“几乎从不”,就已经表示您的狗狗的舒适度受到干扰,即使您的总评分还比较高。

1)在选择明显地表示舒适的参数时,最高等级 4 代表着舒适感;而那些既能体现出舒适感的行为方式,同时也是缓解压力、期望获得舒适的行为方式,与前面不同。最高值 4 在这里代表狗狗为了缓解某个可能的压力所表现出的行为其舒适程度较高。

第 3 章

狗狗不受欢迎的行为

狗狗的哪些行为是不受欢迎的，甚至是令人讨厌的？为此，狗狗的主人又能做些什么呢？

我的狗狗总是很另类

狗狗的那些被视为“有问题”或者“令人讨厌”的行为方式大部分还是属于狗狗的正常行为范畴，或者是变异的正常行为。许多狗主人无视这个现实，或者他们根本就不知道。真正的行为障碍包括身体疾病和必须服用药物进行治疗的精神疾病，慢性疾病也会让狗狗进入“行为绝境”，让它感觉不到舒适。可惜，当狗狗采取了缓解压力的替代行为时，常常会被主人阻止，这些都是干扰行为。当主人已经习惯了狗狗那些不受欢迎的行为，却不试着把狗狗从痛苦中解救出来，这种做法的危害性比前一种小一些。

进食行为——挑食和声名狼藉的猎手

还记得狗狗的猎捕行为是怎样的吗？是的，猎捕是正常的，能给狗狗带来成就感，这是获取食物的基础，属于狗狗最重要的行为方式之一。狗狗是猎捕型的食肉动物，但是它们生活在家庭之中能够或者允许猎捕的机会越来越少。然而，猎捕对某些种类的狗狗而言已经深深地植入基因里，于是它们会把猎捕的范围延伸到野生动物。

亲爱的读者朋友们，即使没有接受过猎捕训练的狗狗也有天生的猎捕需求（本能反应，参见 254 页）。为什么不允许狗狗有正常的猎捕行为，就是因为它们像狼一样是猎手的竞争对手吗？然而狗狗的猎捕行为虽然是正常的，但是在某些社会领域还是不受欢迎的。可能出现的问题，例如兔子和梅花鹿的数量会因为狗狗的猎捕行为而急剧减少，从而面临灭绝的危险。

变异的猎捕行为（盲目捕猎）

狗狗对同类变异的猎捕行为，也就是所谓的干扰行为，以及对运动着的人的攻击都是不正常的、危险的，是真正的不良行为▲12。猎捕的最终目标是杀死猎物，狗狗不跟猎物进行任何的交流，它们之间的距离会迅速缩小。我们常常会提到，正在猎捕的狗狗对它的猎物所做的绝对不是攻击行为（攻击猎物），因为攻击行为的目标是通过更多的交流形式加大它和对手之间的距离。

围攻——对其他狗狗的猎捕

狗狗对同类的变异的猎捕行为常常针对体型较小的、胆小害怕或者缺乏安全感的狗狗，这些狗狗常常想迅速地逃跑，然而却会被一只或者几只狗狗游戏式地攻击。“被攻击者”会在与同类的初次接触时就提前中止交流，而其他狗狗还以为交流没有结束。“被攻击的狗狗”会迅速逃跑，远离其他狗狗。而其

“被攻击的狗狗”（右边）中止交流，其他狗狗们开始了“围攻”。

狗狗游戏式地跟随移动着的人通常不会被视为潜在的危险猎捕行为，因而常常被低估。

他狗狗接下来的追踪过程是没有交流的，于是“被攻击的狗狗”常常会受重伤甚至被杀死。

狗狗主人的错误一方面加剧了“猎手”的恶劣行为，另一方面也导致了“被攻击者”的悲剧。好奇地观看或者对狗狗猎捕同类行为的宽容（例如，对混乱的“狗崽游戏”不加以看管），以及过早地打断狗狗之间的交流都会带来负面影响，因为“攻击者”和“被攻击者”都不是天生的，是人类改变了它们。如果狗狗没有足够的机会进行不受干扰的沟通，发生“围攻”的危险通常就会大很多。唯一合理并且有必要打断狗狗交流的情况是，当狗狗开始猎捕其他社会伙伴时，请马上给开始猎捕的狗狗拴上狗绳，带它离开。

猫咪也是猎捕对象

猫咪也是狗狗的猎捕对象之一。如果我们观察这两种生物的面部表情和肢体语言就会发现，它们之间的误解是天生的，因为假如狗狗抬起前爪表示和解，对猫咪而言那却意味着威胁。只要猫咪开始迅速地逃跑，狗狗就会开始追踪猎捕猫咪；而如果猫咪突然转为攻击状态，狗狗却通常会愕然地站住不知所措。当然双方之间总有胜利者，最糟糕的情况是狗狗咬死猫咪。

人也是猎捕对象

最初的表现就是游戏式地跟随移动着的人，这种表现主人通常发现得很晚并且常常低估其危害性。慢跑者、骑自行车的人、滑轮滑的人、跌跌撞撞地行走的人、摔倒的人、跟着球跑的孩子、滑冰或者溜冰的人，都会突然间引起狗狗的兴趣。在狗狗的眼中，这些人不像“普通人”那样移动，他们看似胆怯地、不安全地跑开是一种极端的逃避行为。狗狗会把他们视为猎物，进行追捕。

猎捕行动链的其他因素，例如紧盯、悄悄靠近、绕圈、向人身上扑跳、低着头走路或者是埋伏，都是进行追踪的前兆。当然，狗狗的做法是为了保护自己。对小狗崽和幼犬而言这是可爱的行为，成年犬这样做就非常危险了，被追捕的人不仅仅面临被狗追捕的恐惧，还有可能摔倒或面临其他的意外和伤害。

亲爱的读者朋友们，或许您现在就有疑问了，为什么狗狗一方面把人看作可以接受的社会伙伴，另一方面却将人视为“被追捕的猎物”呢？我们可以认为这是狗狗天生的、自然性的猎捕吗？除了本能，狗狗通过各自的经验（成功 / 失败）和在幼年时期所经历的社会化过程学到了不同的猎捕本领，并且已经固化。如果狗狗不把孩子看作是幼小的人，而错误地认为是活蹦乱跳的猎物，就可能出现更加糟糕的状况。

承担保护工作的狗狗（参见下面的小贴士）：一只曾经断断续续接受过不专业训练的狗狗，或者是曾经接受过专业训练但随后又被家庭收养的狗狗，都有可能威胁到公共安全，因为它们也会咬住行人的胳膊，尽管行人并没有佩戴保护袖套。这些狗狗从表面看大多没有攻击性，而且有着良好的顺从性和极高的控制冲动的能力，因此看似是不危险的。

“合格的”猎犬：它们在幼年时期就已经接触了各种自然界的猎物，既了解各种猎捕的动因，也知道猎捕行为的后果。它们“遵循秩序地”猎捕，在其社会化过程中，有足够的与小孩子接触的经历，知道摔倒的、哭闹的小孩子是幼小的人，不会对小孩子采取进一步的猎捕行为，从而避免对孩子的伤害，更不会出现致死的状况，尽管当时的场景或许是极佳的猎捕区域（过度集中的刺激源，参见 265 页）。

有猎捕经验的狗狗：那些在幼年时期就已经接触过自然界的猎物，例如兔子、梅花鹿或者老鼠等，但却不是专业陪同打猎的狗狗，在成年后还会猎捕这些动物。狗狗出生后 9 个月是这种能力形成的关键时期。那些 9 个月前没有咬死过其他动物的狗狗，之后的猎捕行为也仅仅是为了运动，而不是为了咬死其他动物。但是亲爱的读者朋友们，可惜我们不能对此做出 100% 的保证！就算狗狗捕到了“寓言中的兔子之王”，相比一只死亡的兔子，如果一个小孩子受到伤害甚至死亡，那将是

承担保护工作的狗狗

小贴士

可惜让狗狗承担保护工作始终是有负面影响的，因为这对狗狗而言是一种危险的训练方式。例如让狗狗去追踪逃跑的人，训练时会提供给狗狗一个袖套（“可以咬的胳膊”），狗狗在听到命令信号后就会扑上去。之后这只“假胳膊”就会听任狗狗的处理，它们会得到训练者的表扬。之后，狗狗就会在没有命令的情况下迅速采取猎捕行为追踪逃跑者。

莫大的悲剧。如果我们能够了解狗狗的自然猎捕范围会更好些，这比家里有一个不知何时会不分目标地猎捕所有人和动物的狗狗幸运许多。

没有猎捕经验、仅仅是游戏式猎物的狗狗：曾经在某个时候攻击过或者咬伤致死过猎物的狗狗，通常在接下来的几个月或者几年内是没有异常行为的，直到某一天，它好像是突然想起“我原本是个猎捕型动物”。这些狗狗通常会有长期被关在狗窝、被狗绳拴着或者其他的被孤立的经历，它们既没有在与人的共同生活中得到足够的社会化，也没有学到过自然界的猎捕范围。当它们被过分要求时，就会做出咬断狗绳或者类似的逃脱行为，露出它们猎捕的自然本性。当狗狗主人没有给狗狗创造了解自然界猎物的机会时，正是他自己导致了狗狗变异的猎捕行为。

牧羊犬：它们天生就喜欢放牧。它们会试着把动物或者物体看成牧群。但是因为“所谓的”牧群，无论是汽车、球或者是人，都没有做出类似“羊群”的反应，它们就会陷入疑惑，然后继续寻找新的“牧群”。它们对假设对象的放牧行为是没有目的和意义的，我们称其为刻板行为▲1。狗狗只采取复杂的放牧行为中的部分行动（紧盯，悄悄靠近，却没有随后的追踪和驱赶）——这是带有自我肯定倾向的成瘾行为。没有任务的牧羊犬常常会从边界后面，例如篱笆后面；或者从狗窝中冲出来，追踪经过此处的自行车。不久之后，狗狗会在没有这些外界刺激的情况下做出类似的动作，因为它们知道，这样它们的压力会得以缓解。狗狗一旦形成成瘾行为或者刻板行为，它们就“无法再改变了”！

叼球游戏：如果狗狗主人没有教狗狗学习“停止信号”，例如“等等”，狗狗最喜欢的叼球游戏就是一种替代性的猎捕游戏，是一种没有限制的、训练过的猎捕行为，这对那些玩耍中跟着球跑的孩子而言尤其危险。在这种“跟踪追捕的游戏”中，狗狗通常是不受控制的，被激发了活力的。游戏有可能会迅速地转变为死亡的威胁，狗狗变成猎手，人成为猎物。这种变异的猎捕是干扰行为▲12中的一种，因为无论人还是同类，都属于“四只腿猎手”的自然猎捕对象。

刻板行为、强迫行为和空忙行为

如果狗狗追赶昆虫、捕获昆虫，这些都是正常现象。然而如果根本就没有飞虫，狗狗只是追赶着一个影子，或者长时间地盯着不能猎捕的、没有意义的，甚至是不存在的物品，那么它们就不正常了。此时我们既无法与狗狗沟通，也无法让它们停止正在做的动作。它们似乎从中找到了乐趣，大脑中释放出的“幸福荷尔蒙”，会使得狗狗的这种荒唐行为越发严重。狗狗就像“犯了毒瘾”一样，追踪着各种幻觉，吞咽空气或者吃掉不该吃的东西。

刻板行为的案例▲

吃下不消化的物品：狗狗会吃下沙土、石头、纸张、橡胶品或者其他类似物品，因为它们觉得无聊，觉得有压力，生活在缺少刺激的环境中，或者它们想引起主人的注意。只有极少情况下，狗狗是因为缺少食物才吃下这些不消化的东西。狗狗吃粪便是一个特殊情况（食粪癖）。无论是公狗还是母狗，吃掉了小狗崽的粪便都是正常现象。大约四分之一的狗狗在日常生活中也有这种行为，这只能被理解为毫无意义的行为▲。几乎每个狗主人在看到自己的狗狗尽情地享用大堆粪便的时候,都会马上制止。这也是狗狗的胜利，因为这之前主人对它不管不问的态度已经终止了。

到处运送狗粮：前文曾经提到过这是狗狗的正常行为，它们想以此储存粮食或者想更换自己的进食场所。但是许多狗狗的主人却认为狗狗在家里出现这种行为会带来很多麻烦，特别是当狗狗把湿的狗粮撒到地毯上的时候。更为糟糕的是，狗狗试着把狗粮藏到地毯下面的地板上，这是一种空忙行为▲。为了避免这些行为，给狗狗提供一个“沙盒”是必要的，可以让它把食物埋藏在里面（见 127 页照片）。

破坏狂：破坏信件或者家里的其他物品是一种变异的猎捕行为（抓住 – 摇晃致死，参见前文“猎捕行动链”），狗狗以此试着缓解无聊。通常主人很长时间之后才会意识到这是病态的、不正常的。当主人试着跟狗狗和气地交谈或者进行语言上的惩罚时，他们是在无意识状态下加剧了狗狗的破坏行为。主人的这两种反应方式使得刻板行为变得更加根深蒂固。

牧羊犬会追赶或驱赶小球，但是却缺少真正的牧群的自然性的回应——其结果常常是固化行为。

刻板行为是怎样产生的?

当然不是所有的狗狗都有不良的刻板行为，例如咬坏信件、到处运送狗粮或者吃粪便。大多数时

垃圾桶是狗狗非常喜欢的食物来源地，它们在垃圾桶里开心地翻找着美味的食物。如果找寻成功的话，它们会在下次散步的过程中继续搜寻。

候狗狗是想通过这些行为缓解压力或者引起主人的注意。当狗狗把废纸篓里的东西全部倒出来的时候，它表现出来的好像是“延续觅食行为”，因为对它而言，从主人那里直接得到被放置好的狗碗实在是过于简单了。如果狗狗常常几个小时都在重复做毫无意义的动作，只有通过强烈的外界刺激才能让它停止或者根本无法让它停止的时候，那就变得危险了。这时只有行为治疗才能让“发疯的”狗狗摆脱刻板行为的恶性循环。但是，如果狗狗已经深深地陷入刻板行为的泥潭之中，即使服用药物也不能挽救的话，那就是非常危险的状况了。这样的狗狗已经不具备生存能力，只埋头于它自己的刻板行为▲1，不再进食，不再睡觉，对主人旨在中止它们疯狂行为的尝试采取攻击式回应▲10。最终它们只能被安乐死，因为它们饱受折磨，已经无法再承受下去了。

进食问题

乞求食物

向社会伙伴乞求食物是狗狗的正常行为，因为小狗崽就会向狗妈妈做出同样的举动并能成功地得到食物（“压奶”）。进入家庭生活后，小狗狗仍然会毫不费力地通过乞求迅速得到食物。当可爱的小狗狗用“忠诚的”眼神看着我们，抬高爪子或者用嘴碰触我们，有时还发出乞求的哼哼声，谁又能拒绝它们呢？我们被感动了，狗狗则意外地得到了一根香肠或者一块点心。于是，聪明的狗狗学会了通过乞求成功地得到食物。于是它反复尝试，除了得到食物还得到了主人的关心——除此之外，狗狗不需要再做别的任何事情了，多么美妙的狗生啊！就这样，意外变成了常规。

如果狗狗不断地在餐桌边施展它的这种策略，并且仿佛是在清点着主人从盘中夹菜的次数，它们的这种行为就会令人厌烦。

偷取食物

有时候是我们给狗狗创造了极易偷取食物的机会，因为我们会将食物无意间乱丢，或者没有关闭垃圾桶盖、食品袋等。当我们离开被狗狗发现的巧克力时，就仿佛对它发出了邀请："你自便吧！"当狗狗成功地"偷取了食物"，却只得到很少的惩罚时，它们的自我表扬机制开始起效。如果我们当面抓住了"偷取的凶手"，狗狗至少还是获得了一样东西，那就是主人的关注。狗狗偷取食物也有可能会出现中毒、胃部不适或者吞咽了危险物品，因此，这不是正常的好奇行为，而是给狗狗和主人都会带来麻烦的不良行为。

绝食（厌食）

没有出现临床病症的狗狗却拒绝进食，这看似是很荒谬的事情，然而的确存在特别敏感的狗狗，因为某些原因突然就绝食了。原因何在呢？

社会群体的变化：例如一个家庭成员的离开或者去世，或者狗狗被迫到新的家庭中生活。这些压力对狗狗的负面影响非常大，以至于它们对食物都失去了兴趣。可能出现的分离也会让狗狗产生恐惧感。如果主人不在身边，即使是满满的狗碗，即使是狗狗最爱吃的骨头，它们连碰都不会去碰，会一直等到"家人"再次团聚的时候。这种非正常的行为让狗狗很痛苦▲8。

引起关注：绝食的另外一种情况是为了换取主人的关注。只要狗狗吃得少了些，作为狗狗的主人就会很紧张。尽管兽医的检查结果显示狗狗没有任何疾病，可是无论我们怎样哄着狗狗吃饭，它却什么也不吃。这是为什么呢？说到底，一切还是我们的错。某一天，狗狗胃口不好拒绝进食，它就变成了家庭生活的中心，狗狗获得了前所未有的关注。于是，此类场景再次上演，狗狗一次又一次地被强迫进食，甚至有时是主人的大声呵斥才让它勉强吃一点，尽管它越来越厌恶进食。长此以往，这些狗狗会变得越来越瘦弱，被我们人类无意识地逼成了厌食症。起初只是一个没有伤害的小手段，最后却演变成了灾难——狗狗备受折磨▲4。

保护食物

对动物而言，除了自身安全之外，食物以及保存的食物毫无疑问是其最重要的生存资源之一。在感受到或者已经出现资源紧缺时会发生争斗，看似是符合逻辑的，因此，这种行为是完全正常的。

以前曾有过一个关于狗狗之间怎样避免争斗的假设，时至今日这个假设也仍然存在，即狗狗跟它的社会伙伴——无论是人还是同类——之间建立了一种进食等级秩序，这个秩序决定着谁在何时允许食用哪些食物。理论而言，等级高的成员通常享有管理所有食物的特权。它们不仅有权利优先进食，还有权决定谁得到多少食物或者什么也得不到。依据这个假设，为了得到对资源的优先权，例如食物，狗狗会希望能主导它们的主人或者控制主人。这种对“高等级”的追求是控制资源的潜能（参见 263 页）之外的“生活动力”。按照这个所谓的“主导理论”，人作为狗狗的社会伙伴会尽力主导狗狗，可惜却常常发展出与执拗的狗狗之间的矛盾，形成精神上的惩罚或者是威胁。人类的潜台词是：“我得让你看看，谁才是这个家的主人，必要时我会采取暴力！”如今我们已经知道了，事实并非如此（见 173ff.）。

狗狗保护食物时的表情有很多——从愤怒的大吼到伴有撕咬的正面攻击。

非因果的、无法预测的主人的反应：当主人跟他的狗狗突然进行非自愿的争抢食物时，潜在的危机就可能出现。出现的场景都是非常相似的：当狗狗正在进食时，主人却试着把狗碗旁边的残渣放回碗里，或者把翻倒的狗碗扶正，又或者只是近距离地从狗碗或者狗粮旁边经过，原本温顺可爱的狗狗会突然冲着主人大叫。狗狗要表达的意思非常清晰："离我的美食远一点！"即使是平时非常听话的狗狗，此时也清晰地表达出了资源的重要性，有的狗狗甚至随时准备着在必要时用武力来保护自己的食物。如果没有正确对待狗狗发出的警告，主人就有被咬到的危险。现在我们就可以理解，当主人被狗狗如此"辱骂"时，必将严重影响到狗狗与人的和谐相处。

两种普遍的反应：

• 主人会训斥他的狗狗，然而这样不会让狗狗停止保护食物的攻击，这是一种权力的示范，是精神上的暴力。如果您这样回应，就有可能会被自己的狗狗伤到，特别是发生了激烈的争吵，以致暴力和反暴力升级。

• 主人会采取有助于和平相处的方式，也就是退后、不再打扰狗狗、让它继续进食（在这种状态下是完全正确的和必要的），同时用缓和的语气告诉狗狗"没事没事，我不是想拿走你的食物。"避免任何跟食物有关的冲突，根据平常的习惯继续给狗狗添加食物。

如果您反复地采取这两种不同的反应，狗狗保护食物的行为极可能变得更加严重。

您的狗狗在"成功"中学到经验，在之后保护狗碗和骨头时重复使用它们的策略。"在成功和失败中学习的原则"也有糟糕之处：狗狗学会了争斗是解决食物矛盾的最后也是最有效的方法，因为所有其他不冲突的方法都不起作用。现在我们就可以理解，攻击并不是狗狗的"主导行为方式"，而仅仅是紧急状况下的应急策略。

重建和谐：请您努力做一个狗狗真正可以信赖的社会伙伴，了解自己该对狗狗承担的责任，其原则是"互相深入了解和互相信任是避免家庭内部危机的最好保障"。一个可以提前预测狗狗的行为方式，并且能够做出符合逻辑反应的主人，通常能在日常生活中相对容易地引导自己的狗狗。严格的和前后一致的资源管理方式，例如，食物的管理方式，以及所谓的"学习－奖赏模式"都可以激励狗狗与主人进行互动。

“食物－获得－允许”是特别重要的管理方法，尤其是在狗狗和主人之间已经产生冲突的时候。这并不意味着，只有在关于资源的争执已经产生问题的时候，我们才应该制定规则。在隐藏着潜在利益冲突的家庭里，人们可以，也应该制定适用于沟通领域的清晰明确的规则。引入基本原则是重要的，例如获得食物的原则，这与主导性的“家庭规章制度”没有关系。如果没有对获得例如食物等资源的明确的规定，例如之前没有进行过相关训练就突然拿走狗狗的食物，狗狗会攻击它的主人，因为它从中学到的是“当女主人靠近我的碗的时候，我的食物就会消失，这是非常糟糕的事情……”

狗狗不能自己去购买食物，它们或多或少地要依赖于人类。当然大多数的狗狗希望主人能给它们那些生存所需的资源，却并不要求它们有所付出。另一方面，狗狗又喜欢工作及多劳多得的原则。这样狗狗和主人之间关于“食物”的互动就容易掌控了，不是为了降低主导性，更多的是为了更好地协调对基本规则的遵守。这些原则要让狗狗能够感受到其积极的结果（从成功中学习＝对完成期望行为的合适的奖励）和消极的结果（从失败中学习＝对不良行为的惩罚，例如拿走它的食物或者短时间的社会性孤立）。

希望我们一定要给“护食者”提供与其行为相适应的奖励，只在狗狗已经完成某项任务或者某个命令时，我们才提供食物。对于懒惰的、好斗的、不情愿工作的狗狗，既不要威胁，也不要试着管理或者劝说它，而是忽略它，当然也不给予任何的奖励。饥饿和被社会孤立的感觉就是惩罚，同时也是让狗狗试着重新融入家庭的动力。只要狗狗试着工作并做出我们期望的行为，它们又会得到赞扬。狗狗世界里的工作生活就是这么简单！

您可以这样预防……

面对变异的或者过激的猎捕行为：

• **购买：**在购买狗狗之前，对小狗崽或成年犬进行的所谓“反猎捕测试”的意义并不大，即在空旷的地方用不同的动物进行测试，因为这没有足够的说服力！在选择狗狗时要特别注意狗狗的品种，因为许多现代的或者“时尚的”狗狗都是猎犬或者牧羊犬的后代，它们的父母一定不能是“猎捕高手”。

• **社会化：**小狗崽需要尽早地跟社会伙伴（人和同类）进行足够的和持续性的社会化接触。它要学着适应将自然界的猎物视为“类似社会伙伴”，例如家养的其他动物——这是一个艰难的冒险，或者要了解自然猎物的范围。

• **正确的活动方式：**包括身体和精神两方面。

• **激励式的基本顺从练习：**“坐下”，“站住”或者其他锻炼注意力的信号。

• **避免无意识的活动：**傻傻地看，分散注意力，不要采用折磨式的惩罚。

• **避免无法控制的猎捕行为：**当您的狗狗还没有学会听从“停止”这个信号时，不要让狗狗练习叼小球或者叼小棍（见249页小贴士）。

• **狗绳和活动范围训练：**为了能够通过信号控制狗狗的活动范围。

学习正确地运送物品

小贴士

用一个特定的玩具来训练狗狗，例如玩偶或者专用狗玩具。整个练习过程分为六部分：建立与被运送物品的联系，用嘴叼住物品，咬住，较长时间地运送，在听到信号后送到主人那里，听到“放下”口令时松开口放下物品。首先单独练习每个环节，多次练习直到动作准确为止。等狗狗掌握了所有的单个环节后，再把所有的环节串联起来。

• **引入合适的猎捕游戏：**把狗狗的猎捕行为引导为“被允许的形式”。例如，用一个布偶或者特制狗玩具训练狗狗，并且要注意正确的练习模式。

• **适合其天资的使用方式：**许多种类的狗狗长期以来就被训练成猎犬或者牧羊犬，它们就有这方面的天资。为了避免对社会伙伴的刻板行为或者猎捕，必须对狗狗采用适合其天资的使用方式。

• **介绍猎捕经验：**如果您已经养了一只有猎捕经验的狗狗，却不想让新养的狗狗学会猎捕，那就绝对不能让两只狗狗同时去猎捕（分别进行散步或者总是用狗绳拴住其中的一只）。

• **缺少积极的猎捕经验：**狗狗在出生的前九个月里所学到的积极的猎捕经验越少，它以后的猎捕热情就越低。

刻板行为、强迫行为和空忙行为：

• 合适的喂养方式以及使狗狗有足够的机会接触社会。

• 避免压力和折磨性惩罚。

• 合适地融入社会生活。

• 合适的食物。

• 食物处理和觅食游戏：这样可以消除无聊以及由于食物的获得方式所导致的运动不足（见 127 页照片）。

乞求食物和偷取食物时：

• 决不要给乞求食物的狗狗任何的食物奖励！

• 不要给狗狗剩下的饭菜，不要让垃圾桶开着盖。以咀嚼棒或者类似的东西来替代这类“食物”。

• 狗狗必须自己挣得食物（即成功地完成某个口令后会得到食物奖赏）。

在拒绝进食时：

• 让狗狗得到适量的体力和脑力的运动。

• 给予适量的食物（合适的食物种类和数量——留意食物说明）。

• 放弃规律性的进食时间和持续不断地提供食物。

在保护食物时：

从狗狗小的时候开始，您在狗狗进食期间不加解释直接拿走它的饭碗，每天至少一次。然后您在狗狗面前把它的碗拿到远处，同时添加“坐下”和“等着”这两个口令。一段时间之后，您打断狗狗的进食，并给出“吃吧”这个信号，然后狗狗才允许再次靠近它的碗。通过这样的训练小狗狗就明白了，打断它的进食过程是一种奖励性的进食游戏，而不是惩罚措施。这之后它就不会在被打断进食的时候进行防卫和反击了。

治疗——您能做些什么呢……

发生变异的猎捕行为时？

• **危险管理：**如果您的狗狗经常追踪人或同类，您得留意了，可能会有生命危险啊！您必须得给狗狗拴狗绳或者戴嘴罩。

• **练习停止口令：**这样可以在狗狗出现猎捕行为的早期就及时打断猎捕链。

• **“离开，去那里”：**使用这个口令可以让狗狗脱离危急状况，并将其吸引到另一条平静的马路上。

• **提高控制能力：**您得跟狗狗一起练习“回来”口令（见 160 页小贴士）。

- **单独训练：**这样可以避免狗狗在面对猎物群时逐渐高涨的猎捕动机。
- **放松练习：**这样可以降低狗狗的激动程度。
- **控制狗狗的自由奔跑：**若您的狗狗会追踪同类或者人，则它只被允许在没有猎捕对象的空地上自由奔跑。
- **特殊治疗：**在日常情景中的训练，例如使用长狗绳；当狗狗出现了追踪同类或者人的情况时，只要能够专心地看着主人，就该表扬它；通过添加“抬腿”和“放下”两个口令减慢狗狗行走的速度；用其他的猎捕游戏作为反猎捕的训练，例如，许多狗狗喜欢追踪，如果狗狗看到猎物却不去追赶，狗狗就会得到它最喜欢的球或者玩偶。
- **注意：**治疗过程中需要许多专业的指导，根据自己的推测进行治疗会很困难。

面对刻板行为、强迫行为和空忙行为时？

- **动物行为治疗法：**行为治疗法常常需要同时服用心理药物才起效。
- **避免无意的肯定：**忽视狗狗的某些行为也需要正确的方法（见 207 页小贴士）。
- 增加放松练习。
- **间接地打断狗狗的强迫行为：**您马上离开，并且鼓励一种好的替代行为。

在乞求食物时？

- **不要惩罚：**狗狗不明白，为什么它之前被赞扬的行为现在却被惩罚了呢。
- **一致的忽视：**只要狗狗乞求食物，所有家庭成员和客人都必须忽视它（见 207 页小贴士）。
- **防止意外得到食物：**把狗狗赶出厨房，禁止它守在桌子旁边，这样您可以避免因不小心洒落的食物残渣给狗狗带来的无意中的奖赏。

许多狗狗喜欢刨土寻找食物——因此，您可以在沙堆里藏一块骨头，狗狗的搜寻工作开始了。

在偷取食物时？

- **主人的管理方式：**拿走食物，防止狗狗发现；散步时无须商量，给它拴上狗绳，并且远离垃圾桶。

• **不能采取折磨式惩罚：** 如果您回到家时发现了狗狗的偷窃行为，请您不要惩罚它！狗狗不会把规矩和“垃圾桶”联系在一起，因为这两件事情间隔时间太久了。如果狗狗低着头或者不靠近您，这是恐惧的标志，而不是常被误解的“良心不安”（见130页小贴士）。

• **口令“放下”：** 狗狗在听到这个口令后，应该马上放下它咬着的物品。训练时请您注意，无论如何不要为了抢下它嘴里的东西，在后面追着狗狗跑，这样只能让狗狗咬得更紧，更加不会放开它的“猎物”。

在拒绝进食时？

• 忽略最初的绝食或者无聊的乱食。

• 不要跟它交谈，不要追着它喂食，不要抚摸它或做其他的动作，这些只会加剧它的绝食！只要狗狗在五分钟之内没有吃掉的东西，请统统拿走。

• 为了获得食物得完成常规的工作，原则是“没有不劳而获”。

• 每周一天不提供食物。

• 正餐之间没有加餐。

• 避免狗狗的自我肯定式行为，例如从聚会上偷取烤香肠等。

在保护食物时？

• 在行为专家已经检测过了狗狗对失败的承受能力之后，接下来的训练则完全是主人亲自手动喂食。失败承受能力较低的狗狗，强烈建议佩戴狗嘴罩。如果狗狗进行攻击性反击，您就退后并且采取短时间社会性孤立（忽视狗狗），这样可以缓和紧张的局面，练习停止。第二天再重复练习。

• **寻找食物：** 让狗碗和骨头消失至少四至六周。在这期间，狗狗必须从听口令去寻找食物（和其他的资源）。

• **练习方法举例：** 首先给出“坐下”口令，然后再给出“吃吧”口令（发口令的同时把紧握的手张开），之后给狗狗一些食物；下一步把狗碗拿在手里，通过口令给狗狗手动喂食；接下来让狗狗从主人拿在手里的狗碗里进食，不再进行口令式的手动喂食；最后一步，让狗狗用狗碗进食，这期间您发出口令，并把部分食物故意撒到地上。

• 每天进食时都进行练习，通过“坐下”和“等着”两个口令打断狗狗从狗碗中进食。或者在狗狗啃骨头时，每天至少使用一次“放下”口令。

标记行为——“狗窝污染者”和长期标记者

不卫生行为的产生

出生后几周的小狗崽就学会了把自己的粪便和尿液跟土地联系在一起（见 220 页小贴士）。这些地点成为所谓的“特定的刺激”（参见 255 页），能够刺激膀胱和大肠充满然后又排空。如果缺少这种条件相关的刺激（例如草地），狗狗会在它之后的生活中尽量去抑制它的排泄需求，直到它无法忍受才会不择地点。这不仅是狗狗清洁训练重要的基础，对狗主人而言也是一种优势，因为狗狗只偏爱有植物的土地，并不喜欢公共场所的人行道。

不卫生并且随地大小便

狗狗主人首先必须确定，狗狗是从未学会还是没有完全学会怎样保持清洁，或是狗狗没有发育成熟。可能的原因有很多，请不要随意就把责任推到狗狗的身上。

任意的安置：大约 10% 的狗狗从小开始就从未真正干净过，因为它们被无知的饲养者或者主人任意安置到某个角落，简单地铺些报纸了事。

折磨式惩罚：对狗狗的不卫生状况进行惩罚是让人费解的，但却是残酷的现实情况。大声地呵斥，打狗狗的爪子，用报纸打，指着小狗崽的鼻子把它推到水坑里，或者揪拽它背部的皮毛，所有这些斥责只会加剧狗狗的紧张状况，阻止了狗狗的决定行为，

狗狗从小时候就试着把自己的家与“厕所”区分开来。

许多狗狗主人都经历过狗狗的“充满歉意的”眼神，当他们发现狗狗又做了什么错事的时候，他们将其理解为“良心不安”。然而狗狗的这种行为却没有类似的含义。狗狗更多地想通过这种眼神向主人示弱，为了避免可能产生的压力。因为它们已经从人的反应中感受到了随之而来的将是“暴风骤雨”，它们在过去已经经历过很多次了。

可能会妨碍主人和狗狗之间的信任关系。我们观察狗狗后会发现，它们在这种情况下并没有学到那些此刻您期望它学会的东西。它的学习经验是，“人类的手是无法预料的，是危险的”，“把地毯作为排泄地点不是个好主意”，“下次我不会在其他地方随地大小便，我会一直等到我单独待着的时候”。

此外人们不该惩罚狗狗的自然需求，尤其是原因还在于我们作为主人出门晚了一些时。小狗崽的膀胱和肠部的肌肉还不具备完全的控制能力，包括“汇报大小便”这种必需的学习技能。通常情况下，狗狗不会把“良心不安”或者“责任感”跟它的行为联系在一起（见左边的小贴士）。

因此，当主人在狗狗脏乱的状况下回到家中，狗狗会联想到惩罚，因为以前就是这样的。当然，狗狗表现出的恐惧▲8取决于主人以怎样的方式回到家中。夜晚当我们打开门站在一摊尿液前面，狗狗通常会因为害怕而僵住了，因为那一刻的我们一定拉长着脸。这时我们已不必训斥狗狗，因为我们的身体语言已经说明了一切。敏感的狗狗早就忘记几小时前随地大小便的事情了，所有的信号告诉它的只有“有挨骂的危险”。

不卫生带来的问题

问题很复杂，常常会交替出现疾病和行为障碍。狗狗会陷入所谓的“恶性循环”，只有狗狗主人、兽医和行为治疗师的共同配合才能让狗狗摆脱困境。

例如膀胱发炎：常见的膀胱炎会导致器官性不卫生以及房间的脏乱，狗狗一方面学会了地毯也是合适的排尿地点（它曾经取得成功并且已经多次尝试）；另一方面它又被主人严厉地惩罚了，这样导致的结果是只有在主人不在家的时候才排尿，主人在的时候则忍着。后者更加重了病情，膀胱不能将需要排泄的物质及时排出体外，膀胱的炎症更严重了。

例如老年犬：特别是老年犬和发疯的犬，它们的随地大小便让人非常不舒服。它们仿佛变得跟幼崽一样需要照顾了。它们会突然地在房间里排尿，似乎是失去了控制，对它们的窝以及领地的卫生也不顾及了。特别是那些之前就常常不卫生的狗狗，和那些主人没有对其进行常规的卫生训练的狗狗。

兴奋排尿或者卑下排尿

这里指的是狗狗对着主人或者客人排尿。许多小狗崽，也有一些成年犬在不同的场景下有这种行为。原因是多种多样的，可能是恐惧或者是兴奋的表现。如果人们只是间接地或者不搭理狗狗，这种行为会得到一定程度的缓解。

传统的折磨式惩罚加剧了狗狗的排尿，因为处于恐惧中的动物必须通过这个行为清晰地表达它的恐惧，排尿有助于缓解压力。

自己领地内或者其他领地的再标记

许多主人都有类似的尴尬经历。当有客人来访或者跟朋友在咖啡厅小聚时，看到了并必须试着解释为什么自己的狗狗抬高了腿。主人通常的反应是训斥或者是把狗狗赶走，并且避免带着狗狗到公共场所。更糟糕的是，出于这个原因，主人再也没有接到过邀请。

清晰的信息："谁在这里排尿，就会被训斥。"首先体型较小的狗狗会忍着不排尿，直到它回到家里。

狗狗不太能区分内和外、自己的领地和其他领地。如果在陌生的领地同样也有一只狗狗，它们通常会做标记，因为狗狗通过气味进行交流。当主人常常带着狗狗到某个区域散步，狗狗则会排尿做标记将其扩展为自己的领地。狗狗更多地把别人家视为自己扩展的"家庭领域"（参见258页）——它会逐渐留下自己的气味标志。然而这种气味只能保留一段时间，直到其他的狗狗来到这片土地。

狗狗为什么要在一个领地内做标记呢?

特别是没有被阉割的公狗(极少有母狗)喜欢用自己的尿液在竖直的、或者显著的角落以及平面上(房间里的植物、椅子腿、墙壁、门框等等)彰显自信。我们常常可以观察到，有些狗狗标记得非常高，为了加深“读者”的印象。不自信的或者恐惧的狗狗通过排尿标记可以感觉到更强的安全感，并以此跟社会伙伴进行不见面的沟通。

狗狗常常在其他狗狗曾到过的地方做标记，无论是在家里还是在陌生的领地，例如兽医诊所。有时狗狗透过窗户看到了另一只在马路上的狗狗，这也可能成为标记的原因。当狗狗特别兴奋的时候，特别喜欢撒尿标记。在折磨式惩罚、恐惧或者面对压力时(其功能是化解压力，克服恐惧)、在不卫生状况下、处在紧张的主人和狗的关系中时，狗狗都会撒尿标记。对未阉割的公狗而言，邻居家处于发情期的母狗是它们撒尿标记的极大动力。如果狗狗对着主人的腿撒尿，也绝不意味着更高的地位和控制欲，绝没有“你得服从我”的含义。这种主动的撒尿标记行为在狗狗极度兴奋或者面对压力时都会出现，为了增强狗狗的归属感，以及验证自己仍然是这个家庭的一员。如果狗狗对陌生人撒尿，通常是把陌生人的腿跟一棵树混淆了。当跟其他同类相遇时，为了向同类展示自己，狗狗需要进行标记行为，而此时陌生人的腿是唯一的可以展示的场所。

狗狗不卫生的常见原因

除了狗主人错误的安置以外，可能的原因如下：

- 引起主人的关注：每个不爱干净的狗狗都会有这种可能。
- 恐惧和恐惧症：对分离的焦虑恐惧，对噪音的恐惧，对人、同类或者惩罚的恐惧等，都可能会导致狗狗括约肌功能紊乱，导致其随地大小便。
- 被侵占的领地：如果我们为了自身的舒适每天选择相同的路散步，那么这些道路就有可能已经被更强大的狗狗标记过了。此时较弱小的狗狗出于恐惧不敢排尿。
- 器官病变(膀胱炎、外伤、畸形或者被切除卵巢的母狗的括约肌无力等)：这些狗狗常常会在睡眠中无意识地突然排出少量的粪便和尿液，或者无法完成之前非常擅长的清洁训练。
- 狗狗较长时间内没有排泄的机会，例如因为它被拴住的时间太长，被迫待在笼子里，或者极少散步以及散步时间太短。

您可以这样预防……

在出现不卫生情况时：

- 尽早对狗狗进行足够的和有效的清洁训练。
- 规律性地带着狗狗散步，给狗狗留下足够的排泄时间。
- 避免去被标记多的领地。
- **屈从性排尿：**面临潜在的威胁时，通过积极的教育（赞扬）提高狗狗的自信。

在出现不良标记行为时：

- 尽早对狗狗进行足够的和有效的清洁训练。
- 在出去拜访朋友家之前给狗狗足够的排泄机会。
- 跟狗狗娱乐，消除它的无聊感。

治疗——您能做些什么呢……

在出现不卫生情况时?

- **清洁训练的原则：**拒绝惩罚！不加评论地把狗狗的粪便清理干净，可以先用醋和柠檬酸，再用医用酒精清除异味，以减弱标记效果。绝不要使用除臭剂或者含氨的洗涤剂。限制狗狗在房间内的活动范围（在房间内安放笼子或者栅栏）。每两个小时训练一次，特别是在狗狗进食之后、清醒之后、烦躁不安时、游戏之后或者是在熟悉的、喜欢的地点（草地或者土地）上翻滚之后，让狗狗排泄，并且在它成功排泄之后要夸张地表扬它。

- **兴奋撒尿或者屈从撒尿：**不要惩罚狗狗，此外不要直接跟狗狗打招呼。您可以蹲下，避免直接的目光接触，或者在打开房门之前蹲下让狗狗跑向您。如果狗狗跳起来扑向您，请忽视它。如果狗狗什么都没做，您就表扬它。您可以设计一个游戏，让它去把袜子叼过来。在打开房门之后进行一个叼来小游戏或者给出“坐下”的口令，并奖励一块点心，然后马上带着狗狗去它喜欢的排泄地点。在它成功排泄之后表扬它。

在出现不良标记行为时?

- 不要惩罚狗狗！如果各种尝试都没有效果，那么请求助于兽医和动物行为治疗师。只有他们能判断，这是否是极少出现的纯荷尔蒙性的排尿行为，在特殊情况下，荷尔蒙式的药物（“化学的”）阉割会使其排泄标记行为加重。

- 拴住您的狗狗，就算是在房间内。
- 拴住狗狗并让它坐在我们自己携带的垫子上（自己的领地），以此来控制狗狗。
- 无须解释清除它的标记。
- 把狗狗的饭碗、睡筐或者小被子放到被标记的区域旁边，因为狗狗常常不会标记这些物品。
- **找出一种替代行为方式：**在狗狗开始到处嗅的时候给出“坐下”的口令，一定要在它抬起腿之前，然后表扬它。
- 只要狗狗开始仔细地嗅土地、嗅特定的物品或者人，马上命令狗狗回到您的身边。

睡眠和休息——当狗狗拒绝安静时

狗狗需要比人类更长时间更频繁的睡眠。但不同的狗狗个体间的睡眠和休息需求差异很大，受到年龄、健康状况、工作方式以及生活方式的影响。许多狗主人已经发现，缺少足够的工作和无聊会带来巨大的危险。为了使狗狗得到身体和精神上足够多的锻炼，许多主人把狗狗送到狗学校或者运动协会去。有些狗主人因为工作不得不让狗狗单独待在家里，也有越来越多的人选择把狗狗送到“狗狗日托所”。我不反对这些主意，但是狗狗的基本需求常常没有得到满足。为什么狗狗必须每天长时间地处于兴奋状态呢？

缺少休息和放松

狗狗从这些托管机构回到家之后常常是精疲力竭，因为它们没有得到足够的放松和休息，它们会变得烦躁不安。睡眠不足给狗狗带来了痛苦，这也违反了动物保护法。狗狗每天需要 16~20 小时的休息时间，因此，没有必要走到哪里都带着狗狗，或者担心它会出现分离焦虑恐惧而时时刻刻找人照顾它。狗狗每天得间断地有 4~6 小时的独处时间，这样它与家庭成员的共处才会和谐。

如今我们的狗狗也同样面对着越来越多的新鲜事物。

狗狗注意力不集中或者运动功能亢进（ADHS）

如果狗狗正常的作息规律常常受到干扰或者对休息的需求得不到满足的话，狗狗身体恢复的自然需求长期得不到保障。睡眠不足的狗狗常常备受折磨▲2。

首先狗狗会神经紧张，烦躁不安，容易恼怒。睡眠不足令它们似乎整天都处于亢奋状态，在日常的清醒时间里不再舒服地躺着或者休息，对极小的事情都会迅速地做出反应。它们很难适应新的环境，几乎不能承受身体上的变化。它们也会突然心情大变，突袭式地攻击主人，或者常常有沮丧行为，例如破坏物品。它们变得很难控制住自己的情绪（控制冲动的障碍，参见 258 页），日常的口令，例如让它叼过来某样东西，它们也很难完成，因为它们无法集中注意力▲4。"我的狗狗好像变傻了……"▲9，主人们常常会有这样的评价。正常的好奇心强的狗狗会热情高涨地去探索世界，而患有"运动功能亢进"的狗狗则不是这样。它们单纯就是为了奔跑，没有其他意义。狗狗的这些行为让某些主人已经处于神经崩溃的边缘。紧急状况下，主人常常会采用折磨式惩罚，狗狗也是毫无反应地待着并不执行。但是惩罚所带来的压力又使得狗狗的烦躁状态升级，集中注意力的能力则更低了。接下来主人更加愤怒，人和狗狗处于多动－惩罚－多动……的恶性循环之中。不仅狗狗，连主人也可能会出现健康问题，例如慢性胃溃疡。

跳着冲过来的狗狗想要跟您建立联系，请您跟它一起玩耍。另一方面，这也可能会是攻击性的行为。

狗狗什么时候会患上运动功能亢进（ADHS 疾病）呢？

首先我想声明，现实中有许多与运动功能亢进相类似的疾病。就像人类一样，狗狗的运动功能亢进也有遗传因素的影响。另外，如果狗狗主人自己亢进或者就是 ADHS 的患者，也会把这种症状传染给他的狗狗。现在需要证明的是，烦躁不安的狗狗是否就患有 ADHS，是否有行为障碍▲4，还是有其他器质性的

运动功能亢进（ADHS）和多动症的症状

如果狗狗有以下行为方式，那么它正承受着 ADHS 的痛苦：

- ○ 最初狗狗神经紧张，烦躁不安，容易恼怒。
- ○ 在日常清醒的时间里它们不再舒服地躺着或者休息，对极小的事情它们都会迅速地做出反应，例如楼梯间的响声或者飞机的声音。
- ○ 它们会突然心情大变，突袭式地攻击和沮丧行为交替出现。
- ○ 它们很难适应新的环境，几乎不能承受身体上的变化。
- ○ 它们无法完成日常的行为和口令，无法集中注意力。
- ○ 狗狗曾经非常顺从的口令现在也不完全起作用了。
- ○ 正常主动性强的狗狗会热情高涨地去探索世界，而患有 ADHS 的狗狗则相反，它们的奔跑没有其他目的，仅仅就是为了跑。

新陈代谢疾病，或者是普通的多动症（只是有不受欢迎的不良行为而已）？只有兽医和动物行为治疗师能用特殊的方法进行这种特殊的检测。亲爱的读者朋友们，如果您的狗狗根本就不休息，而是不间断地充满活力地运动，持续地吵闹，延续没有目的性的行为方式，那么它已经存在着 ADHS 疾病▲4的倾向，这些都是行为障碍，并且有过渡为强迫症行为的风险。▲1

亢进的原因

是什么让狗狗变得异常亢奋？其原因是多种多样的。

• 特别是那些适合工作的犬种，例如多伯曼短尾狗、马里努阿犬、拉布拉多犬、德国牧羊犬以及贵宾犬、威尔士柯基犬等，比其他种类的狗狗更容易患病。这些狗狗患有所谓的奖励缺失症，也就是说，它们感觉与主人的日常接触不够多。它们想更长时间地、更频繁地被抚摸、被关注。尤其严重的是那些必须忍受寂寞和家庭孤立的可怜的家伙们（被关在狗舍里，或者被拴养），它们的日常运动和激动状况会越来越严重。部分病情严重的狗狗则表现出极端的需求关注行为（AEV），会狂躁地跑来跑去，冲着家庭成员或者物品大声狂叫。狗狗的行为又再次激怒主人，会再次把狗狗关起来——新的恶性循环又开始了。

• 有些狗主人甚至没有留意到他们的成年犬是极端亢奋的。过错一定是在狗主人自己那里，他无意识地表扬并肯定了狗狗的亢奋行为。激

有些狗狗患有奖励缺失症，它们抬高爪子要求得到更多的关注、更多的抚摸或者玩耍机会。

动不安的狗狗经过无数次的尝试，不停地抬高爪子、大叫、碰触或者跳起冲向主人，最后终于实现了自己的目的——或者继续陪它玩，或者再次陪它去散步。狗狗从中学会了达到自己目的的策略！即使主人态度“强硬”不理会狗狗的请求，也常常会安慰式地抚摸并和声和气地对狗狗说：“我现在不能继续陪你玩耍了，我必须得工作了。”这样更加肯定了狗狗的亢奋行为。

- 矛盾、压力或者沮丧也会是亢奋型狗狗的病因。狗狗通常有极大的热情跟同类或者人建立联系，但是却常常受到限制，例如窗户或者狗绳。
- 狗狗烦躁不安和亢奋的另一个原因是接受了错误的训练，被投入到高强度的工作中却没有得到相应的休息，这逐步导致了它的“神经紧张”。在狗狗的训练中，常用的各种奖励是对狗狗成功完成任务的肯定。如果狗狗已经掌握了某些学习过的口令，例如“坐下”，那么它不是在每次完成任务后都能得到奖励，而是每两次或者每十次才能得到。那些主动的或者亢奋的狗狗就会对工作变得更加狂热起来。

亲爱的读者朋友们，你们已经看到了狗狗的多动和运动功能亢奋是一个很广泛的话题。请您一定要保持冷静，在如今丰富多彩的世界里，小狗崽或者成年犬偶尔一次非常主动的行为大多是正常行为，极少数才是病症。

在汽车里狂叫

这是狗狗烦躁不安和亢奋的常见事例。狗狗希望一直陪在主人身边，也期望被携带着一同乘车。但又有些狗狗因为紧张、兴奋或者高兴会大声叫并不停地抓蹭，因为它们把乘车跟去森林里散步联系在一起了。原则上我们是不反对兴奋和高兴的，但是我们的耳朵却备受折磨，如果狗狗一路上冲着所有的东西大叫。有些狗狗甚至升级为它特有的“大声高歌”，但它的语言没有人能理解。倍感压力的主人会尝试通过大声呵斥、辱骂，以及谴责性地拍打关掉这个“狗狗电台”，但通常都不起作用。有些实在令人讨厌的狗狗就不得不让它坐到副驾驶位置，或者需要一个家庭成员专门看管它。然而所有这些几乎都无效，只要狗狗看到汽车，它就大声喊叫。终于抵达目的地了，当主人几乎还没有打开门时，狗狗就已经扑到人身上了。多动和容易激动的狗狗通常都会有类似的行为。现在给您提个建议：每个主人都希望让自己的狗狗能在大自然中自由地活动，但是请不要让它们制造类似的噪音！

制止狗狗的狂叫

• 绝不要让狗狗没听到口令就跳下车。也就是说，您得给出“坐下，等着”的口令。狗狗必须保持安静，不允许激动地或者要求性地大叫！只要狗狗还大叫或者不听从您的口令，就一直不打开车门，直到它安静下来为止。然后您给出口令“过来”，再次给出口令“到这儿来”，让它坐下，给它一块点心作为奖励，然后才允许它自由地奔跑，同时给出口令“现在跑吧”。

• 以后无论您去哪里都带着狗狗，无论是去购物还是去解决很小的事情。然后您直接开车回家，中途不安排散步。这样狗狗就会迷惑了，因为它不再确定跳上汽车之后是否是去散步。

• 在您的车上设置一个位置（例如，行李箱里放一个盒子，或者用安全带把狗狗固定在后排座位上，并用深色挡板把车窗户挡住），让您的狗狗无法看到或者好奇地观察外面的世界。

• 只要狗狗开始狂叫，您就马上在路边停车。您保持理性，只有狗狗再次安静了，才能继续行进。只要狗狗还在叫，就不要跟它交谈，不要骂它也不要给出口令，您的任何的反应都只会让它理解为对它所做行为的肯定。

• 逐渐地狗狗就会明白，只有当它安静地坐在座位上，行程才会继续。如果狗狗又恢复安静了，副驾驶位的乘客可以给狗狗点心作为奖励。

老年病还是顽固的老毛病？

混乱的作息时间——夜间的烦躁不眠和白天更多的睡眠▲2，紊乱的或者缩短的睡眠时间可能是由老年性疾病（痴呆）或者顽固的老毛病引起的。如果您既不给狗狗提供床单（室内），也不提供沙堆（室外）作为挖掘场地的话。在地毯上空挖也可能成为一种强迫性行为，狗狗喜欢挖一个坑，绕着坑转一圈，然后跳进去。如果您训斥并阻止狗狗在地毯上乱挖，也可能会导致狗狗的破坏性行为。它们的挖坑欲望转移到了其他物品上，例如鞋子、信件或者衣服。破坏家庭物品是它们找到的新乐子，弥补无法真正挖坑所带来的挫败感。聪明的狗狗成功地找到了化解压力的新途径，但是这又会招致主人责备的目光和接下来的对不良行为的纠正。

您可以这样预防……

在狗狗亢奋时?

• 在狗狗幼年时期有足够和全面的社会化接触，让其习惯周围的环境。

• **集中注意力的练习**——推迟给予奖励：当狗狗完成了一个口令，您不是马上就给予它奖励，而是滞后几秒钟。这个间隔慢慢地延长为几分钟。

• 让狗狗得到足够的身体和心理的锻炼，具体形式有散步、包含“冷静阶段”（参见 255 页）的共同游戏、口令练习、要求它从事独立的工作（寻找食物，处理食物，智商测试等）等。

• 避免社会性孤立（参见 264 页）。

• 放松式练习，例如按摩。

• 保障狗狗的休息和放松时间。

• 准备一个（可移动的）睡眠场所，这样狗狗的被子就可以被视为“放松小岛”，可以到处移动。

在狗狗患有痴呆或者顽固性疾病时：

• 因为狗狗 24 小时都处于戒备状态，您该通过示弱行为为狗狗创造休息和放松的机会，首先忽视狗狗，再慢慢地移到休息地点，为狗狗做个示范。

前后不一致的忽视带来的危害

前后一致的忽视可以帮助狗狗克服不良行为，也就是说绝不会再出现这种不良行为。为此人们必须做到真正的百分之百的忽视，不做出任何的回应。可这几乎是不可能的，人们总是在坚持了一段时间之后再次做出某些回应，这种前后不一致的忽视会导致狗狗更加严重的不良行为，因为狗狗学会了“我必须不停地重复这个动作，主人不知道在何时就会做出回应”。如此一来，克服就成为空谈。为了减少狗狗不良行为的频率和强度，在忽视它之后紧接着赞扬一个与之相反的好习惯——在失败和成功中的学习组合常常会带来惊喜！

• 为狗狗只准备一个睡眠场所，靠近为其准备的挖掘材料（例如床单）。

• 为狗狗提供个性化的训练，或者让狗狗在尽可能小的群体里得到照顾，这期间休息时间、睡眠时间、散步时间都要明确。

• 尽量不要让狗狗单独待着！

治疗——您能做些什么呢……

在狗狗亢奋时？

• 不要采用折磨式惩罚，这只会导致狗狗的亢奋更加严重，并由此发生升级事件。

• 忽视狗狗烦躁不安的、激动的或者注意力不集中的行为（通过在失败中的学习减少不良行为），同时表扬它放松和安静的行为。

• 您只在狗狗安静地、放松地坐好的时候才关注它，这样会迫使狗狗安静。此时语言上的表扬巩固了从成功中习得的好行为。

• 您该冷静地、清晰地做出回应。

• 请您合理安排训练计划：容易完成的任务，小目标，短练习时间（每天最多3~5次，每次1~3分钟），通过“冷静阶段”（参见255页）慢慢地降低狗狗在训练中的兴奋程度。

• 经常表扬，不是偶尔。

• 引入清晰的规则，把一天时间划分为“工作时间”和“休息时间”。

• 提供合理的训练组合，包括辅助内容（口令，手势，身体语言）、独立工作内容和思考内容（锻炼智力）。

• 所有的互动和游戏都以“坐好，等着”开始。当您给出口令“去吧”，狗狗才被允许自由玩耍。让“坐好，等着”和“去吧”的口令之间的间隔逐渐延长。

• 集中注意力练习（延迟给奖励）。

• 当狗狗想玩耍时，不要给它玩具（玩偶，球等）。只有这样，才不会给狗狗亢奋的机会。

• 狗狗对训练有热情时，奖励特别的点心。

• 请您在一天内分别安排几个训练单元，让无须集中精力的时间不要太长。

• “忽视”也得有一个相应的信号。

• 消除压力、沮丧和矛盾的来源。如果狗狗过于恐惧，您该带它去治疗。

• 动物行为治疗专家的诊断：进行特殊的行为治疗，沮丧程度测试，给予药物（治疗精神疾病的药物），让狗狗恢复学习能力。

在狗狗患有痴呆或者顽固性疾病时？

• 如果狗狗有睡眠障碍和强迫症行为，您该带它接受动物行为治疗。

• 训练时请采用特殊的放松练习：当它放松地躺在它的位置时（傍晚，散步之后），请温柔地抚摸狗狗。逐渐地狗狗会把安静地侧躺在睡眠地点跟舒适的抚摸联系在一起，从而感到放松。在训练阶段您还可以给出一个口令信号（例如，"困……了"），在完全放松之前用安静、深沉的语调给出这个信号。如果每天都训练，您很快就可以在睡眠时间用"困……了"这个信号成功地把狗狗送到它的"床"上去了。

牧羊犬，例如边境牧羊犬或者澳大利亚牧羊犬，容易出现亢奋状态或者强迫症，如果它们不能或者不被允许得到相应的工作（例如牧羊）。

舒适行为——过度舔舐和“气味爱好者”

狗狗清理、舔舐或者抓挠自己的皮毛，看似感觉非常舒服的身体护理行为怎么会导致问题呢？几乎不能想象，狗狗在个人卫生护理方面也会犯错误！

可以确定的是，对自己身体护理不感兴趣是缺乏舒适感的标志之一或者是一种疾病。狗狗的皮毛会变得暗淡无光、散乱和不卫生；慢慢地还会结痂、毛发脱落，经常这样反复还会导致皮肤发炎▲3。

过度的皮毛护理

可过度的清洁也是有害的。那不再是正常的皮毛护理，而是带有“美容倾向”的一种行为障碍和精神疾病，甚至会发展成为刻板行为▲1或者怪癖。

舔、吸、抓自己的皮毛

最初主人或许还没有发觉，狗狗会舔、轻咬或者吸吮所有它够得到的身体部位，并且这种“清洁行为”越来越频繁，它们完全沉浸在自己的护理行为里。如果主人已经因狗狗的抓挠而烦躁不安时，会试着抓住狗狗的爪子或者跟它讲话来打断狗狗的行为。这时狗狗会舔人的手或者它够得到的其他物品，例如床单、毛巾等，好像有永不满足的吸吮需求。事实上，这是由于它们被迫过早地离开母亲，由人抚养长大造成的行为障碍。然而，最初的舔舐行为不会在青春期之前出现。

吸自己的侧面腹部：例如杜宾犬特别喜欢处理自己的侧面腹部，以致被舔湿的皮肤经常发炎，留下很深的开放式伤口。这种行为似乎类似动物界的同类相食，只不过食用的是自己的身体。

舔爪子：极端地咬或者舔自己的爪子不仅会导致毛发脱落、皮肤发炎，长期如此还会出现开放式的感染伤口，这是典型的狗爪皮肤炎的病症（舔舐性皮肤炎）。

过度皮毛护理的原因

狗狗为什么要像着了魔一样不停地给自己增添深深的疼痛性的伤口呢？破坏式的舔舐和清洁好像已经让它们成瘾？

压力：不仅是狗狗，也包括我们人类每天都要面对无数的信息和信号，但并不是所有的信息都是积极正面的，能够在如今纷繁复杂的世界里不受伤害地存活下去是一门高级艺术。和谐的社会环境、科学健康的养护和合理的饮食已经给狗狗提供了合适的生存空间，大大降低了出现刻板行为的概率。如果狗狗有一个好的家庭（饲养者），并在幼年时期就能接触到许多日常的刺激，它们通常就能学会怎样处理日常压力，避免伤害。相反地，如果狗狗在家庭生活中被孤立，例如被关在狗笼里或者其他的孤立行为，或者主人对狗狗采用了错误的训练方法（例如惩罚），通常就会导致狗狗压力感倍增，对日常生活中出现的普通事件也无法从容应对。

刻板行为的常见原因

- 没有正确地融入家庭：得到过多或者过少的关注，缺少“家规”
- 缺少足够的挫折承受力
- 对待狗狗的态度不一致、不统一，视自己心情而定
- 无聊：被关在狗笼里，缺少刺激，缺乏精神上和身体上的锻炼
- 没有后退和缓和的可能
- 家庭成员有变动，不管是动物还是人

无聊和不合适的工作：这些也是狗狗行为障碍的典型原因。在特定的反复出现的压力和矛盾状况中，狗狗随意做出的缓解行为，几乎与状况无关。例如，如果狗狗被锁在狗笼里深感压力和无聊，它先尝试着喊叫其他家庭成员，或者试着逃出去。毫无疑问，它失败了，内心的不安与日俱增，不知何时狗狗开始试着舔自己的爪子。它突然发现，舔爪子虽然不能打开狗笼的门，也不能唤来家庭成员，但是却可以缓解自己的压力。

舔舐的作用

狗狗不幸地学会了这种原本没有意义也没有结果却能够让它平静的行为——舔爪子——给了它越来越充足的安全感和归属感，尽管毛发已经被舔掉了，尽管已经出现了深深的伤口，大脑似乎对它搞了一场恶作剧，释放出“幸福荷尔蒙”（内啡肽），并使之成瘾。狗狗中了“克服压力的毒”。

久而久之，这种成瘾的行为会变成刻板行为，即使原本的压力源没有出现。狗狗沉浸在自己的瘾症构建的小天地里。主人发现了爪子上的伤口，它成为了兽医诊所的常客。兽医治好了狗狗的伤口，并且告知狗狗绝对不允许再继续舔舐再次受伤。然后主人就做了各种尝试，包括语言上的惩罚、和颜悦色地交谈（“狗狗，不要再舔了……”）、捆绑爪子、固定脑袋、带上脖套或者嘴罩等等，试着纠正狗狗的刻板行为，然而狗狗突然感受到的诸多关注反而更加强化了它的刻板行为。狗狗发现，舔或者抓挠自己对主人而言还是有影响的。于是，它会继续舔继续抓挠，大有愈演愈烈之势。即使主人通过这些辅助方法让狗狗成功地摆脱了对自己皮肤强迫性的损害，但是狗狗的压力还在，它试着缓解压力的现实需求也没变——狗狗会寻找其他可能的“减压通道”。通常狗狗转而会舔主人或者主人放在它们爪子上的手，或者出现别的刻板行为，例如运动行为中的转圈跑▲1（157 页），或者变得具有攻击性▲10。

怪癖或者还不能算是怪癖？

有些读者朋友或许现在就开始观察自己的狗狗了，并且开始疑虑自己的狗狗是否也有怪癖了，如果有，那该多么麻烦！

第 1 阶段：狗狗还处在疾病的最初阶段，还能自觉地停止舔舐和抓挠，每次舔舐的时间也不长，它的睡眠时间缩短，但是作息还算规律。

第 2 阶段：这个阶段的典型特征是，抓挠持续的时间变得更长，只有通过外界的刺激才能让狗狗停止强迫性的抓挠。它对社会接触和探知周围环境都失去兴趣，学习能力也下降。此时如果通过兽医和动物行为专家的治疗，还有希望能帮助狗狗摆脱怪癖的恶性循环。

最后阶段：狗狗无论白天还是夜晚不吃不睡，也不想做任何正常的活动，大部分的时间都在忙着抓挠，根本停不下来。这时就已经到了怪癖的晚期，任何方法都不奏效了。

到这个时候，再打开狗笼的门，正确地对待狗狗以及放弃惩罚都已为时太晚。特别是当狗狗出现了严重的行为障碍，例如能够导致狗狗死亡的刻板行为，行为治疗已经没有效果了。即使服用心理药物也是无济于事的。因此，预防比治疗重要得多。

您可以这样预防……

- 原则上不要采取惩罚措施
- 避免社会孤立（参见 264 页）
- 融入家庭
- 让狗狗在幼年时期得到足够的、全面的社会化并使其适应环境
- 合适的运动（身体上和心理上）
- 放松练习，例如“困……了”或者按摩

治疗——您能做些什么呢……

- 带狗狗在兽医那里接受常规的检查。
- 接受动物行为治疗专家的特殊治疗，同时为了恢复学习能力，服用治疗精神疾病的药物。
- **在角落轻嚼：**在症状较轻时（第 1 阶段），例如在角落轻嚼，这可能是缓解压力的方式，请不要强制性禁止它，而是尽可能地减少压力来源。一段时间之后，请动物行为治疗师再检测，是否还有这种刻板行为。
- **杜绝压力来源：**避免将狗狗关在狗笼里，避免孤独、无聊、有限的活动自由、与其他狗群频繁的冲突、惩罚、嘈杂的环境。
- **纠正并优化生活环境：**合适的教育、科学的喂养和饮食、适量的运动；缩短让其独处的时间。
- **纠正跟狗狗相处的方式：**避免活动不足和由肢体语言带来的威胁，对刻板行为的错误肯定与关注。
- 组建良好的人与狗的合作团队。
- **行为治疗措施：**放松技巧，采用克服刻板行为的替代行为，例如给狗狗带上嘴罩（避免舔舐）或者命令它去叼来某样东西。

翻弄动物尸体和粪便

“哎呀，太脏，恶心……”，无论怎样的谩骂都无法阻止狗狗饶有兴趣地在任意一堆无法辨认的垃圾里翻弄。平时特别爱干净的狗狗，现在是如此的令人作呕！

为什么狗狗偶尔会变得这么脏呢？

为什么狗狗花费很长的时间护理自己的皮毛，而又会翻弄动物尸体或者粪便呢？它们不仅弄乱了自己的“发型”，还给我们带来了难以忍受的臭气。狗狗翻弄土地是一种正常的、可以接受的行为，能让狗狗找到舒适感，前文已提到过，但是该允许它们去翻弄臭气熏天的垃圾吗？无论是动物的或是（特别“美味的”）人的粪便，几乎腐烂的食物和垃圾——所有这些臭烘烘的、恶心的东西对狗狗的吸引力却都是极大的。时间越长，腐烂得越严重，狗狗越是喜欢。

舔舔、吸吮、抓挠和皮毛护理

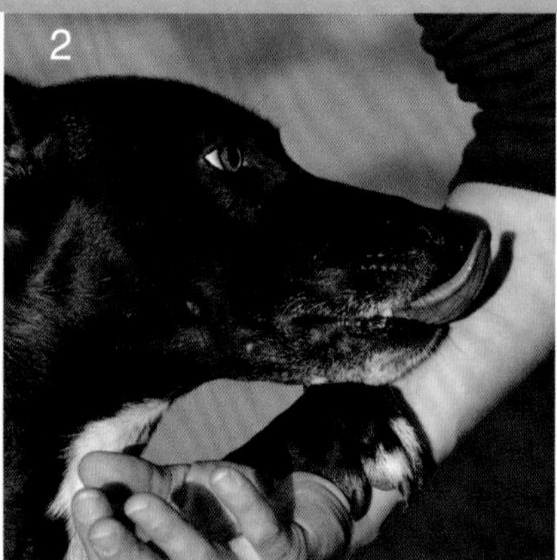

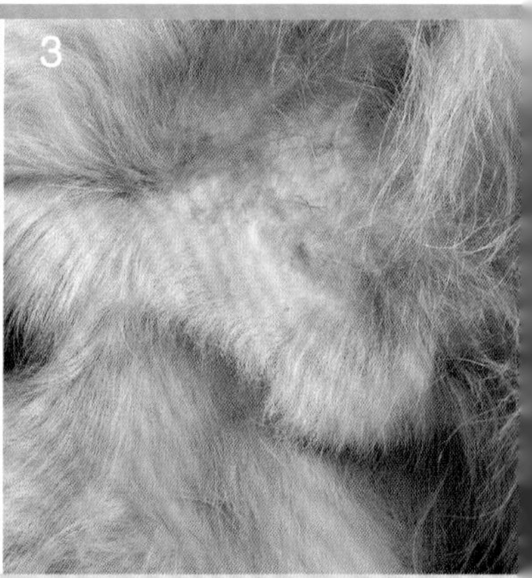

1 起初狗狗越来越频繁地舔、吸吮、轻嘬那些容易够得到的身体部位，例如前爪、侧面、腹部等，并且持续的时间也越来越长。它们看似完全沉浸在清洁自己身体的乐趣之中。

2 狗狗的舔和吸吮让主人感到厌烦。主人尝试着通过谈话或者抓住狗狗的爪子来终止，结果，狗狗继续舔主人的手。

3 这种成瘾的刻板行为常常会发展成对自己身体的伤害。其受伤的程度截然不同，从仅仅只是毛发脱落，到皮肤发炎（红肿），甚至是开放式感染的伤口。

狗狗第一步是仔细地嗅闻粪便或者动物尸体。接下来，它们把自己的侧脸在“气味源”上蹭，然后用耳朵、颈部、肩部等身体部位蹭。它们弯曲前爪，身体前半部保持极低的姿态，然后换另一侧，同样地蹭上“身体护理液”。最后，狗狗在腐烂的垃圾或者粪便里尽情地翻滚，有时还要重复前面的动作。主人在此期间的喊叫或者训斥它们都置之不理，当它们在享受臭气沐浴的时候，几乎完全遗忘了周围的世界。

在“臭气堆”里翻弄之后，狗狗被迫到湖边进行了多次冲洗。它看起来却不是非常高兴啊。

我们能够理解狗狗的“坏习惯”吗？当然不能！我们称它们为“脏狗”并且回到家的首要事情就是用肥皂和清水给狗狗进行彻底的冲洗。亲爱的读者朋友们，下次冲洗时请您仔细观察狗狗是感到高兴呢，还是非常反感，因为开心与否狗狗的表情是不一样的。

科学角度的原因：专家们对此还颇有争议。一般认为，狗狗通过翻弄死亡猎物的尸体来掩盖自己身体的气味，从而保证猎捕的成功。被追踪的猎物会被气味所迷惑，它们嗅到了自己同伴的气味。另外一种观点认为，狗狗以此向它的家庭成员炫耀自己捕获的食物。对家养的宠物狗而言，最可能的原因是通过气味跟同类进行沟通和交流，其含义是：“你们过来，闻闻我身上的气味！”我自己的狗狗也是这样，当其中一只涂抹了“香水”，其他狗狗都会非常兴奋。据我观察，涂抹了“香水”的狗狗，至少是在散步的过程中，通过自己的皮毛传递着召唤式的信息——“快来看我”。另外，狗狗们已经发现，只要它们开始了这种涂抹“香水”的行为，就立刻会引来同类和我们的高度关注。

怎样阻止呢？

作为狗狗的主人，我们必须进行管理或者说是“治疗式”的干预。首先要做的是给臭气熏天的狗狗彻底清洗。请您避免使用带有花香气味的沐浴露，因为狗狗对这种气味非常反感，它们的回应是给自己重新蹭上臭味。当然惩罚或者谩骂同试着喊回狗狗一样没有效果，因为涂抹气味是它给自己的奖励！唯一能做的就是当狗狗还没有开始翻弄恶心的垃圾时，只是刚刚开始嗅垃圾时，就给它们拴上狗绳，并要求它们做其他的替代行为，同时要非常慷慨大方地给它们特别的美食作为奖励。经过反复的练习，可能会让狗狗从某个时刻开始，看到垃圾却忘记翻弄，而是高兴地期待着丰盛的美食，一路跑向您。

现在您就开始积极地训练您的狗狗吧，试着让它在一段时间之后忘记涂抹特殊香水的乐趣，在此我还想提醒您：请做好一定的心理准备，狗狗可能还是会继续尝试的。因为翻弄尸体和粪便就是狗狗的正常行为，只是我们不喜欢而已。

探察行为——“胆小者”无法探察世界

随着年龄的增长，狗狗对探察世界的兴趣也越来越小。但是为什么有些年轻的狗狗就已经没有探知欲，冷漠▲7以及对狗狗的世界失去兴趣▲5？是什么样的经历让狗狗失去了探索世界的兴趣呢？或者是因为从小就错失了发展的机会，让它们没有可能去充满好奇地、完全没有恐惧地去发现世界？

在狗笼里限制性的喂养，长时间用狗绳拴住，或者极端缺乏刺激的生活环境，都会导致狗狗与日俱增的不安全感和恐惧▲8。其结果是，狗狗减少或者丧失了探知能力▲5。与之相反的，存在着兴趣过于高涨的狗狗，它们是真正的“狂热类型”，尽管被狗绳拴住，也会好奇地拖着主人在马路上到处奔跑。尤其是牧羊犬，特别喜欢探索行为，这是它们在身体和精神上都没有得到足够锻炼时的一种替代行为。因此，可以让其他的替代行为满足它们探索和运动的需求。然而，目标错位或者固执地刻板运动，例如持续地乱跑，或者在狗笼里或围着别的边界不断地转圈▲1等，无论其原因是什么，都不是我们希望看到的。

出于恐惧减少探察行为

恐惧▲8有多种表现形式，例如害怕人或同类、害怕活的生物（其他动物）以及没有生命的其他事物（噪音，地面，物品等）。

对噪音的恐惧

实例：奥斯卡是一只两岁大的罗得西亚脊背雄性犬。它在大约5个月大的时候结束了“美好的田园式生活”，搬到了森林边缘的一个小城市里。在这里，对日常噪音的恐惧一直陪伴着它。为了让它至少在周末能进行一场没有噪音的、没有压力的散步，家人会带着奥斯卡到附近的森林去。起初是非常和谐的散步，狗狗却突然躲进树丛中。此时只有布谷鸟的叫声，除此之外一片寂静。紧接着狗狗迅速地跑向家人，由于恐惧眼睛睁得很大，夹住尾巴，浑身颤抖，直直地盯着森林的方向。几周之后，主人早就忘记这件小事了，又带着狗狗来到了森林附近。一到森林，奥斯卡就谨慎地四周张望，小心地跳下车，跟在主人后面朝森林走去。此时又响起布谷鸟的叫声，跟几周之前一模一样。但奥斯卡就像被毒蜘蛛蛰到一样，闪电般地逃回到车上。这件事情家庭成员曾讨论过，随后却再次忘记了。每天的散步时间让奥斯卡更加紧张，更加恐惧，越来越频繁地看着小鸟和天空。鸟的叫声，特别是布谷鸟的叫声，总会带来麻烦，奥斯卡拒绝继续前行。在近期跟全家人的一次散步中，当到达目的地，奥斯卡是拴着狗绳的，听不到鸟叫，也没有布谷鸟的叫声，可奥斯卡还是紧张，惊恐万分地向着森林相反的方向逃走了，对主人的大声唤回置之不理。几个小时之后邻居散步回来，顺便把失魂落魄的奥斯卡带了回来。奥斯卡从最初就对城市里的日常噪音充满恐惧，并且逐渐延伸到对其他形式的声音也让它备受折磨，它的主人对此也是或多或少地给予宽容。可为什么它现在会对鸟叫如此恐慌，而它原本在幼年时期对森林里的声音是没有恐惧的?

实例的解决办法：奥斯卡已经发展到恐惧任何声音。像它这样的狗狗，在特定的状况之下容易对原本不害怕的声音也变得敏感起来，比其他那些没有任何恐惧的狗狗要敏感得多。布谷鸟的叫声是怎样跟奥斯卡的恐惧联系在一起的，没有人能解释清楚。或许是狗狗在灌木丛中经历了什么恐吓或者身体的疼痛，而此时恰好听到了布谷鸟的叫声。如果狗狗的这种过激行为未能及时得到控制，它会一直经受着由无法自

此时更像是狗狗牵着主人在散步。被狗绳拴着散步是正常的，这是狗狗已经学会的方式，但却是它们极为不喜欢的方式。

控的极度恐惧[8]引起的恐惧症的折磨。主人怜惜地看着颤抖的、大口喘气的或者逃跑的狗狗，却爱莫能助。因为狗狗不仅表现出极度的恐惧，在恐慌的状况下也是无法沟通的。奥斯卡把森林跟恐惧联系在一起，但是，把再次散步时布谷鸟的叫声视为恐惧的起因是没有必要的，因为对狗狗而言，已经跟恐惧相连的森林才是恐惧的来源。这种对某种声音或者某个地点的恐惧出现了转移，不仅原本对应的声音（在这里是布谷鸟的叫声），还包括与其相连的物品或者地点（森林）都可能引起恐惧。随后即使没有出现噪音，狗狗也会出现相应的恐惧反应，例如慌忙地逃走、颤抖或者拒绝自由奔跑等。

这也是许多害怕噪音的狗狗通常很难进行治疗的原因之一。长此以往，会形成"恐惧恐惧症"（Phonophobia）的恶性循环。狗狗在原本的恐惧源面前（例如，鸟叫声，火灾，雷雨天的雷电，街道或者建筑噪音），对特定的环境（这里是森林）或者暗示恐惧将要发生的其他现象（如暴风前夕的气压变化）都产生了恐惧。这种恐惧带来身体上的不适，心跳加快，在真正的噪音产生之前就开始恐惧了。

噪音恐惧的原因

为什么有些狗狗对噪音极度敏感，而有些狗狗又对噪音毫不在乎呢？例如，当锅盖落到地面上，发出很大的响声时，狗狗就非常兴奋？原本正常的逃跑或者躲避行为在极度敏感的状况下变得不再正常，不断持续升级的恐惧感、恐惧症、和恐惧恐惧症等都是不良行为。

缺少独立和自信：这是对噪音恐惧的典型原因之一，是由于狗狗在幼年时期缺少对声音的了解，成年后也没有机会接触而造成的，特别是那些幼年时期跟主人生活在安静的田园式的森林附近的狗狗。之后的日常噪音不能进入狗狗的安全参考体系，因为幼年时没有经历过的声音，狗狗是无法主动去适应的。

噪音恐惧症很难治疗，因为很快就会产生普遍性的恐惧。

负面的恐惧经历：狗狗产生了对噪音的恐惧，却得到了主人错误的肯定。主人理解狗狗的痛苦，从人的视角出发，想通过安慰、抚摸帮助它克服恐惧。然而事与愿违，狗狗通过人的帮助更确定了它的恐惧，甚至增加了恐惧感，因为它明白了："我认为主人也害怕鸟/噪音，否则的话他不会如此不安。"或者是狗狗的恐惧感太强烈了，根本无法理解主人安抚用意的。

遗传的或者种类特有的倾向：产生恐惧行为的原因是养狗论坛常讨论的话题之一。有些狗主人常说，他们爱犬的父母亲一定也带有恐惧倾向，随后又遗传给它们的后代。而事实上，上一代的恐惧行为不一定能成为后代恐惧的原因。科学家已经多次证明，幼年时期生活在充满恐惧环境中的狗狗，经过后期合理的喂养和学习足够的经验，能够成长为一只正常的、社会化良好和毫无恐惧感的狗狗。

除夕夜——狗狗的灾难

许多忧心忡忡的狗狗主人在节日到来之前就要求兽医给他们的狗狗开镇静剂，狗狗的噩梦就已经开始了。这种"神奇的药品"有时候并不能降低狗狗的恐惧感，更多时候是通过抑制肌肉的作用限制了狗狗的运动能力。当噪音响起的时候，狗狗却没有能力躲避。它们看似安静地躺在沙发前面，其实震耳欲聋的响声早已让它恐惧到了极点，但是主人们却常常丝毫都没有察觉。当他们终于察觉到狗狗的压力和恐惧时，再去抚摸它、用话语安慰它。所有这些试着帮助狗狗克服噪音恐惧的努力却带来了负面的效果：主人的帮助使得恐惧得以强化，也就是说，对噪音的恐惧扩大了。所以，请您不要相信什么神奇的、特效的治疗除夕夜噪音恐惧的镇静药片，关键是练习，练习！请在节日几周之前跟您的"胆小鬼"一起进行对抗恐惧的训练。

主人错误的回应加剧了狗狗对地面的恐惧

1 狗狗恐惧地、不自信地、颤抖着坐在地上。它已经无法沟通，身体姿势僵硬，好像它被新铺的柏油路粘住了。主人试着帮助他的狗狗摆脱困境，不仅给它提供可口的美食，还跟它讲话，不停地抚摸它。

2 最终主人把狗狗抱起来放到让狗狗害怕的平板上。狗狗不知道该如何逃离这个处境。就算是主人放在它鼻子前面的香肠也不能让它移动。主人又试着鼓励它："来吧，狗狗，这平板不会伤害你的。"他错误地表扬了狗狗的恐惧，结果却加剧了它的恐惧。

对地面的恐惧

这好像看似是非常荒谬的，非常喜欢挖土的狗狗却对某种地面产生恐惧。不要忘记，狗狗是奔跑型的动物，从幼年时期就习惯于以不同的方式接触不同的地面，然而狗狗越来越强烈地对某些材质的地面产生恐惧。恐惧的表现形式有惊慌地逃跑、迟疑而谨慎地接触，或者呆呆傻傻地盯着看一动不动，以及前面曾经提到过的因某种环境或者地面而产生的对恐惧的恐惧症。有些狗狗只对某种地面感到恐惧（例如石子路），却丝毫不畏惧平常光滑的地面；有些"胆小鬼"最初只是害怕碰触某种地面，然而随着时间的推移，却发展为对所有光滑地面普遍性的恐惧。

恐惧的加剧：极少数情况下，那些长时间被恐惧症折磨的狗狗会扩大自己的恐惧源，例如原本它们并不害怕的某种地面也逐渐变成它们的恐惧源。最后，它们拒绝家里所有的地面，对其他领域的地面更是产生了普遍性的恐惧。逐渐加剧的恐惧导致了学习无能⚠11。左边的图片是一个传统的典型案例。主人的反应不仅加剧了狗狗的恐惧，还会让狗狗错误地把主人跟对土地产生恐惧的时刻联系在一起。

产生恐惧症状的原因：

• 最常见的原因是狗狗面对环境的干扰缺乏独立性和自信。由于它们在幼年时期没有得到足够的机会接触环境，也没有足够的社会化和习惯养成（参见 220 页）。在狗狗出生后的 16 周内，应该让它们有足够多的机会，独立地、没有恐惧地躺在各种室内或者室外的地面上，来回翻滚。

• 比缺少独立性更为常见的原因是以前与不同地面，以及当时相关的地点和空间的负面经验。恐惧的或者疼痛的经历限制了狗狗的个体活力（参见 258 页），导致身体受到不同程度的伤害、惊慌甚至是恐惧症⚠8，特别是当狗狗处于特别敏感的发展时期时。主人无意的奖励，尽管本意是安慰狗狗，调节它们的情绪，却更加强化了它们的恐惧。

一个典型的例子是，狗狗在兽医的就诊室或者候诊室的地板上滑倒，非常疼。周围其他在场的狗狗们本就已经让它感到难堪，当它匆忙或者突然跑向治疗室的时候又不慎滑倒在光滑的地面上。它马上发出了听觉上的疼痛信号（例如大叫、呻吟等），同时眼光转向地面。迅速冲过来的人们帮助它，主人也安慰它。然而对狗狗而言，在它摔倒的瞬间，它的目光看到的是光滑的地面、候诊室、兽医或者诊所的其他人员，以及自己的主人，它从中获得的负面经验是："地面 / 房间 / 兽医 / 主人让我感到疼痛。"下次再到兽医诊所的时候，通常情况下，在候诊室或者到诊所门口它就产生恐惧了，从而拒绝进入诊所。另一方

治疗步骤

小贴士

为了帮狗狗克服对外界刺激的恐惧，例如噪音或者光滑的地面等，您必须得让狗狗逐渐接触这些恐惧源。首先尝试小音量或者低强度的声音，狗狗应该不会对此产生恐惧。然后在室内逐步提高频率（间隔越来越短）、时间（越来越快，持续的时间越来越长）和强度（越来越大声），直到狗狗不再害怕未为止。

面，对所有光滑的、如镜面般的地面都产生了普遍性的恐惧，这些负面经历又可能会导致狗狗在家里拒绝踩踏木地板。

普遍性恐惧 ▲8

令狗狗、主人和治疗专家同样头痛的一种特殊恐惧形式是普遍性恐惧，即害怕所有的东西和事情。在特定的压力状况下，这样的狗狗表现为对周围环境中的事物产生剧烈的恐惧，无论是活的生物还是物品。尽管进行了大量的研究——例如周围的（很小的）孩子、出现的陌生事物或者陌生人（男性）、风的声音等都会让狗狗陷入恐惧——但让其产生恐惧的直接原因仍然不清楚。当狗狗中断了静止状态，即不得不与不可避免的恐惧源接触一段时间后，会出现这种极端的恐惧状态——突然疯狂地逃走或者傻呆呆地不碰触任何物品。有时散步回来后，狗狗浑身僵硬、颤抖，不能进行交流，也拒绝进食。这个时候，如果再次出现其他的刺激（例如婴儿、风声等），主人会错误地认为这就是狗狗恐惧的原因，而事实上，真正的原因出现在之前那个时段。

恐惧的扩散：随着时间的推移，狗狗全身紧张，烦躁不安，看似已经不堪重负。如果让它们短时间地独处一会儿，通常又会出现分离恐惧症状。主人试着安慰毫无征兆就焦虑的狗狗，然而却无法真正帮到陷入困境之中的狗狗。

在这种状况下，即狗狗产生恐惧的原因不明确时，非常有必要对所有家庭成员进行详细的调查。处于恐惧状态的狗狗的学习能力也会受到影响▲9，它们既不能接受来自外界环境的信号，也不能处理信号——它的学习能力几乎为零。因此，此时给狗狗服用治疗精神疾病的药物不仅是有效的，而且是必需的。

您可以这样预防……

针对所有形式的恐惧？

- 让狗狗在幼年时期得到足够、全面的社会化，适应环境中的生物和物品。
- 让狗狗得到身体和精神上的锻炼，例如寻找食物，锻炼灵活性的游戏，或者每天 2~3 小时跟其他狗狗一起自由地奔跑。
- 放弃各种折磨式惩罚和强迫。
- 避免潜在的负面经历。

治疗——您能做些什么呢……

在狗狗感到恐惧时？

- 避免产生恐惧的场景。
- 尽可能减少负面的压力。
- 忽视狗狗对恐惧的反应，但是必须帮助狗狗摆脱困境，以避免过度刺激（参见 257 页）和恐惧加剧（敏感化，参见 263 页）。
- 当狗狗在压力状态下表现得很轻松，并且积极地与压力对抗或者忽视压力，那么您得马上给予点心作为奖励，抚摸它，柔声地跟它讲话，陪它玩耍等。
- 为了帮助狗狗，作为主人您必须以身作则，自我放松，成为狗狗模仿的榜样。主动的身体接触是可以被允许的，例如让狗狗躺在您的脚边。

对一切事物都充满恐惧的狗狗非常无助，它们几乎丧失了行为能力。

- 放松练习。
- 与狗狗一起逐步地面对引起恐惧的刺激源（参见 153 页小贴士）。

当出现普遍性恐惧、恐惧症，及恐惧恐惧症时？

- 特殊的个性化行为治疗，配合信息素（参见 261 页）和治疗精神疾病的药物。

运动行为——破坏狗绳和撒野

很多国家的动物保护法中，明确地指出“让狗狗在住所之外的空地自由奔跑并进行社会性接触”的重要性。据我观察，狗狗对自由奔跑的最低需求是每天两次，共 2 个小时。

为什么要拴住狗狗？

无论是出于恐惧和不安全感，还是对于经历过的或未经历过的事件存有偏见，总有许多人特别不喜欢狗狗——越远越好，越远越安全。在大城市或者人口密集区域，休闲活动的可能性非常有限，一个场地常常是多功能的。因此，相互之间的顾及尤为重要。当然，仅在一段时间内把狗狗拴住，不仅对人，对狗狗而言也会更安全感和放松，同时保护狗狗避免因过多的外界刺激造成过度疲劳。

没有狗绳的自由奔跑是很重要的

狗狗是奔跑型动物，因此它们每天需要多次自由奔跑！年龄，种类，健康状况，接受的训练，休息时间等，都会影响它们的奔跑需求。最好让狗狗每天有2~4个小时的自由奔跑时间，这里指的既不是在自家花园的玩耍，也不是跟在自行车后的锻炼，而是在每天更换的多种多样的环境中自由的运动形式。

狗狗是嗅觉型动物，因此它们每天需要新的环境刺激（视觉、听觉和嗅觉方面的不同经历）！狗狗是爱干净的，在其幼年时期就能清楚地区分生活区（房子和花园）和“卫生间区”。规律性的运动不仅满足了狗狗排便的需求，而且实现了标记行为以及狗狗之间“在气味层面的”沟通。仅在自家活动则无法解决“狗狗之间的那些事情”。

狗狗是高度社会化的动物！出于这个原因，它们喜欢跟同类和我们人类生活在一起，组成家庭式的社会团体。狗狗每天都需要跟同类和人建立联系。

狗绳拴住的后果

当然，有些狗狗主人在读到这部分内容的时候会说，“我对狗狗的饲养有个人的见解和经验”，但我们还是希望能够传递给大家现代饲养的理念。因此，这里我想说明的是，限制或者完全禁止狗狗的自由活动给狗狗以及公共环境带来的问题和危险。许多主人喜欢对狗狗的生活进行全面“管控”，这意味着由他们决定狗狗可以跟谁接触。这些被控制的狗狗在公共场所表现为缺少自信和独立性、恐惧▲8，缺少化解危机的能力，表现出沮丧和攻击性▲10。它们不仅不会“狗语”，也丧失了正确理解和宽容人类的回应能力。

公共安全当然有最高的优先权。那些真正的问题狗狗（攻击性▲10和猎捕行为▲12）的主人们，无论如何都必须通过相应的措施（例如嘴罩或者狗绳）避免发生危险事件。

那些可能威胁到公共安全的狗狗，只有在接受了特殊的行为治疗之后，才有可能在将来的某个时间让它们在受监控的前提下自由奔跑。至于其他大多数正常的狗狗，为什么要用对待潜在危险性狗狗的方法对待它们呢？人的恐惧就是圈住或者拴住所有狗狗的充分理由吗？这种所谓的“谨慎措施”真的带来了更多的公共安全吗？

尽管德国的几个联邦州出台了越来越严厉的法规，但是狗狗咬断狗绳或者逃出狗笼的攻击事件却时有发生，例如多起狗狗伤害孩子的事件。因此，普遍性地用狗绳拴住狗狗并不能提高公共安全。如果一只狗狗长时间没有自由奔跑的机会，这里指的不是在自家花园的自由奔跑，那么它们会变得越来越沮丧，特定的外界环境的刺激，会让它们相比其他狗狗感受到更大的恐惧并具有更大的攻击性[8][10]。这样的做法违背了动物保护法。

无论是在自家花园的奔跑，或是狗游戏，例如灵敏性运动等，都无法替代每天有机会到户外接触同类和人的自由奔跑。

在领地边缘的刻板运动方式

我们都曾经看到过狗狗大叫着，或者傻傻地在花园的篱笆墙以及狗笼附近兴奋地跑来跑去。大多数情况下，狗狗是在守护着这片领地，或者想吸引主人的注意力。当主人喊道“知道了，狗狗”，它就成功了。也有可能这是它的一个猎捕游戏，追踪在篱笆前跑动的其他狗狗或者猫咪。所有事件的共同之处在于有一个外界的刺激或者信号。当狗狗想要探知新的地点时，它们通常也会兴致高涨地在领地边缘地带跑来跑去，并且边跑边嗅。

来回奔跑是一种刻板运动

当狗狗既不是通过嗅觉探知环境，也不是主动地了解环境，它们来回地奔跑又表示什么呢？人们常常试着把在狗笼里饲养的狗狗的行为障碍与动物园里同样被关在笼子里，只是散步时间略长些的美洲豹相比较。相比让狗狗在没有地形变化的区域（农

用狗绳拴住狗狗的后果和问题

长期用狗绳拴住狗狗会导致其巨大的行为障碍。只在被狗绳拴住或者在自行车后跟着的时候才被允许奔跑，并且只有在狗笼里或者自家花园里才会被松绑，狗狗的运动和探知能力都受到了很大的局限5。长期以来它们不仅缺少足够的运动，还缺少与同类或者人的重要的社会性接触。幼年时期的经历扮演了特别重要的角色（参见220页）。

庄，企业的仓库空地）或者总是相同的环境中（花园里）运动导致的运动障碍，把狗狗关在狗笼子或者类似的狭小领地里则会导致更加长久的持续性运动障碍。那些长期几乎没有离开过自家领地的狗狗，只要给它们提供散步和融入家庭生活的机会，它们很快就会再社会化，停止强迫性的刻板运动。相反，那些被关在狗笼里的狗狗，即使再给它们机会，也无法融入社会。如果不服用治疗精神疾病的药物的话，它们就真的无法挽救了。无论是因为无聊、恐惧还是矛盾状况，抑或负面的无法化解的压力，大多数情况下，狗狗的强迫性的“反复运动”是一种压力阀门，同时也是在枯燥、孤立的环境中寻求平衡的一种尝试。狗狗无法冲破限制，有效地接触环境，就学着通过“监狱式慢跑”化解压力。这种行为是强迫性的，动物会上瘾，会越来越频繁地、越来越长时间地、毫无意义地跑来跑去1。

您可以这样预防……

- 不要把狗狗关在笼子里或者类似的狭小空间里，不要拴住狗狗，不要孤立式喂养。
- 放弃折磨式惩罚，不要强迫狗狗。
- 有规律地融入家庭生活。
- 合适的运动形式（身体上和精神上合适的锻炼）。
- 足够和广泛的社会化，使其适应周围环境。
- 规律性前往可自由奔跑的场地（以被允许的方式自由奔跑），场地的大小应与狗狗的数量相适应，并且应该有足够的地势变化，包括树木和灌木丛等（可观察到的范围，有找寻的可能性，避光）。必要的话，开车带狗狗去远郊。
- 不拴狗绳的共同的散步（也不包括花园散步！）。
- 人和狗的共同游戏（例如学习“技巧”）。
- 记忆力训练，例如数数、寻找食物、记忆力练习等。

治疗——您能做些什么呢……

• 请您咨询动物行为专家。为了让狗狗具备学习能力，通常需要特殊的行为治疗并配合治疗精神病的药物。

• 切断压力源（不要关在狗笼里，不要孤立它，避免过多的家庭冲突，避免无聊、狗绳限制的运动自由、惩罚、视主人心情而定的不一致的对待方式）。

• 纠正对待狗狗的方式（避免运动不足、威胁性的肢体语言、刻板行为的错误肯定；采用缓和的面部表情，构建和谐的人－狗关系）。

• 行为治疗措施（例如放松技巧，找出刻板行为的替代行为）。

• 通过科学合理的教育、喂养方式、饮食、运动，及缩短独处时间等方式改善并且优化生活环境。

• 长期的药物治疗。

不受控制的狗狗

不听从主人的唤回口令、拴狗绳时不配合、长时间地撒野等都会导致人与狗之间的危机。危机的责任很明显在我们人类身上。那些认为四条腿的动物应该能够理解两条腿生物的语言和肢体交流的人们，常常会失败。每个口令都必须以正确的方式给出（参见 160 页），并且辅助配以合适的动作。当您希望狗狗能正确地完成您的口令，您必须得跟狗狗一起练习上千遍。即使狗狗学会了，您也不要指望在狗狗发现重要气味信息、正嗅寻的时候，或者在与同类交流的时候，或者喜欢探知的狗狗正在热情高涨地猎捕时，或者发情的公狗终于得到母狗青睐的机会时，会对您的口令迅速做出回应——这都是狗狗的正常行为。

唤回狗狗

为了降低由于交通、猎捕行为或者其他可能出现的隐患给狗狗带来的危险，必须对狗狗进行一定程度的管控。仓促地决定通过阉割来控制狗狗不仅没有效果，可能

唤回——重复是必要的

如果我们相信专家的话，那么为了让狗狗不仅在家里，而且在任何地点都能听从召唤，至少需要在不同的地点成功地练习 10000 次。请您计算一下，您在散步时唤回狗狗的频率是多少，并且请您再计算一下，您的狗狗从接收到回来的口令到采取行动需要多长时间。

还会导致狗狗的行为向相反的方向发展（参见 171 页）。通常我们不能指望狗狗自觉地终止它正在进行的行为，当狗狗让我们等待了哪怕一小会儿，我们就会变得烦躁起来。狗狗不理睬我们唤回的命令，自然而然地就会让我们心跳加速、呼吸急促、精神紧张。我们愤怒至极，甚至怀疑我们的“四脚职员”要造反吗。接下来，我们把狗狗从同类中或者垃圾桶旁拉过来，给它套上狗绳并且向其他拴着狗的主人们以及自己发誓：“我今天一定要训练它直到听话为止。”可是回到家，狗狗对所有的口令信号突然又有了回应。它是想挑衅吗？首先狗狗了解到了，在散步时主人也没有其他真正有效的方法激励它回来。像放牧时的牛铃声不断重复“狗狗，回来啦”一样没有任何用处，并且越来越大声或者越来越急促的喊叫只会给狗狗带来更大的压力和恐惧。何况，回来这件事看起来似乎也不是真的那么重要。

正确地训练“唤回口令”

唤回口令是狗主人生活中最重要的口令之一，这一点毋庸置疑。我们不应该因为缺少训练就产生怀疑，而应该每天都跟狗狗练习这个“唤回口令”。专家已经发现，经常性的重复是必要的，直到狗狗能够对口令马上产生回应（参见上边的小贴士）。您不该在最后关头才唤回狗狗。更好的方法是让狗狗持续接受唤回训练，并且给它相应的奖励，这样它就会总是有一只耳朵留在您身边了。

怎样正确地训练呢？开始散步之前让狗狗简单地“坐下”，并在听从口令之后给它一个大奖励（食物，玩具等）。这样狗狗的积极性就被调动起来，进入了“等候”状态。在日常的“事务”（排便，排尿）完成之后，狗狗通常会四处观察是否有“工作”需要它。我们可以充分利用这个时机，首先自己快速地朝着与狗狗相反的方向奔跑，且不要召唤狗狗也不采用其他的信号就离开。只要狗狗跟了上来，出现在你身边，它就可以得到奖励——这是“吸引阶段”。也就是说，通过运动式，或者说是游戏式的激励，狗狗做到了我们期望的行为，通过食物奖励确认了这个行为，而这期间却没有给出口令信号，这是口令训练的第一阶段。

现在要进行足够多的重复练习，也就是说，需要在无数次的重复之后让狗狗看到您开始奔跑前会做的一个可见的标志（例如展开的双臂），如果您自己百分之百地确信，狗狗会在后面跟着您跑，这之后建议引入口哨作为简短的、高频的信号（参见 58 页）。您在开始奔跑之前：1. 给出口哨；2. 展开双臂。对狗狗而言，这些就意味着召唤。在训练之初，为了安全起见可以拴着狗绳，但之后必须给狗狗提供越来越少的辅助，要让它在我们不跑开的情况下对“口哨”和“展开的双臂”做出反应。把狗狗控制在一定的半径范围内（大约在主人周围 15 米）是有必要的，因为狗狗在这个距离范围内是最容易控制的。当然您也要注意唤回的时间，刚开始训练就把狗狗召唤回来是没有意义的。当它对某个气味痕迹感兴趣并且打算开始嗅气味的时候，才是最好的时机。在训练等级较低时，狗狗可能会不听从您的召唤。因此，在这种状况下您就不要召唤它了，这只能让它认为命令是不必要的。

用口哨练习：如果您已经非常沮丧，感到非常挫败——迄今为止的唤回口令都是大声喊出来的，而不是说出来的，那么使用一个中性的固定信号能帮到您——口哨。口哨是始终相同的、简短的、高频信号（参见 58 页），且不受您的情绪影响，也不会把您的糟糕心情传递给狗狗。如果您的情绪让狗狗感到不安，它会把您语调中的愤怒

唤回狗狗是每个主人最重要的训练口令——对狗狗而言有时可能是救命的口令。
每天必须多次重复练习，并且给予丰盛的奖励。

自然而然地归结到自己身上。

积极地迎接狗狗的归来：每一次狗狗听从您的口令回到您身边的时候，您都要表现得特别高兴，即使它已经让您等了一段时间。如果您在狗狗回来的时候训斥它，狗狗学到的内容恰好与您所期望的相反，它会把回到主人身边和负面的压力联系在一起。如果敏感的狗狗迟疑而慢慢地靠近您，或者停在离您几步远的地方，说明它怕您，请您务必要控制好自己的肢体语言，并且面带微笑。如果您无法调整好肢体语言，那么请您转过身去蹲下。当狗狗在较远的地方犹豫不决地站着不动并且对接下来的唤回口令没有反应，那么请用“吸引阶段”的方法来帮助您的狗狗（跑开，“拉线玩偶”）。如果您觉得这样不适合您的年龄，或者您不太喜欢运动，又或者您担心在公共场所会被人笑话，那么您也可以坐下、跪下，或者径直躺下。这些不同寻常的动作，足以吸引狗狗跑回到您身边。

相反地，如果您还要走上前去硬把狗狗牵回来，那么您不仅丢掉了教练员的威信，还会留下更加危险的隐患——狗狗可能会机智地跑开或逃走。

声调异常的“紧急刹车”口令：我们怎样才能够避免狗狗在追踪猎物的时候不会跑到附近的铁轨或者高速路上呢？这里要赞扬那些在日常生活中从不对狗狗大声喊叫的主人们，他们采用的是轻声的、柔和的和友好的交流方式。在狗狗有生命危险的状况下，您必须用语言把狗狗拖出险境。您惊恐地大声呼叫狗狗的名字，以一种您平时从未有过的行为方式超级大声地呼喊——歇斯底里地、不可控制地。您激烈的反应会让狗狗震惊，它们会担心地回头寻找您并向您跑过来。请您务必保存好这个“紧急刹车”口令，这是日常生活中出现险情时候的“月光宝盒”！请您一定要相信我，我非常庆幸曾经用这种方式在我的狗狗有生命危险的状况下保护了它。

正确地牵引狗狗

正确的牵引能防止因为牵拉狗绳而让狗狗产生的疼痛以及由此产生的肩周炎。有许多狗狗主人觉得非常尴尬——不是他们牵着狗狗，而是狗狗牵着他们在散步。

最初狗狗无法正确地理解，它为什么总是要走在主人的身旁。狗狗用力拉狗绳的动作常常被无意识地表扬了，因为主人根据“所谓的专业”指导，在狗狗感到不安并且用力拉扯狗绳的时候，用力一拉狗狗的项圈，并且抱怨式地喊道：“慢。”

狗狗学会了:“在听到‘慢’的喊声的同时主人会给我惩罚，在脖子这里猛地一拉，特别疼。”正确的牵引狗狗跑步的方法很简单：首先您选一个侧面，您的狗狗在这个侧面陪同您一起跑（对常用右手者左边更加便利）。如果它在您左侧和右侧之间转换使用同一个口令，会让狗狗无所适从。

第一阶段，吸引阶段：在最初的阶段里，狗狗鼻子前面总是吊着一块食物，它被狗绳拴着并且跟着主人一起跑的话（这是我们期望的行为），它总是能得到食物（积极的结果）。起初最好是让狗狗沿着自然障碍物奔跑（房子的墙边、篱笆等）。接下来如果狗狗不拉扯狗绳（即狗绳是松弛的），它就会得到点心作为奖励。然后只在狗狗特别贴近您跑的时候才给它奖励（它的脑袋在您的腿附近，狗绳是松弛的 = 最高要求），随后逐渐地在 5 米，10 米，15 米……的时候给予奖励。为了引起您的注意，或者为了得到奖励，狗狗就会离您越来越近，随后几天里，可以练习沿着类似大花盆或者其他障碍物跑。

第二阶段，引入视觉信号：当狗狗学会在主人的旁边（或左侧、或右侧）奔跑是值得的，即它已经适应了狗绳的时候，引入视觉信号（食指向下摆动）。在松弛的拴狗绳奔跑开始之前就给出视觉信号（手中没有食物，否则始终是出于食物的诱惑）。如果狗狗做得很好，给予食物肯定它的行为。

第三阶段，引入听觉信号：当狗狗学会看到视觉信号（食指向下摆动）后在主人身旁（或左侧、或右侧）奔跑是值得的，即它已经适应了狗绳的时候，引入口令。在给出视觉信号前很短的时间（大约 0.5 秒）说出口令“慢”，然后接着给予奖励。这样狗狗会把说出的口令想象为“当我听到‘慢’口令并接着看到食指向下摆动时，我就在女主人身边奔跑，这样做是值得的（有食物）”。经过反复练习之后，当狗狗听到这个口令就会联想到：“原来如此啊，‘慢’就意味着我在主人身旁跑，不知何时就会得到赞赏！”当然也可以借助秒表，更容易掌握信号间的时间差。如果迄今为止使用过的

狗嘴绳可以辅助狗绳更好地牵着狗狗，但只能偶尔短暂使用！

口令（例如“慢”）没有效果，则可以换一个新的口令（例如“前进”）。如果您的狗狗又拉扯狗绳，并且对您给出的“慢”口令没有迅速地做出反应，这意味着训练太少或者狗狗被其他动物以及事情所吸引（马路对侧的其他狗狗，等等）。此时您不要拉狗绳或者跟狗狗交谈，你要做的是不加指责地忽略狗狗，直到狗绳再次变松弛并且让它充满期待地看着您。然后又回到了开始的步骤，把它安排在左边或者右边，继续您的训练。

练习使用狗嘴绳：狗嘴绳能够在棘手的状况下辅助狗绳。然而绝不要每次都使用，仅在中间环节为了更好地牵着狗狗奔跑时才使用！注意狗嘴绳不是万能的，请特别谨慎使用。

玩耍行为——玩耍时过于认真

狗狗只在放松的状态下才会做出玩耍行为。只有当它们已经探知过周围环境并且认为没有危险的时候，它们才会跟自己或者物品，或者社会性伙伴玩耍。有能力玩耍，并且常常在白天放松地玩耍的狗狗是非常幸福的，您认为呢？

对有些狗狗而言是游戏，对其他狗狗却是问题

游戏式地扑过去，友好地嘴碰嘴，晃动爪子或者闻对方的爪子，在友好的氛围里可以被视为是问候语，其含义是：“让我们做朋友吧。”

跳过去

尽管扑上去，抬爪子和互相挤蹭等行为都是狗狗在幼年时期的正常行为，但也可能会成为不良或者危险的行为。注意，当狗狗以这些方式接近人或者狗狗还没有学会足够的挫折承受力（参见257，223页）时，人可能会面临受到伤害的危险。如果游戏式的亢奋转变为攻击的话，原本无害的跳起动作就会成为危险的举动了。狗狗会继续要求人类的回应，其含义是“为什么这些人不像平时那样有回应呢？”

补救：在跳起动作的早期还是容易制止狗狗的这个坏习惯的，关键是您得在狗狗进行问候或者处于普遍的兴奋期时对它不予理睬。胆小的拜访者通常只能做出主动的

回避，他们在狗狗跳起的时候会立即转身或者向旁边避让，同时手臂下摆用以抵挡。这样狗狗就会跳空。不理睬的被动形式是像一棵树一样站立不动，并迅速地给狗狗安排一项任务。狗狗从它的失败行为中学到了，无论是正面的还是负面的，它不会得到人的任何回应。在成功地忽略之后，同样至关重要的是给每一个期待出现的行为安排一个替代行为。例如走开、坐下或者松开口中的玩具等。狗狗完成替代行为后立刻给予它奖励（自由形式），但是抚摸它的表扬也可能导致狗狗再次跳起来。如果您的狗狗易于亢奋，我还是想给您提个建议：只有当它安静地回到窝里时再抚摸它（放松练习）。

当狗狗持续亢奋，不断地向您或者其他社会伙伴做出引起关注的行为（AEV）▲4，或者当玩耍行为转为攻击行为时▲10，狗狗必须接受治疗。

游戏式的攻击

争夺玩具：对于人和狗之间有关社会性游戏的方式方法的误解是最典型的。主人并没有在家庭生活中引导性地教育狗狗通过撕咬去争夺一个玩具，这种状况下如果没有有效的中止口令，撕咬游戏有可能演变成为真正的撕咬（参见 168 页），会伤到主

传统的撕咬游戏可能会升级成真正的撕咬。在没有训练出有效的“停止“口令时，不完全的撕咬和错误的亢奋都可能是危险的。

人的手。游戏突然就被当真了！狗狗表达出的含义是："这是我的！"所以如果主人被咬到了，那绝不是无意间发生的。狗狗是天生的猎捕型动物，它们非常清楚什么时候咬哪里，用多少力气——它们的撕咬都是有目的性的。

引起关注的行为（AEV）：当狗狗想要化解无聊，或者只是为了得到主人的关注，常常会有许多非常疯狂的主意。例如它们会游戏式地守护着物品或者"偷盗"日常用品，就是为了引起注意。亲爱的读者朋友们，请您假设一下，狗狗突然把您昂贵的手机或者新买的皮鞋啃坏了，充满胜利喜悦地叼着它的"得意之作"在您面前跑来跑去，您肯定会对狗狗杜撰出来的猎捕游戏感到愤怒，并且跟在后面追。然而狗狗却总是更有心机，因为我们的做法正好迎合了它的口味。请您保持冷静，走向冰箱，拿出一块香肠，用它来交换狗狗目前正感兴趣地那个"猎物"。这样您就赢了。

要求一起游戏的狂叫声：如果狗狗冲着正被日常琐事困扰的主人大声叫喊，其后果大多是主人恼怒之后训斥狗狗，最终让狗狗闭上嘴。没有练习过类似"安静"或者"小声点"等中止口令的话，这个过程自然进行得不会太顺利。狗狗最终会感到非常高兴，因为主人终于注意到它了，或许马上就会有奖励了。狗狗会继续大声叫，无论您是和颜悦色地劝说，还是谩骂，或试着按住它的嘴。这里我提一个小建议：如果您不喜欢这种烦人的大叫声或者其他引起关注的行为，您必须学着忽视它。不过，前后不一致的忽视会导致"引起关注"的行为持续和固化（参见139页小贴士）。起初狗狗会认为，它迄今所做的"引起关注的行为"还没有能够起到积极的效果，它的反应会更加激烈，并伴有更多的身体行动，持续时间更长。但是狗狗逐渐地发现了新的替代策略

小贴士

引起关注行为的利弊

引起关注的行为（AEV）不是一种疾病，大多数情况下仍然属于狗狗的正常行为。喜欢做出"引起关注行为"的狗狗是感情细腻的，它们大多喜欢工作，喜欢忙绿。它们常常以充满期待的眼神看着主人，对主人的想法和训练积极配合。这些狗狗通常没有过于亢奋或者注意力分散，没有多动症ADHS，没有变异的攻击行为，是非常理想的陪伴者。

这类狗狗对"叼取物品"有特殊的偏爱，因此它们可以作为有生活障碍的人们的辅助帮手或者"送取服务员"（电话，鞋子，钥匙等）。或者它们可以作为高智商的环境分析员，参与到有动物协助的教育学领域、治疗领域，能很好地完成人和狗的合作任务。

和新的行为方式。因此，请您不要忘记，在狗狗保持安静并且退缩的时候，要关注您的狗狗并表扬它，让它从成功和失败中学习。

游戏式大叫，例如以夸张的形式守护“某个物品”，同样也会演变成为障碍性的刻板行为▲1。也有可能为了引起周围人的注意，突然转变为变异的沮丧行为或者攻击行为（从轻轻地咬到猛咬），当然在发生攻击行为的时刻，最为重要的是主人要立刻将其引导到替代行为上，或者采取紧急状况下的危险应对措施（例如带上嘴罩）。面对狗狗的这些不良行为和引起关注行为（AEV）的加剧和深化，我们必须尽可能地采取前后一致的忽视态度。

转圈——严重的行为障碍▲1

这里的转圈行为指的是狗狗追咬自己的尾巴。起初一切都是没有伤害的，狗狗借助自己的力量跳起来转圈，它们的前爪在跳起的同时向后伸展，后半身就势旋转起来。这是狗狗的猎捕游戏，试着抓住自己的尾巴。请您不要取笑这种滑稽可笑的体操运动，它有可能发展成为非常危险的、严重到需要接受治疗的刻板行为。

刻板行为的原因：借助自己的力量，或者当发生什么特别事件的时候，例如问候的过程中，环境的突然变化，在跟主人游戏时，狗狗就追着自己的尾巴跑，并且咬、舔、抓自己的尾巴，直到伤痕累累。有时还能观察到狗狗对着自己单调地狂叫，猛烈地攻击▲10，并会出现舔舐的伤口。原则上，狗狗想要积极地与家庭成员建立联系的所有状况，都有可能在狗狗受阻的前提下导致刻板行为的产生。狗狗受阻的例子有：限制自由活动，关在狗笼或被社会孤立，长期拴着狗绳，折磨式惩罚或者各种突发的环境变化，例如分离恐惧带来的孤独。

转圈咬自己尾巴的狗狗看似非常可爱。只有极少数的人知道，事实上这是一种严重的行为障碍。

类似的刻板行为▲1的产生机制，发展过程和治疗方法都是相类似的。不知何时起，狗狗做出这些看似毫无意义的“跳跃行为”

（参见 265 页），其实只是为了缓解自己的压力。虽然狗狗越来越迷恋这种转圈运动，但是“转圈”常常不能像其他的刻板行为那样能立刻引起主人的注意。因为主人常常会开心地看着游戏中的狗狗转着圈咬自己的尾巴，可能还会表扬狗狗的转圈，称赞它为“舞蹈家”。如果主人早些知道，狗狗的转圈会发展成为很难治愈的心理疾病的更高级阶段，那么他一定会立刻惊慌地制止狗狗的行为。从刻板行为的第二阶段开始，就很难制止狗狗的行为，给出的“停止”口令不但不起作用，甚至还会加重狗狗的转圈行为。只有马上开始动物行为治疗，并且服用治疗精神疾病的药物才有可能改变狗狗的行为。事实是非常残酷的——不予以治疗就意味着没有存活的机会了！

预防游戏式的攻击

训练狗狗抑制撕咬的冲动：撕咬属于自然界的攻击行为，抑制撕咬不仅可以避免狗狗伤害到人，对狗狗而言也意味着一种“生命保障”，特别是当它在动物之家对公众表现出攻击行为时。一方面狗狗应该学习轻柔地、用力分散地使用牙齿，另一方面学习更宽容地对待沮丧、学习提升抑制能力和控制亢奋状态的能力。在幼年时期，循序渐进的练习是最简单的。当小狗崽在游戏中露出牙齿的时候，您大声地呵斥它，立刻终止游戏，不再理睬它。当您短时间离开小狗崽时（例如，关上门），它瞬间就理解了，您对这种露出牙齿的游戏没有兴趣，它明白了：“当我过于狂野的时候，我会失去朋友，这样就没有什么乐趣了。”重要的是，您同时也要避免其他的行为，例如猛烈地追赶，为了避免您无意识地成为游戏式的猎捕对象，把狗狗牵离也不失为一个好办法，因为这可能会导致接下来的撕咬。训练抑制撕咬冲动的下一步是训练狗狗下人颌不用力，只轻轻地咬合牙齿（第二阶段），在碰触到人的手时立刻松开（第三阶段），或者就不把手咬进嘴里（第四阶段）。同时主人应该一直留意，要让狗狗愿意跟它信任的人一起通过咬合动作进行沟通。当然,对成年犬进行类似的训练通常很无聊。

给出口令：每个主人都期望他的狗狗一听到“放下”的口令就会把嘴里的东西吐出来。重要的是，您一定不要跟着狗狗，从它嘴里把东西取出来，因为这样狗狗占有“猎物”的欲望就更加强烈了。

训练初期，狗狗会得到它最喜欢咬在嘴里的玩具。如要狗狗叼着玩具站在您面前，您首先不要跟它讲话，把一块香肠放到它的鼻子前面。当狗狗对食物感兴趣，开始嗅食物时，它不得不放下玩具才能吃到。您多次重复这种“贸易交换”，直到狗狗不仅接受交换，而且还能够理解：“如果我张开嘴，虽然我的玩具会掉到主人手里，但是会有好吃的食物（香肠）进到我嘴里。这是值得的，因为一会儿我又会得到我的球。”在吸引阶段之后（开始时手里有香肠,随后就没有了）则应该引入“放下”口令。您在相同的训练场景下，在狗狗张开口之前 0.5 秒时说出“放下”这个口令。狗狗还处在之前的交换阶段，还不理解“放下”口令的含义，但是它会不自觉地张开口。此时应该迅速地给予其奖励，因为它做出了正确的决定。

当狗狗顺从地在听到“放下”口令之后让口中的物品落到地上，当您拿到那个物品的时候，您再强调一遍“放下”口令，狗狗则学会了松开物品，随后会有奖励。同时它也越来越乐意接受这个现实，即在松开口之后它虽然交换了新手机或者打碎的花瓶，但它会得到食物或者小球作为奖励。

交配行为——当荷尔蒙疯狂时

我们为什么要成为臭名昭著的强制性的狗狗管理者，连狗狗的“交配行为”都要管呢？不得不承认，通过合理地控制狗狗的出生率而控制狗狗的总数量是必要的，但是“手术刀”却未必一定是最好的解决方法。

随时准备着……

狗狗的“性冷淡”是极少见的，狗狗的表现通常是截然相反的，特别是公狗常常性趣高涨，随时准备着听从召唤，成为发情母狗的“牺牲者”。因为母狗不是在同一时期发情，这一点与母狼不同。因此，母狗会在全年的任何时间通过在马路边缘的排尿行为留下交配信息。

对公狗狗的影响

公狗在受到了强烈的吸引和刺激之后，花费了大量的时间去解读“情书”，为了去寻找“情书”的发送者，它会不定时地消失，或者通过喊叫呼唤它。它们会拒绝食物，游戏，以及任何形式的工作。被淘汰的公狗承受着特别的痛苦，它们会寻找替代物品，例如枕头、椅子腿或者人的腿，用前腿抱住做出清晰的摩擦运动。

把人看作自慰的对象：这种替代性满足的跳跃行为（参见 265 页），在压力状况下能起到释放和缓和作用。但是，当狗狗对人实施性骚扰的时候，那你就得提高警惕了。不过，狗狗抱住人腿未必一定跟交配有关！公狗也会以此表达它的不安全感，或者是一种引起关注的行为，绝不是“权利”或者“主导性”的表现。尽管在狗狗性欲亢进的时候通过注射，或者植入芯片对它进行阉割能够降低其性欲，但是对缺乏安全感的行为或者引起关注的行为却丝毫没有效果。易激怒的、对沮丧宽容度较低的、缺少抑制撕咬冲动训练的狗狗反而会变相地表现出攻击性，而那些习惯于顺从主人、有足够社会互动的狗狗则会逐步地接受主人的安排（强制性控制）。对主人而言，做过阉割的狗狗其抬腿和跨骑动作都非常奇怪，这更加证明了狗狗的这些不良行为不是自然而然就跟交配有关。

狗狗的这个环抱动作是夸张的引起关注行为，必须得戒掉。当狗狗试着跳骑的时候，您马上站起身离开（主动地不理睬）。突然的环境变化或者一个平常的声音（例如邻居家盘子摔落到地上）常常会导致狗狗的引起关注行为短暂中止，您要利用好这个间隔时间，您可以通过把它赶走或者斥责它的行为等方式试着让它离开。这样可以避免您受到攻击，随后如果狗狗自愿地独自回到狗窝，意味着它表达出了和解的意愿。这是很好的替代行为，您必须得给予赞扬。使用之前曾经练习过的中止信号，为了在狗狗做出引起关注行为之前就制止它，当然前提是曾接受过足够多的训练。主人不仅要注意把握准确的时间点，为了避免引起关注行为再次出现，还得做出合适的回应。面对狗狗因为缺少对压力和挫折的承受能力而导致的变异攻击行为（撕咬），必须采取危险管理方式（24 小时不间断地带嘴罩，拴狗绳）。相反地，对以枕头或者被子进行自慰的狗狗应该采取不同的对待方式，让它们放松并给安排适当的工作。

对母狗狗的影响

母狗狗面临的问题在形式上截然不同，尽管它们当中也有长期发情的“花痴”，到处乱跑扰得邻居不得安宁。

假孕：这可以解释为遗传了狼的特点。母狗的发情期大约在出生8周后，它会母性大发，玩起“母亲和孩子”的游戏：它用床单等搭建一个窝，把鞋子、袜子、毛绒玩具假想为“小狗崽”并给它们喂奶，偶尔还会保护“小狗崽”不受伤害。“假孕妈妈”对散步或者饮食都失去兴趣，它们看似生病了，精神变化很大。我们现在该做些什么呢？这种行为是正常还是病态？假孕狗狗的主人们可以松一口气了，您的狗狗表现出的是受荷尔蒙影响的正常行为方式，最晚4~6周之后会自行消失。如果出现奶水过多，则需要接受兽医的治疗，调节狗狗的内分泌系统，这样可以避免狗狗的乳头出现炎症。此外，主人应该把可用于筑窝的材料（枕头、被子）和可能的“小狗崽”（鞋子、毛绒玩具等）拿走，并使狗狗在身体和精神上得到足够的锻炼。此时，安慰式的谈话、抚摸、冷敷假孕狗狗的乳腺等都是错误的做法，只能加剧它的哺乳行为。

阉割真的能解决问题吗？

试着从狗狗的自然生活方式的角度去理解，阉割真的是治疗狗狗交配欲望亢进、反复出现的假孕，以及“母性攻击”合适的方

阉割的作用

在极少数情况下阉割也能起到积极的作用：

- 减少公狗性冲动期乱跑和性欲亢进状态，减少母狗狗的假孕以及发情期的极端攻击行为，其目的都是为了减轻狗狗的痛苦。

阉割的作用常常是消极的：

- 面对周围环境时的不安全感和依赖性越来越严重。
- 由于私处气味发生变化，被阉割过的狗狗常常会受到其他狗狗的纠缠骚扰。
- 缺少性激素会使狗狗面对人和其他同类作出的恐吓行为以及攻击行为产生负面压力。
- 大部分被阉割过的狗狗都比较肥胖。
- 由于缺少雌性激素，母狗可能会出现老年性尿失禁。
- 针对母狗的“恐惧－攻击性行为”而进行的没有医学必要性的阉割是人为的错误，因为其结果是雄性激素相对过多，这又加剧了狗狗的攻击性。

法吗？事实上，关于这个话题有许多争议。

在反复斟酌阉割对狗狗到底是灾难还是幸运时，我更倾向于理性对待，请不要一味地对所有的狗狗都进行阉割，而是只在特殊的状况下，仅仅出于医学的必要性才进行。切除生殖腺（睾丸，卵巢）——产生性激素的主要器官，一方面与德国动物保护法相悖，另一方面也不能改变狗狗某些不良行为的状况，狗狗非但没有感觉到轻松，结果还往往适得其反！无论公狗还是母狗都有完善的荷尔蒙体系和神经体系，两者互相影响。而阉割会让两个体系无法正常工作，这可能会导致狗狗的行为方式变得越来越不独立和不自信。为了解决行为问题，阉割从来就不是合适的治疗方法！

此外必须注意，环境与行为持续的相互影响使得狗狗的部分行为发生了改变。相比阉割，训练与练习的影响则要大得多。事实上“切除法”不能治疗行为问题。总之，我反对对健康狗狗进行阉割。请不要让您的狗狗变成残疾！

雄性狗狗的阉割：人们往往认为，男性的雄性激素能产生睾丸素并可导致攻击性，但并不一定是这样，社会经验比激素重要得多。虽然阉割能够改善甚至消除公狗性冲动期乱跑、性欲亢进、自慰行为，以及受激素影响的对潜在竞争者的攻击行为等，但是为此付出的代价又是什么呢？所有剩余的问题，例如对人及其他狗狗的社会性的恐惧和攻击问题，都是因性激素缺少而带来的负面影响。当我们在草地上面对一群狗狗，有公狗也有母狗，介绍一只可怜的被阉割过的公狗时，当时的场景我们完全能够想象得出来。因为雄性特征的丧失，面对其他公狗它感到不自信，面对心仪的母狗，它又感到害羞，没有狗狗喜欢待在这样的群体里。被阉割过的公狗或者母狗其“私处的气味”似乎与“完整”的狗狗有所不同，散步时有时候会受到同类极不友好和讨厌的纠缠。出于这个原因，长时间地闻对方屁股周围的气味，可能会在狗

尽管它是“假孕妈妈”，它却会用床单等材料搭建小窝，把毛绒玩具看作是“小狗崽”并照顾它们，甚至它还有真的母乳。

狗“进行沟通时”带来麻烦和冲突事件。

雌性狗狗的阉割：这个问题也值得仔细全面的考虑。因为缺少雌激素，母狗常常会出现老年性尿失禁，对有“恐惧－攻击性行为”的雌性狗狗进行阉割完全就是人为的错误。每个雄性和雌性哺乳动物的体内都有不同比例的雄性激素和雌性激素，雄性体内的雄激素更多，雌性体内的雌激素更多。如果雌性狗狗被阉割了，抑制攻击性的雌二醇几乎没有了，那促进攻击性的雄性激素就没有相应的抵销部分了。雄性激素的相对过剩反而会导致它们攻击行为的上升。总之，狗狗经过几个月甚至几年学会的行为方式通过“一刀”是无法治愈的！

化学（激素）阉割：亲爱的读者朋友们，在您了解了阉割的风险和副作用之后，您可以让专业兽医先测试下阉割的效果。尝试通过注射或者植入芯片对狗狗进行“准阉割”，然而即使在药效消退后，药物带来的副作用或是导致的反常行为变化还会存在，不可逆转。

在决定是否采用阉割作为改善攻击性狗狗行为的治疗方式时要特别慎重，无论是化学的还是外科手术式的阉割。每个个例都要单独进行分析，最好是采用替代行为的训练方式来纠正狗狗的行为问题。

传说的主导者——狗狗与人的社会共同体之新视角

“主导理论”已经不再适合用来解释狗狗的社会行为，前文已有详细的阐释。这个理论究竟是怎样产生的呢？根据这个理论，狼和狗狗同样都在内部动力的驱使下，不断追求比其他家庭成员更高的社会地位；无论是狗还是人，它们的愿望是保住自己的控制权，在必要的情况下通过攻击来获得控制权。

陈旧的等级模式

对关在监狱里的狼群的研究表明，尽管它们是经人工分组、而非自然的家庭结构，但它们之中仍然出现了森严的等级制度，出现了“阿尔法”狼以及它对资源的优先享有权。时至今日，这个等级制度仍然被错误地转嫁到狗狗的行为上。今天的狼仍然被视为是狗的祖先，人们认为狗还是以跟狼相似的社会结构生活着，每个成员的愿望仍然是追求“阿尔法”的位置。于是得出结论：等级结构以竞争中取得的成功为基础，人也被视为争夺地位的竞争者。下列行为方式，例如攻击、标记行为、引起关注行为（AEV）、破坏行为、不顺从，也包括主动的建立联系的行为——面向对方抬起爪子等，都被解释为与社会地位相关联。

因此，根据这个理论，每只狗狗都希望能主动控制它的主人，也就使得主人不得不努力地从他的角度主导狗狗，为了在资源和权利的竞争中不被“碾在车轮底下”。为了向狗狗展示谁才是领导，必要时就得使用暴力，这最终形成了对狗狗身体上的惩罚和暴力。

这个理论的问题在哪里?

首先我们可以清楚地观察到，如今自由生活的狼群不是以森严的等级制度生活在一起的，它们更像是一个大家庭，由父母和子女构成的自然的社会共同体，家庭成员之间极少因为资源发生争吵或者争斗。父母作为领袖从容独立地领导着它们的后代，尽量避免所有危险性的矛盾。这种“等级模式”与陈旧的“阿尔法模式”相反，它是动态的、自由的，取决于特定的环境和学习经验，因此，等级可以是、但不一定是狼群共同生活的模式。另外，狗狗不完全等同于狼，狗狗是被驯化的犬科动物，它们在行为上与今天的狼有着根本的差异。狗狗不是起源于今天的狼科，而是“原始的犬科”，我们人类是它们最主要的社会伙伴。

狗狗想要什么呢？它们是怎样设想跟人类的和谐关系呢？为了生存，狗狗想要也需要特定的东西（食物，领地等），但并不是不计代价！狗狗是高度社会化的生物，具有惊人的辨识复杂事物和联系、借鉴已经获得的经验的能力。“在成功和失败中学习”的原则，使得它们能够制定并且使用在类似状况下的应对策略。狗狗能够察觉到人类行为中任何细微（无论多么小）的变化，并且做出相应的反应。

在与我们人类的共同生活中，狗狗的主要动机是示弱和合作。然而，“在成功和失败中学习”也有弊端，特别是当“战斗”成为最后唯一能成功解决问题的方法时，因为很遗憾，所有其他的策略都不成功。因此，攻击绝不能被视为是“主导性的”行为，而只是一种危机的解决方法。

我们现在已经明白，“主导模式”在人与狗的合作中是不适用的，所有令人讨厌的、攻击性的教育方法，包括威胁、使用语言暴力或者肢体暴力都是荒谬的。这好像也解释了“主导理论”中的非攻击性原则应该是什么样的行为方式。同时也就应该明白，为了减少社会地位和等级的差异，对任何家庭中的任何狗狗都以相同的方式使用严格和死板的家庭规则完全是没有意义的；因为这些规定是随意的、形式上的，常常不具有说服力。狗狗既不想主导人类，也不想控制人类。同时人们也要去相信家庭内部从来就没有关于资源的争斗。然而，即使在和谐的家庭中也会被错误地认为，狗狗“自觉地”接受了比主人更高的社会地位。人们错误地理解了狗语，例如爪子平放不被理解为主动的建立社会关系的行为，而被理解为是对人的控制欲望。然而，狗狗靠近我们，不是为了控制人或者是被人控制，而是为了能够与其他家庭成员公共生活，能够作为高级的犬科动物（参见 258 页）一生都接受人类——它们的“社会性父母”的领导。

个性化的、有意义的家庭规则——好的，欢迎！

那么在这一方面我们必须改变所有现状吗？不，不一定。如果我们愿意，可以保留所有。相反地，按照迄今为止的“灵丹妙药”，突然改变原本和谐的、结构稳定的人与狗的团队，并使之变得不再稳定，是完全没有必要的。狗狗喜欢礼节和信任。它们在与人接触的过程中，在经验和观察的基础上学习社会规则。这些社会规则都是个性化的约定，看似是“等级”，但事实上并不是。这种家庭的相处规则是高度灵活的，可以很快地适应不同的状况，用于管理特定的事物。日常生活中狗狗喜欢被领导，狗狗喜欢让我们人类作为它们固定的、轻松的社会伙伴，只是不喜欢“什么都要领导”的主人，因为他们前后混乱的要求让狗狗或多或少地变得迷惑，以至于狗狗最后不得不根据自己的社会经验和灵活程度自己做决定。亲爱的读者朋友们，您已经预料到了，“主导理论”的追随者们持不同的意见。他们的理论所支持的、且自己都无法理解的恶性循环常常会导致家庭危机。

大部分狗狗是宽容的，具有社会融合能力，能跟我们人类和谐地生活在一起。当然也有一些狗狗，它们更感兴趣的是跟人严肃的争吵或者玩耍式的小冲突。它们不是缺乏社会性，仅仅是偶尔有争夺某个物品的冲动，却没有争夺更高的社会地位的想

前后一致 VS 强硬性

许多狗主人容易混淆前后一致的行为和强硬性。如果我们的态度总是前后不一致、捉摸不定，使得狗狗缺乏安全感，常常表现得恐惧不安的或者具有攻击性。它们发现，人虽然制定了规则，但却不遵守这些规则，前后不一致。产生误解的经典案例是狗狗的同一个行为被交替性地赞扬（或者无意识地确认或者宽容）和批评。狗狗从主人前后不一致的态度和行为中学会了那些由人制定的规则并不重要，因此，“我作为狗狗”也必须为自己作决定，“我既遵循哪条规则，又不遵循哪条规则。”当然破坏规则的责任都在狗狗身上，主人随后又合情合理地提出了更强硬的对策。

法。此时，对它们更有帮助的是从过去的争吵中学到的经验。当家庭中出现了人与狗的冲突时，作为主人我们该如何回应呢？您将会在后页的表格中找到答案。

家庭和谐——但是怎样实现呢？

哪些规则是有用的？那些适用于人和狗狗都能遵循的规则建议保留，而那些不合适的规则应该立即进行修改。虽然有些规则本身是有益无害的，但是却不利于人与狗狗建立良好的关系。例如，长时间以来所谓的破坏和撕咬游戏被完全禁止，其原因是地位更高者（人）不能游戏式地跟狗狗争夺资源，这样有损于他的威望和主导性的权力地位。

这是完全错误的！人们能够也应该跟狗狗玩耍式地争抢玩具，甚至还可以让狗狗胜出，这给狗狗和主人都带来了乐趣。不久之后，狗狗就会叼着它的战利品欣喜地邀请您跟它一起游戏。类似的接触式游戏可以促进双方的关系，而并不是主人地位的丧失。当然，保证游戏不会发生危险的基本前提是，狗狗已经经过足够多的练习，充分掌握了对撕咬冲动的控制，能很配合地执行主人给出的“放下”口令以及对亢奋的控制能力等。建议有小孩子的家庭不要随意尝试这种游戏，以避免发生意外。

案例：人必须首先出门吗？狗狗奔跑着第一个冲出了大门，它不是为了证明自己更高的地位，而是因为它发现了邻居家的猫或者狗或者是邻居本人正在门外。这种场景之下可以教育狗狗——在门开着的时候（房门，花园门，车门）——首先要等待，等到给出“出发”口令或者主人先出门之后才可以行动。这样做能有效避免狗狗乱跑、猎捕或者类似行为。否则，狗狗可能会发生危险，例如被车撞到。如果狗狗偶尔违背了这条规则，它不是想控制主人或者争取更高的地位，而是在特殊情况下避免受到伤害，例如为了躲避突然被关上的门。

案例：只在吃饭时间提供食物？这条规则是陈旧的“世界中心论”的核心，然而这并不会让狗狗产生地位卑微的想法，当突然或者未经过训练时拿走狗狗的食物可能会引发狗狗对主人的直接攻击。当然，对食物“资源”进行管理，配合使用“学习才能赢得”项目能够激发狗狗的学习动力，根据绩效原则与主人和平相处，特别是在狗狗与主人之间已经出现了冲突的时候。这样可以更好地管理和控制对于食物以及所有其他事物的互动，但不是为了“削弱它的主导性”，更多的是为了通过可能的（因为必须得学会）结果（在成功中学习，得到与绩效挂钩的报酬）提高狗狗对主人的理解能力。

案例：躺在走廊——禁止？狗狗喜欢在不同的空间里休息，它们有时候平躺在地上，看似是故意给主人挡路。这可能是狗狗的策略，为了引起主人的注意，为了证明自己是家庭的一员，或者极少数情况下意味着“这里是我的领地”，还可能出现保护领地的行为。不过更多情况下，狗狗仅仅就是舒服地躺在走廊或者任意一个地方。按照陈旧的规则，它们必须马上站起来，因为“领导”要经过这里。对狗狗而言，这只是打扰了它的休息，却不是什么降低等级的措施。建议您就简单地绕过狗狗，让它安静地享受吧。

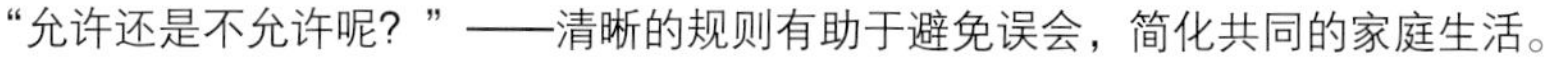

“允许还是不允许呢？”——清晰的规则有助于避免误会，简化共同的家庭生活。

案例：更高的地位——那是“领导”的事？陈旧的“世界中心论”的另一个核心规则是：为了解决任何的突发事件，即使面对人类也要保持自己更高的地位，现在我们知道了狗狗躺在沙发上不是原则性的、潜在的、经过深思熟虑的与地位相关的行为。我们可以通过使用之前训练过的口令调整狗狗的行为，例如跳上沙发或者从沙发上跳下来。狗狗会站在沙发前，用询问的目光看着我们，“允许我上去还是不可以呢”，并且等待给出口令。作为主人，我也犯过一个错误：等我的狗狗自主地、未经允许地跳上了沙发，我却通过抚摸给予了它表扬；而几个月之后我又突然用力地抓住它的项圈（因为它太脏了）把它从沙发上拖下来。同样的行为这次不是表扬，而几乎是惩罚。狗狗的反应可能会是攻击，但不是因为它想占主导地位，而是因为它困惑，感到紧张！此外，跟狗狗一起躺着有助于促进狗与人之间亲密的社会关系，被成功地运用在动物协助的干预性治疗中。相反地，狗狗没有规矩地任意待在沙发上，会给有孩子的家庭带来误解和突发事故。

展望：首先为了给狗狗美好自由的生活，作为主人，我再也不做主导性的“领导”了，而是给予个性化的框架规则，让狗狗学会怎样避免不好的（负面的）事物（例如拿走食物，不理睬），以及怎样获得好的（正面的）事物（食物和关注）。因此，需要给狗狗制定规则，告知它们在特定的、反复出现的状况下，我们期望它们有怎样的行为。规则当然有利于和谐相处，遵守规则也让狗狗学到了许多正面的经验。如果我们自己的态度和行为前后不一致、捉摸不定，狗狗的反应通常就是缺乏安全感的、恐惧的，甚至是具有攻击性的。

造成主人和狗狗之间误解最经典的例子就是，狗狗的同一个行为时而得到表扬（或者是无意识的肯定 / 宽容），时而得到批评。作为狗狗的主人，我们必须意识到，我们的行为必须前后保持一致，必须在可预料范围之内。我们给狗狗制定个性化的规则——针对不同状况的指导方针——可以避免狗狗受到伤害；我们的行为都是可以预料的，作为回报，我们得到的是和谐的共处。对狗狗而言，与主人关系中的持续性是最重要的，它们认为：“即使明天整个世界都坍塌了，我还是继续相信我的主人。”在管理狗狗的时候还需要强调一点：请给它足够的自由空间，满足其个体的学习需求并积累学习经验；特别是在没有规则的危险状况下，请您试着采用相应的、它已经掌握的克服困难的策略来积极地引导它们。

针对日常攻击性行为的正确反应——现在和将来

	狗狗的做法	主人的反应
对位置有偏好	1. 狗狗选择较高的、策略上更有利的位置	**总体态度：示弱，回避，社会性孤立** 对狗狗的行为保持沉默，自己坐到这个位置上，在狗狗不在场的时候把物品放到沙发或扶手椅上
	2. 狗狗挡着路，不回避，还不停地嗅	用其他声音（敲门声或者类似声音）吸引狗狗，进行信号训练和口令训练
	3. 狗狗守着房间，不让主人进出	首先示弱与和解，转移目光或者后退，以后禁止狗狗进入这个房间
物品	狗狗守护着物品（玩具，鞋，磨牙棒等）	不要随意地让物品到处散落，加强监管，不要把玩具或者骨头等放在狗狗的行动半径之外，并试着用美食进行交换
食物	狗狗守护着食物	亲自用手给狗狗喂食，至少 6 周不喂食骨头，不听话时立即打断进食，之后只在等到口令后才允许进食
身体接触	1. 狗狗不允许给它洗澡，梳理毛发	宽容，逐步推进，在没有攻击行为时予以表扬，逐渐增加接触的深度和时间（梳理毛发等）
	2. 狗狗不允许碰触它	在出现攻击性行为时罚站，不予理睬
关注	1. 狗狗拒绝被关注，靠近时会发出咕噜声	转身，不理睬它，不要走向它而是喊它跑过来，要求它“坐下”或做其他动作并给予奖励
	2. 狗狗表现出引起关注行为（AEV），比如，大叫	主人完全地、前后一致地不予理睬，必要情况下罚站，单独把它留下

有孩子的家庭中的狗狗

最重要的一点是，在既没有“幼儿保护”也没有“婴儿保护”的情况下，狗狗会跟小孩子争夺资源，例如食物或者玩具。狗狗的警告可能是展示信号（常常被参与者忽略）、真正的威胁（发出咕噜咕噜的声音），或者进攻行为（伸嘴咬住并且撕咬），主人却常常只发现了狗狗的拒绝行为。最糟糕的是，孩子自己常常忽视狗狗的威胁信号而陷入危险之中。因此，没有父母的监护绝不能让孩子单独跟狗狗玩耍！父母只有跟孩子在同一个房间，才能控制狗狗和孩子之间的行为并进行正面的引导。

对孩子而言，家庭中有狗狗大多是有益处的。孩子不仅可以根据自己的社会经验越来越多地承担责任（散步、喂食、照顾等），还可以在狗狗身上发现自己日常生活中的问题。当然需要留意的是在孩子发脾气时，父母要保护狗狗不会受到伤害，制定与狗狗相处时的界限和规则并且贯彻执行。这样才能既承担责任，又避免家庭中的危险。

预防：怎样避免有狗又有孩子家庭中的紧张状况？

普遍法则：

• 制定、遵守并且贯彻执行框架条件 / 基本准则。

• 不要让狗狗和小孩子在没有监护的情况下单独待在一起（每只狗狗都可能会咬人，只是取决于什么状况而已）。

• 通过自愿的游戏创造主人—孩子—狗狗之间的轻松氛围（主人和孩子躺在地板上轻轻地挠狗狗——期望的状况：

——露出主动建立联系的表情（= 表示归属感）

——避免被动的屈从表情——有助于减少攻击（翻转 / 仰卧 = 通常是毫无防备的被同情的表情 = 极端的示弱行为）

• 经常到大自然一起活动。

• 给予孩子越来越多的责任感以及对狗狗的需求和社会交流特征的了解，与孩子对社会的了解程度相适应。

• 由父母制定孩子跟狗狗一起玩耍时的游戏规则（参见 239 页）。

治疗：在有狗又有孩子的家庭中怎样处理狗狗的攻击性行为？

13 项治疗方案：

1. 不要面对面，不要紧盯，不要击掌，不要拥抱，不要抚摸它的脑袋，不要追随，不要缩小距离，不要强制性接触，不要突然跑开。

2. 在冲突状况下，让孩子选择示弱表情（转头，移开目光，后退，弯腰，打哈欠，慢慢地移动）。

3. 忽视狗狗的不良行为，避免攻击性行为取得成功。

4. 表扬受欢迎的行为（躺倒等），全面的口令练习（避免因长期的忽视而产生的颓废沮丧）；学习替代行为，对狗狗更好的掌控有助于化解矛盾状况。

5. 进行放松练习。

6. 主人制定框架条件（基本原则）+ 使狗狗有机会学习，怎样避免不好的（负面的）事物（社会性孤立，拿走食物等）以及怎样得到好的（正面的）事物 + 提供不同的撤退地点并监督。

7. 所有的资源（食物，游戏，抚摸等）严格按照绩效原则分配（先学习后得到原则）。

8. 小孩子和舒适的事物同时出现。

9. 绝不要让孩子在没有监护的情况下跟狗狗待在同一个房间（一秒钟也不可以！）。

10. 狗狗必须要得到撤退地点，孩子坚决禁止入内！

11. 当狗狗心情平和、没有恐惧、没有攻击性并且主动靠近的时候，让它练习小步伐地接近孩子，并且表扬它（脱敏 = 小步伐的治疗方式）。

12. 互相调节 = 导致攻击和恐惧的外界刺激慢慢地被接受，也就是说，“小孩子在旁边”这个场景不再是一种威胁，不能带来恐惧，狗狗得到更多平时得不到的关注（点心，抚摸，玩具）+ 得到平静和撤退的机会。

说明：狗狗喜欢的毛绒玩具或者特制的狗玩具作为对平静行为（替代行为）的奖励。积极的副作用：狗狗嘴里叼着球或者玩具的时候既不能大叫也不能咬人！

重要提示：为了避免潜在的威胁或者竞争，训练结束后把玩具放到狗狗活动范围之外。

13. 尤为严重的问题，特别是孩子发生意外或者家庭成员受到伤害，强制性的嘴罩和狗绳管理模式！（在家里也要拴狗绳）+ 接受动物行为专家的治疗。

害怕孤独

对主人而言是不受欢迎的行为方式，对狗狗而言是真正的行为障碍⚠8。

3 个案例

• 艾迪是一只德国獒，它病了。每当女主人离开家，让艾迪单独跟猫咪待在家里的时候，它就开始紧张。几秒钟之后它就开始啜泣，在沙发和入户门之间烦躁不安地来回奔跑。几分钟之后啜泣就变成了大叫，最晚 10 分钟之后所有的邻居都知道了，狗狗又单独待在家了。它撕心裂肺地嚎叫，所有的邻居都知道："艾迪很痛苦！"

• 转换地点——萨克森安哈尔特州的一个小村子：两只哈士奇生活在同一个家庭里，但是它们只被允许在傍晚和夜里待在房子里。早晨，当大人们要去上班、孩子们要去上学的时候,狗狗必须搬到房子前面的狗窝里。谁能理解呢？反正狗狗是不理解。它们曾经多次逃离狗窝，跑到女主人工作的旁边的村子里，只是为了不要孤独地待在狗窝里。上一次逃跑的时候，一只狗狗受伤很严重，伤口太深，兽医不得不给它缝合。

• 卓艾斯是一只马里努阿犬。兽医诊所几乎就是它的家。经过无数次的检查和治疗，还是无法找到它越来越严重的舔舐的病因。上次就诊时，兽医发现它两只前爪上有很深的伤口。根据卓艾斯的主人的描述，这是它单独在家的 3 小时内发生的。但是主人还经历过更糟糕的事情，在它试着从窗户缝里挤出脑袋跳出去之后，主人在它的颈部发现了深深的伤口。

打哈欠能缓解压力，因为它预感到，不久它就得独处了。

诊断：分离恐惧

根据动物行为专家的诊断，结果是狗狗对独处或者分离的恐惧,必须紧急接受治疗，也包括上述三个案例⚠8！

疾病的症状：症状多种多样，每个狗狗都不相同，经常会出现夸张地"喊叫"主人。只要狗狗独处，就开始啜泣、大叫、嚎叫。啜泣是狗狗幼年时期的行为方式，但狗狗一生中都会使用这种听觉信号，特别是在出现心理不适（不安全感，孤立）的时候，想以此得到群体的关注。就像我们前面多次提到过的，狗狗是强制性社会性生物，它们必须保持跟家庭的联系！即使主人宽容狗狗的大叫、啜泣、嚎叫、不卫生、破坏行为，将其视为排解压力的补充性措施，但狗狗仍然处于痛苦状态。通常在狗狗独处的前 20 分钟内，紧张情绪就会迅速膨胀，以致狗狗必须以一种不受欢迎的声音发泄出来。除此之外，狗狗还常常出现病理上的症状，例如心跳加速、口水增多、无法控制大小便、恶心呕吐等，这是为了缓解身体机能的紧张状况，重新达到身体和精神上的平衡。这也能够解释，因独处而极为恐惧的狗狗常常在床面前或者椅子上排便，而这些根本不是出于“抗拒”或者“报仇”。

分离恐惧的本质

小贴士

这种行为是不受欢迎行为的综合表现，包括大叫、啜泣、嚎叫、破坏行为或者不卫生行为，同时对狗狗而言也意味着严重的问题（恐惧，紧张，慌乱）！患有分离恐惧症的狗狗非常痛苦，因此，德国的动物保护法中特别涉及了这个疾病 8。对出现这种非正常行为的狗狗进行惩罚是治疗过程中非常严重的错误，这只会导致恐惧加重，并且转移到主人身上。必须尽快帮助狗狗摆脱这种极为痛苦的状态。

产生分离恐惧的原因：与疾病的症状相类似，疾病的原因也是多种多样的。可能的原因有缺少独处的经验，消极经历（被遗弃、被拴着、长时期被关在狗笼里），或者主人的错误行为。狗狗在门后面还没有开始啜泣，主人就再次打开门，试着用安慰的语言和抚摸使“胆小鬼”安静下来。狗狗从中学到“只要我长时间地喊叫，主人就会回来”。

平常的告辞和问候仪式也会加剧狗狗的离别恐惧，这些仪式使得“在场”和“不在场”的区别更加明显。惩罚（大喊“安静”）或者安抚，好像是在说“狗狗别怕，我很快就回来了”，都不能给极为恐惧的狗狗提供帮助。相反地，它觉得它的恐惧得到了主人的确认。分离恐惧常常跟噪音恐惧同时出现，独处时外界的任何一点声音（爆裂声、汽笛声、门铃声等）都会使得狗狗大叫。

对狗狗和主人都特别艰难的状况是，只有主人回到家才能让狗狗安静下来，任何“狗保姆”都不行。此外，纯种狗狗跟杂交狗狗的发病比例相类似，并且雄性狗狗好像比雌性狗狗更加敏感，更易患病。

治疗：通常在接受治疗之前会有主人问我："无论狗狗曾经经历过什么，它学会毫无恐惧地独处的可能性有多大。"主人常常非常绝望，他们已经给狗狗尝试过许多治疗方法，例如"防止大叫的项圈"，镇静剂等，但是症状却没有改变。当然，治疗效果取决于许多因素，特别是行为治疗法的接受程度和主人作为辅助治疗者的配合。治疗时间通常在 1~9 个月之间不等，也有可能更长。值得高兴的是，迄今为止（几乎）每个狗狗都能学会。更重要的是，狗狗对待独处的态度变化很大，它不再陷入紧张状态。只有这样，才能逐步改善它的行为方式。此外，狗狗跟主人建立了更加紧密、更加稳固的关系，同时降低了它对主人的依赖性。担心狗狗对主人的情感受到约束是完全没有依据的，狗狗并不是被"改造"成了有没有主人都无所谓的生物。通过治疗，狗狗学会并找回了健康范围内的独立、自我安全感和自信。

您可以这样预防……

面对分离恐惧时：

- 理想的管理模式（不要孤立，不要用狗绳拴住狗狗，不要关在狗笼里）。
- 幼年时期就在屋内和屋外进行距离训练，逐渐扩大空间距离和时间距离。
- 取消对狗狗的问候仪式和告别仪式。
- 总体而言不要采用折磨式惩罚。

治疗——您能做些什么呢……

面对分离恐惧时（一般治疗）？

- 只让狗狗在训练时间段独处。
- 请狗保姆代为看管，或者您带着它。
- 您回到家的时候，应该经常不理睬狗狗。
- 取消告别仪式和问候仪式。
- 用隐蔽策略或者隔离告别信号的方法迷惑狗狗，例如，您穿好鞋子和外套，坐在客厅里，一段时间之后您又脱下外套，脱掉鞋子——狗狗已经无法确定那些特定的告别信号了。

独处过程中的啜泣常常演变为大叫和嚎叫（狼在离别时的嚎叫），整个过程能持续几个小时之久。

• 保证狗狗在独处之前能够自由奔跑至少 1 小时；然后不理睬它（参见 207 小贴士）。

• 养第二只狗狗并没有效果，因为“胆小鬼”常常会让另一只狗狗也变得缺乏安全感，然后两只狗一起大叫。

• 避免无效的治疗方法，例如折磨式惩罚或者安抚。

• 躺着做放松练习，例如“困……了”练习。

面对分离恐惧（特殊治疗）？

• 渐进式训练狗狗独处，并逐步扩大距离和分离的时间，首先在屋内，随后在屋外，制定个性化的治疗方案。

• 让狗狗无法预料您在不在家，例如，让狗狗独处 5 分钟，接下来在 1 分钟和 5 分钟之间频繁转换，让狗狗无法猜测。

• 只要狗狗还大叫，就不要走向它；一直等到它安静下来。

• 在病情反复的情况下，从狗狗已经掌握的那个等级重新开始治疗，同时服用药物。

保护行为——异常警惕和著名的守护者

保护领地的攻击行为与只是吠叫式的报警不同，对人和其他狗狗而言，意味着真正的危险。尽管保护行为被认为是天生的、正常的和可以接受的行为，但是狗狗常常毫无理由地极度担心领地（保护领地的攻击 10）则被认为是过分的、不合时宜的和令人讨厌的。如今人和狗狗生活在一起，建立了紧密的家庭关系，狗狗在领地内和领地之外跟陌生人之间轻松的、没有危险的接触是必要的，单纯的“看门狗”只在极少数情况下还被需要。

过于看重自己的“守护行为”

主人总是希望自己的狗狗能够守护房子和庭院。因此，许多狗狗作为“活的报警器”，冲着出现在院门口或者房门口的拜访者大叫。此时，每个潜在的“入侵者”都应该正确地对待保护领地的攻击行为，这是必须严肃对待的警告。为保护领地而进攻的狗狗大多非常自信、毫无恐惧，通过低沉的咕噜声、大叫、露出牙齿和缩小距离发出威胁。它们意识到自己有保护一切的使命——如果必要的话，就是用暴力。亲爱的读者朋友们，请你们严肃地对待异常警惕的狗狗的威胁或者攻击行为，因为被咬的风险是非常大的！这里不仅仅包括土地，还包括所有狗狗认为属于自己的东西。我们总是会看到那些“了解狗狗的人”常常躬身越过花园的篱笆，试着通过抚摸安抚大叫的狗狗，却常常会有疼痛的经历——手在流血！保护领地的攻击行为之所以危险，是因为狗狗不仅攻击出现在自己家花园的陌生人、小孩子和其他狗狗，也会在公共场所进行威胁或者攻击。即使是邻居没有伤害意图的问候，也可能会导致极为严重的被咬事件，因为他闯入了狗狗的领地，是我们肉眼看不到的它的行动领域。

保护性攻击的原因

长期被关在狗笼或者家中： 这是狗狗保护领地而进行攻击最典型的原因▲10。狗狗失去了自由奔跑的乐趣和与外界环境接触的机会，由此产生了无聊和社会性不安全感。主人又无意识地肯定了狗狗的行为，当他安慰它（赞扬）或者批评它（惩罚）的时候。特别是长期与外部世界的隔离，使得狗狗变成愚笨的、危险的暴力类型，它们无法学会正确的交流方式。因此，非社会性和不安全感是狗狗对陌生社会伙伴（同类和人）进行保护性攻击的原因。如今牧羊犬备受欢迎，这些羊群的守护者具有天生保护领地的能力，对入侵领地的社会性伙伴进行攻击。因此，给所有初次接触狗狗的人们一个忠告：不要选择牧羊犬。让这些狗狗融入人类的日常生活是一项艰巨的任务，即使对经验丰富的主人也不例外。

出于无聊的守护？ 长期以来白天只待在花园里，没有社会联系、没有工作，只是独自无聊地待着。此时，狗狗们会试着给自己寻找任务，于是它们找到了这份尽全力守护领地的任务。

首先狗狗也会权衡攻击性行为是否值得去做。邮差匆忙地跳过篱笆或者把包裹放到很远的地方，这些对狗狗而言都是取胜的机会；然而攻击也有坏处，自己也可能受伤或者有生命危险。因此，狗狗总会先查看环境状况，确定对自己是否有生命危险，然后它才会保护领地或者其他资源。

注意：在这种状况下，必须区分保护性攻击▲10和狗狗接触到来访者所感受到的恐惧▲8，尤其是当来访者通过打招呼或者弯腰给狗狗带来负面威胁的时候。主人们常常都不能区分这两种不同的攻击形式。由于缺乏社会性，绝大多数“异常警惕者”承受失败的能力较低，在面对攻击时，控制力弱，几乎没有合适的社会化的表达方式。因此，对狗狗进行承受失败能力的测试有助于开始治疗前区分两种不同的攻击形式，以避免人类受到严重的伤害。因此，当您感受到狗狗缺乏安全感时，请寻求动物行为治疗专家的帮助。

预防保护性攻击

- ◯ 在选择狗狗时，关注狗狗的来源和种类。
- ◯ 不要把狗狗关在狗笼里，不要拴着狗狗，不要让狗狗处于太小的领地，不要孤立它。
- ◯ 不要在没有监管的情况下让狗狗在领地里自由奔跑。
- ◯ 训练狗狗的顺从性和控制能力，但放弃惩罚。
- ◯ 融入家庭，但要遵守家庭内部的规则。
- ◯ 足够和全面的社会化，使其习惯于社会伙伴。
- ◯ 给予狗狗与种类相符的、数量合适的工作。

治疗——您能做什么呢？

（预防措施之外）

- 即使在家里，也给狗狗戴嘴罩，也用狗绳拴住它！
- 不要在没有您监护的情况下，让狗狗跟陌生人，特别是小孩子有接触。
- 在见面前的 15 分钟和告别后 15 分钟带着狗狗出去散步，狗狗不会再把来访和散步负面地联系在一起。
- 来访者应该保持安静和放松，正确地忽视狗狗（参见 207 页小贴士）！戴嘴罩是前提，这样更容易放轻松！

关在狗笼里或者院子里的狗狗会在栅栏或者篱笆旁边大叫，随时准备咬人。这些过激的攻击状态对每个人而言都是一种危险。

• 在领地范围内活动（例如去厕所）时来访者也应该告知主人，然后主人用狗绳控制狗狗！

特殊治疗 1——通过替代行为锻炼其控制能力

• 用积极的行为替代消极的行为，把不良行为改为受欢迎的行为。

• 用替代行为“坐下”替代“大叫”：一个人在距离门口 5 米远的范围内训练狗狗听从各种不同的口令，如果狗狗成功地执行了各种口令，那么在拜访者出现的时刻用特别美味的食物奖励它。

• 如果狗狗冲着来访者大叫，您无须任何解释给它拴上狗绳。

• 如果狗狗安静了，客人坐在咖啡桌旁边，允许狗狗（戴着嘴罩！）靠近，但客人应该继续忽视它。

• 客人告辞前 15 分钟，主人把狗狗隔离开，像开始那样在跟门保持一定距离的范围内通过各种口令控制狗狗。

• 接下来的共同散步常常很有帮助！

特殊治疗 2——怎样让邮差从敌人变成朋友呢？

• 在治疗的当天少关注狗狗（没有接触、没有食物）。

• 只要邮差出现，在狗狗刚看到邮差还没有开始大叫的时候，立即给狗狗提供盛满食物的狗碗，无须任何解释（相互条件作用）。

• 如果狗狗没有看到食物，因为它正忙着大叫，食物会从它眼前被拿走，直到第二天。

• 可能第二天狗狗就会盼望邮差出现了，因为它非常饿（不是等邮差，是等它的食物）——被拿走的资源（食物）现在比大叫重要得多。

• 随后可能当狗狗看到邮差，它的口水就不自觉地流下来，因为它已经明白了“邮差意味着食物”。

注意错误的怪圈：如果当您放好了狗碗，但狗狗却还是在大叫，您的做法可能适得其反——您确认并表扬了狗狗冲邮差大喊的行为。

• 您越是前后一致，则越容易取得成功！

• 在狗狗出现严重的威胁行为时，特别是攻击陌生人和孩子，并出现咬伤，您应该送狗狗去接受动物行为治疗。此外，无论狗狗在自己的领地内还是之外都必须严格地戴嘴罩，用绳拴着。

攻击行为——攻击是最好的防卫？

您现在已经知道了，拥有生命所需的资源对狗狗有多么重要，包括自身的安全、食物、领地等。狗狗随时准备着在必要情况下用暴力威胁来获得这些资源。我们已经知道，在恐惧和攻击之间存在着必然联系，狗狗的攻击行为往往是为了减轻日常生活中的压力——是狗狗的一种本能的反应，是它们在危险状况下解决矛盾更倾向采取的策略——但却直接影响到家庭共同生活，以及狗狗在公共场所散步时的自由。

对陌生人的恐惧和攻击

攻击性行为虽然是天生的，至少从狗狗的视角，在一定范围内也是正常的，但与此同时，对狗狗和人而言也是危险和不受欢迎的！没有人喜欢在公共场所遇到一只攻击性的狗狗。一副威胁的表情，随时准备攻击甚至咬人，这样的狗狗也让主人神经紧张。如果发生此类升级的攻击行为，狗狗会攻击它周围所有的人和动物，不顾及自己的健康和安全，这是真正的行为障碍▲10，对公共场所会产生威胁。它们不会再公平地对待社会伙伴——人和同类，不给对方任何“交流”的机会，无视对方的反应，马上开始进攻▲10。

过激攻击行为的原因

就像前面提到过的，恐惧以及由此产生的攻击最常见的原因之一，是狗狗在幼年时期缺乏与周围生活和环境足够的社会化和文明化的互动；在特殊状况下获得的积极的和消极的经验，以及由此得出的结论对接下来的生活都是同等重要的；主人无意识地加剧了恐惧和攻击行为也是一个重要的、悲剧式的奇特原因；狗狗大部分的行为，也包括恐惧行为和攻击行为，都受到学习和经验的影响。狗狗会更加频繁、更加剧烈地采取某个行为方式，因为它曾经成功过。狗狗表现出来的行为和行为产生的后果之间的时间关系尤为重要，也就是说，攻击性行为以及由此行为产生的直接后果（例如主人的回应）通常也是被无意识地、没有目的性地增强了。

攻击性行为是怎样被增强的呢?

- 攻击性行为的成功包括产生威胁的距离扩大了（或者至少保持不变），成功地猎捕到对手或者之前为此争斗的一个重要的资源（身体安全、食物、玩具、位置等）已经被它占有或者可以得到了。
- 主人（或者一个陌生人）采取回避行为的话，也有可能增强狗狗的攻击性，例如让产生恐惧和攻击的情形消失，例如相关的人或狗狗到马路对面行走，绕远路为了不激怒狗狗。
- 如果主人尝试着安慰恐惧－攻击性的狗狗，它们的行为不仅被错误地肯定了，而且还被强化了，因为主人的动机和情感都被压制了，主人认为“它原本不是这个意思”，因此，他接受甚至宽容了狗狗的行为。狗狗以其攻击性而获胜，将会在相同或者类似的状况下更频繁地重复使用。

成功的尝试持续地加剧了攻击性行为的发生，因为狗狗学到了可以用攻击性行为成功地解决“棘手的”问题。狗狗在它的行为中感到更加安全，它更加快速地做出攻击性的回应。这种行为被强化后将会导致新一轮的强化。被强化的攻击性行为同时是高效的，狗狗会越来越频繁地对所有人、所有事物都采取种种攻击行为。随后这会发展成真正的问题事件⚠10！

攻击性行为的减少：如果狗狗的攻击不成功，则会产生相反的结果。它会意识到，攻击性行为是不值得的，既消耗体力还没有意义，因此不再使用。

攻击的升级事件：然而，常常会发生升级事件和所谓的攻击恶性循环。狗狗做出攻击性行为或者进攻对方，是因为它想扩大与对手或者一个“威胁”之间的距离，或者消除让它感到恐惧的某些东西。主人对此的回应，要么是试着转移狗狗的注意力并且安抚它，要么是回击，然而两者都会导致狗狗的攻击性行为被强化。

对同类的恐惧和攻击

狗狗对同类的攻击性行为通常是由于恐惧、疼痛或者出于保护领地而引起的综合行为，原因也可能是三种攻击形式当中的一种。

恐惧引起的攻击：您可以将其广义地理解为对失去重要资源的恐惧，包括自身的安全（类似的负面经历）、食物、玩具（球）和其他对狗狗而言重要的东西。恐惧是攻击行为最为常见的诱因，是一种让狗狗感受到威胁的情感状态。狗狗为了控制负面的压力，会在三种可能解决矛盾的策略中（缓和、示弱、攻击）选取一种。

疼痛引起的攻击：狗狗因为感觉到了疼痛而做出攻击性的反应，这种攻击形式

狗狗相遇的场景

我们可以在图片中看到，夸张的面部表情和肢体语言是狗狗交流（互相理解）的基础，这样可以避免误解和真正的伤害。两只狗狗游戏式地站成 T 字形，长发狗狗面部浓密的毛发限制了它的表达能力，从而不得不更多地表现。

1 右边的狗狗仍然愤怒地站在 T 字的横梁位置，用力张大嘴巴转向另一只狗狗，从侧面靠近……

2 只是游戏式地咬住对方的背部。另一只狗狗迅速回应，借助夸张的面部表情我们可以推测，这仅仅是它们之间的游戏。但是游戏也随时可能升级为真的争斗。

狗狗的相遇

在狗狗遇到同类的时候，任何人为的干预——无论是惩罚或者是转移注意力——对它们而言都会是沉重的打击，因为原本看似有良好前景的“和平协议”脱轨了。人类和狗狗的语言截然不同，只有极少数狗狗的主人知道它们的爱犬发出的信号含义究竟是什么。

是本能的、由基因决定的防御机制，无须经过后天的学习。疼痛感知神经会反射性地做出防御反应，不需要经过大脑的确认和评价。一只曾经在被拴着时或者自由奔跑时被咬过的狗狗，会对同类有一定程度的厌恶。同样地，由于惊恐或者疼痛的经历，以及普遍性的消极经历就会让它联想到敌人的形象。之后，它们只会攻击某些特定种类的狗狗，或者因为就是它们带来的疼痛，或者只是因为相类似。当然，学习在这里也扮演了非常重要的角色，例如，狗狗在幼年时期曾经被当作围攻的对象。当时它就学到了“攻击是最好的保护”——这个策略是最有效的。只要有同类靠近它——在同类还没有让它感到疼痛之前——它就立刻表现出攻击性。如果它的这个策略成功了，攻击性只会加剧（它从成功中学习，也就是说，狗狗的攻击行为就会越来越频繁、越来越强烈）。我曾经提到过，如果动物的一个行为方式规律性地取得正面的结果，这个行为在将来会被采用得更加频繁、更加迅速和更加激烈。同类，尤其是竞争者带给它的恐惧加剧了它的攻击性行为，因为狗狗的本能就是把进入领地（房子，花园）的入侵者驱逐出去，也包括暂时被狗狗视为自己领地的陌生环境（小饭店，主人周围狗绳能达到的范围）。

两只没有被拴着的狗狗偶然相遇

当两只狗狗接触的时候，原则上总是会出现利益冲突和紧随其后的争斗。而解决矛盾的方法，即让一只平静的狗狗主动地屈服，有助于缓解另一只处于紧张状态的狗狗；其次，撤退也是一种能成功解决矛盾的方法。狗狗还有其他的社交方式，它们会根据不同的状况和自己过去积累的经验做出威胁行为、展示行为或者示弱行为，例如跳高、逃跑或者回避。每一次的争斗不仅要安抚谈话者，还要缓解自己的紧张状态。为此狗狗会采用所有的行为方式，特别是玩耍行为（在冲突较小时）、舒适行为、探知行为、过渡行为，以及非社会的联系行为和“被动的”屈从。相比攻击行为，狗狗在相遇时更经常采用的是示弱性的回避行为，它们谨慎地（低下头）或者明显地（整个前部身体转开，展示性回避等）避开对方，或者通过逃跑快速地退出互动。但是这样做的缺点是，它们内心的紧张状态仍然存在。或者它们表现出被动的屈从，想以此与对方保持一个安全距离。和解更多的是一种主动方式，为了与对方接触或者保持接触。除了社会性的亲近，恰当的玩耍行为也有助于狗狗跟社会伙伴的主动和解，同时也可以消除内心的紧张。狗狗习得的对撕咬冲动的控制（参见168页）可以帮助它决定争斗的激烈程度。这意味着，狗狗越是受到了良好的教育，越是在它幼年的发展阶段学习了各种典型的行为方式，真正的伤害发生概率越小。

“主动屈从”——社会的“黏合剂”：主动屈从也被称为主动的社会联系行为，不仅仅在回应威胁时，而且在友好地靠近社会伙伴时也会出现。这可能是其中一个或者是两个伙伴共同的意图，它们的接触可以变得更短或者更加深入。陌生狗狗之间的“主动屈从”可以缓和矛盾，为接下来的接触或者更深入的了解打开一扇门。如今“主动屈从”不常被看作为了解决矛盾的缓和行为，而更多的是社会性的联系行为和再次融合行为，以此让冲突根本就无法产生并且还能加强群体归属感。

“主动屈从”也是一种“撤退性保险”，为了能够在见面/交流之后仍然保持联系。“主动屈从”类似是对对方的询问：“我靠近你让你觉得还舒服吗？”

“主动屈从”典型的面部表情和肢体语言是，舔对方的嘴角，跑向对方并且眼睛一直看着它，抬起前爪，口鼻处的接触等。

“被动屈从”则与此相反，是为了示弱和扩大距离。这些狗狗不仅想结束矛盾，还想避免一段阴暗的时光（有时是永久性的）以及与谈话伙伴的任何接触。

都是在作秀：两只狗狗张大嘴巴，露出威胁的表情，一只用前腿抱住对方。

没有拴狗绳的狗狗在相遇时的正确反应

试着干预两只或者多只狗狗的争斗是不

明智的，会让它们之间的伤害会更加严重，并且还有被自己狗狗咬伤的极大危险。当激烈的争斗开始时，您应该快速转身，离开事发地点，不要喊回自己的狗狗，让狗狗自己决定何时真正能够中止这场谈话。

如果您介入场景之中或者冲着狗狗大声喊叫，狗狗会觉得更有必要把争斗谈话进行下去。潜在的胜利者在几秒钟短暂的停顿之后很快又沦为彻底的失败者，因为一方面它们觉得得到了主人的支持，另一方面又担心主人会在决出胜负之前就把它和敌手分开。这种潜在的“双重”顾虑又有可能给狗狗注入“新的活力”，进行更猛烈地反击，在一旁着急的主人让它误以为会得到主人的保护和支持。双方的争斗越激烈，受到的伤害也越多。

一切原本可以非常简单的！狗狗天生的追求就是满足需求和避免伤害，也包括每一个受到主人影响的狗狗。如果它现在宣告争斗结束了，它会更加关注最重要的资源，于是它会迅速地、自发地远离您而跑向对手的方向。为了避免新一轮的争斗，您必须给它拴上狗绳尽快把它带走。

但是也有例外情况需要您的干预：

• 如果出现围攻这种对同类进行猎捕行为的极端形式，您必须得给您参与围攻的狗狗拴上狗绳，无须任何解释，尽快把它带走，并且以后不准许它自由奔跑。

• 有些狗狗成为争斗的“牺牲品”，会表现出“屈从”行为，例如转开脑袋。然而，这种清晰的回避行为却不是正确的适于当前状况的行为。被咬伤的狗的主人喜欢断言，对方的攻击者有行为障碍，尽管自己的狗狗已经“缩成一团”。然而这却未必是事实，这只能表明狗狗在它们的争斗中被过早地干预或者是没有足够的交流经验。此时无须多言，拴上狗绳并且带走也是可以选择的方法！

在狗绳的作用下对社会伙伴进行的攻击行为

人们总是能观察到，狗狗对同类或者人会有不同的反应，这取决于它们是被狗绳拴着还是被允许自由奔跑。

怎样产生了狗绳攻击行为？许多狗狗在自由奔跑的时候遇到社会伙伴都能做出正常的社会化行为。但是只要它们被拴着，例如在马路上遇到社会伙伴，它们就会做出极端不正常的举动。它们硬生生地拉着主人跑向对方，可能还会大叫着，看似极为亢奋。怎样解释这些现象呢？

一方面大叫和拉扯狗绳不一定是攻击性行为，可能只是单纯地想要进行沟通。狗绳不仅阻止了狗狗正常的运动自由，也让它们不能学习到足够的交流经验，结果造就的是一只没有自信、不能独立、易怒、充满恐惧的狗狗。大部分的主人会无意识地表扬了狗狗的亢奋行为或者攻击性行为，当狗狗与同类接触时嗅对方、大叫或者拉扯狗绳跑的时候，他们会试着安慰性地跟狗狗交谈，包括语言的呵斥也是一种表扬和确定；转移狗狗的注意力，例如要求狗狗玩耍、给点心、球等，或者尝试着在狗狗面临危险的时候安抚它（抓挠，抚摸）以达到减少类似行为的目的，其作用同样也都是相反的，狗狗的攻击性行为反而被强化了。狗绳原本是为了防止狗狗发生意外的工具，现在却加剧了它的危险行为或者亢奋行为。狗狗常常会长时间地试着破坏狗绳，以便最终能够实现与“敌人”或者“朋友”的接触。撕咬狗绳常常也会导致绝望反应，让狗狗从对领地边界的亢奋转变为咬狗绳、攻击社会伙伴或者攻击主人。我们只能持疑惑态度来观察两只被拴着的狗狗的相遇，由于两只狗狗都不能进行无障碍交流，为此常常表现出领地保护性攻击或者恐惧性攻击（害怕失去“主人”这个资源）。您最好是带着被拴着的狗狗从其他狗狗旁边经过，不进行任何交

轻松的谈话看起来是不同的——主人通过项圈控制着右边的狗狗，这让它变得不自信，同时也让它丧失了行为能力，攻击的可能性更大。

流——让它在下次见面时能得到自由接触的机会。亲爱的读者朋友们，请您一定要保持最基本的镇静！您任何的紧张情绪都会影响到您的狗狗，您常常错误地忽视了它的不良行为中所透露出的紧张。如果您是喜欢围攻的狗狗的主人，而它经常喜欢跟同类争斗并且咬伤对方，那么嘴罩和狗绳会让其他狗狗和您轻松许多，因为您的狗狗不能进行直接的攻击了。然而必须注意，戴着嘴罩的狗狗不能做出恰当的面部表情和肢体语言，也不能在面临可能发生的争斗中进行防守。此类情况下动物行为治疗或许能起作用。

您可以这样预防……

- 让狗狗更好地融入家庭。
- 让狗狗在幼年时期参与足够和广泛的社会化训练，积累积极的经历，以适应社会伙伴，包括同类和人。
- 避免跟人或者同类发生悲剧式的、负面的、痛苦的经历（避免围攻的经历，无论是围攻者还是被围攻者）。
- 让狗狗每天跟人或者同类有足够多的自由接触的机会。
- 给予狗狗与其种类想适应的、数量合理的工作机会（身体上和精神上的锻炼）。
- 在选择狗狗时留意它的出身以及种类（对牧羊犬要谨慎）。
- 不要长时间把狗狗关在狗笼里或者拴着。
- 训练它的顺从能力和控制能力（包括控制撕咬冲动的能力），彻底摒弃折磨式惩罚。

正确地对待嘴罩：如果狗狗对人进行过恐惧性攻击或者在狗狗的争斗中受伤风险很大，那么您的狗狗就应该戴上嘴罩。从散步之初就开始戴，如果等到有陌生人或者其他狗狗靠近的时候才给它戴上嘴罩，会让狗狗形成消极而错误的联想：“每次当一个陌生人或者一个同类出现的时候，我就得戴上这讨厌的罩子，它太紧还把我擦伤。”也就是说，您得让狗狗提前适应“这个东西”并愿意接受它，这之前您需要进行大量的嘴罩训练，配合使用特别美味的香肠和奶酪。

嘴罩的另一个优点是，您可以放轻松，因为即使您的狗狗跟其他狗狗一起奔跑跳跃，但是它不能撕咬。

狗狗的相遇——惩罚有效吗?

两只狗狗在草地上发生争斗。尽管它们已经准备分开了，但棕色狗狗的主人还是进行了干预。他喜欢采取惩罚措施（语言和身体上的），看似他在过去类似的事件中都取得了成功。他跑向两只狗狗，站在它们中间，为了保护自己的宠物。

1 他的狗狗马上做出示弱行为，身体收缩，目光转向别处。

2 对方狗狗也感觉到紧张，立即后退保持距离并舔自己的口鼻处，做出回避行为。然而它的眼神仿佛在说："你为什么干预我们的谈话，一切都已经说清楚了。"

3 因为陌生人继续训斥它，并且威胁式地俯身在它的头顶，它受到了惊吓，后退并试着缓解感受到的威胁，直到无能为力。

4 威胁行为带来的压力是非常危险的。狗狗不能预见非主人的行为，进行"非挑衅性的"攻击是必然的，所以它露出牙齿准备进行反击。

害怕兽医——该怎么办呢？

狗狗常常会害怕去兽医诊所。这种恐惧会在候诊室见到其他同类时变得更加强烈。当病号被带进治疗室，它通常非常紧张，对医生或者主人进行恐惧性攻击，可能的原因是缺少或者曾经有负面的诊室经验。不仅主人和医生希望能够降低狗狗的恐惧感，在动物保护的层面也希望如此，为了减少动物不必要的心理压力。

预防： 最好是让第一次就医成为正面的经历。因此，第一次就诊一定不能是打疫苗，而只是初次结识诊所医生，不经历疼痛。当狗狗进入诊所的时候，能够得到特别美味的点心。此外应该在家里提早进行训练，让小狗崽喜欢接受治疗。如果它毫无恐惧地完成任务，就会得到奖励，之后在兽医诊所的类似活动也就不会让它感到恐惧害怕了。如果狗狗必须戴嘴罩的话，请让狗狗把嘴罩和就诊正面地联系在一起（参见 196 页）。

主人的角色： 主人不应该安慰狗狗，他自己也不能表现出恐惧和不安。负面的情绪会传递给狗狗并且增强它的恐惧感。主人应该成为淡定从容的榜样！

在诊所里建立信任的措施： 兽医和工作人员不允许威胁狗狗！示弱的表情、友好的声音和平静缓慢的动作都可以帮助它们缓解紧张不安。首先，允许狗狗在没有狗绳束缚的前提下在诊室里自由探知。如果在治疗之前或者期间狗狗表现得毫无恐惧的话，可以得到点心或者玩具。治疗之后的表扬通常是行不通的，因为狗狗急于得到食物。治疗过程（无论有疼痛还是没有疼痛）中医生应该耐心、小心谨慎地将治疗进行到底。除了常规的消毒措施外，在每个狗患者离开房间后通风并且使用 DAP（狗用外激素平息剂），以祛除前面患者的惊慌、恐惧的气息。

对“胆小鬼”的治疗： 针对恐惧成性的狗患者，建议经常带它到兽医诊所，如果有可能的话每天一次。最好每次就诊时间都不长，在候诊室和治疗室都没有“真正的治疗”，然而却给它提供特别美味的食物。胆小的患者首先只在候诊室得到食物，随后逐渐换到治疗室，在治疗床边。这些会帮助狗狗不再消极地看待诊所。

对“惊慌失措者”的管理： 为了避免具有恐惧攻击性的狗狗因它惊慌失措的举止影响到其他的狗狗，建议在正常的接诊时间之外单独就诊。通常需要给狗狗戴嘴罩。

注意特殊情况：嘴罩让您的狗狗在与其他同类的争斗中处于劣势，这可能会让它受到伤害。如果它还是像平日一样挑起事端，那它在被打的情况下却不能进行相应的抵抗……

治疗——您能做些什么呢……

面对自由奔跑的或者被拴着的狗狗的攻击时？

- 管理危险事件（使用嘴罩、狗绳、牵引绳等）
- 训练它的顺从能力和控制能力（尤其是服从狗绳，唤回）
- 纠正主人的错误（无意识的表扬、无效的训斥）

处在冲突场景中时？

- 不要注意对面来的人或者吸引狗的注意，不做交流，径直从旁边经过或者走开。
- 在狗狗相遇的时候，不要给它玩具或食物，不要给它戴嘴罩，不要让它在想接触的狗狗附近停留（传统错误：给两只狗狗提供点心或者把一只球扔向两只狗狗！）。
- 如果有陌生狗狗来访，将初次见面安排在草地上的公共领域内。
- 对烦躁不安的行为和攻击性行为不惩罚，而是不予理睬。
- 当狗狗已经看到一个人或者一只狗并且开始叫的时候，不要换到马路的另一侧。
- 当狗狗被拴着的时候，让它没有机会接触陌生人或者其他被拴着的狗狗。这样，它的交流机会受到局限，主人可能会被视为重要的资源而守护起来。
- 只要您的狗狗因为一只没有被拴着的陌生狗狗的靠近而表现出攻击性，立即拉紧狗绳，向相反的方向撤离，但是请不要讲话。
- 当狗狗还在互相交流时，请不要训斥或者唤回它。那个时刻，唤回口令几乎失效，它们的谈话被阻止有可能使攻击性加强，也可能阻止了双方的和平解决方案。
- 与同样强壮和有能力的狗狗见面，增加再社会化（“强者团体”）过程：社会能力强

这种露出牙齿的“武力威胁”应该被严肃认真地视为最后的警告。

的狗狗会给您的狗狗展示新的机会以及狗语的精妙之处，却没有挑衅。

行为治疗方法

逐渐靠近人或者同类时的非攻击性行为要得到表扬：

• 提早干预，请您给出口令“慢慢走”，在它做出攻击行为之前，对积极完成的替代行为给予奖励。

• 经典的“远望”狗狗：每当狗狗好奇却没有攻击性地看着远处的人或者同类时，都会得到一块香肠，此时主人不需要给出任何口令（起初距离较大，随后逐渐缩小距离）。反复练习几次之后，狗狗就明白了出现一个人或者狗狗是好事，因为食物会落到口中，这太棒了！

注意：当狗狗做出攻击行为的时候，不能得到香肠，因为这样会让攻击行为得到确定。

• 在动物行为治疗专家的指导下进行特殊的反攻击训练。

• 当攻击行为在不拴狗绳的情况下明显减少的时候，逐渐地每天与人和同类有足够的自由接触。

学习行为——为什么有些狗狗没有学习能力？

细心的读者朋友会发现，传统意义上的惩罚和威胁不是我推崇的工作方法。为什么我完全拒绝呢，接下来我会进行详细的解释，您可以对不同的教育方法都有所了解，之后您可以冷静地做出选择。

教育与学习

许多主人并不要求他们的狗狗接受完美的教育，但他们又期望狗狗能够遵从人类的规则，能够理解并且执行给它的命令。这样会让狗狗非常无助，尤其在危机状况下会导致危机事件的升级，因为主人们没有教会狗狗听从中止口令（例如“不可以”）。尽管他们曾经在不紧张的状态下，在其他口令（例如“坐下”）的训练环节中偶尔练习过几次，甚至根本就没有练习过。

所有学习过程的基础都是奖励原则。也就是说，当狗狗做出了受欢迎的行为时，它会得到表扬（食物，抚摸等等）。有动力的狗狗学得更快，频繁展示自己的行为，为此它也能得到更多的奖励。当然所有的一切都需要时间和反复的练习。狗狗出生后的3~16周是学习最有效、最快捷的时期。

这个身体姿势预示着形势不妙——惩罚带给狗狗的是误解、恐惧和对人的信任危机。

为什么有诱惑力的惩罚却常常失败?

亲爱的读者朋友们，请相信我，直到今天，为了中止狗狗的不良行为，在狗狗的教育方面仍然像100多年前那样，有太多的谴责和训斥，这些惩罚包括身体上的，例如拉扯狗绳，揪拽它们颈部的皮毛，用物品（报纸，小棍，狗绳或者类似物品）和手击打或者把狗狗扔出去摔个仰面朝天；也包括语言和视觉上的斥责，例如大声谩骂，拍手或者尖锐的噪音。当我们要求狗狗顺从，而它们却没有学习过怎样去顺从的时候，狗狗是无助的、混乱的。因为只有当狗狗以正确的方式方法理解了命令的含义，它们才能去执行这些命令。曾经打过狗狗或者以其他方式威胁过狗狗的主人必须要考虑到，狗狗可能不会再信任他了，尤其在面对危机或者矛盾的时候。

惩罚是必须有的——大自然是榜样?

传统的“胡萝卜加大棒”的教育方式仍然是许多狗狗训练者脑海中的灵丹妙药。他们会以“大自然”为依据，为自己实施的暴力进行辩护。所谓的主导原则，据说是远古时期狼父母对小狼崽采取攻击性管制的原则。然而这不能为折磨式的惩罚进行辩护，这一点我们在前面已经阐述过了。

惩罚——它的作用取决于什么?

采取惩罚措施是以有效地抑制狗狗的不良行为为目的的，其时间、深度和效果都很重要。

• 时间指的是出现不良行为和采取措施的时间段。为了让狗狗在行为和惩罚之间建立联系并且理解这种关系，最长的时间间隔只允许半秒钟！

• 惩罚必须有深度，为了让狗狗自觉地中止自己的错误行为，也就是说从第一次开始就立即中止。惩罚的深度应该逐渐加大，直到不良行为彻底改正并且让狗狗逐步适应这种改变。

• 主人每次采取惩罚措施所取得的效果也直接影响到教育是否成功。与间歇性的（不规律的或者变化的）表扬相反，间歇性的惩罚会产生相反的后果：狗狗有更大的动力去展示某个特定的不良行为，然而得到的却是主人不规律的惩罚。因此，它会继续展示这个行为。主人前后不一致的态度也会带来同样的后果，对同一个行为今天认为是好的，几天之后又认为是糟糕的。要知道，前后不一致是教育失败最常见的原因之一，不仅仅是在进行惩罚的时候。

人类——不适合进行惩罚：当您在惩罚狗狗时意识到了时间、深度和效果三个方面，至少能够短时间内快速地抑制住狗狗的不良行为。作为实施惩罚者，我们的反应常常过于缓慢迟钝，在惩罚的深度上，时而毫无原则地实施暴力，时而非常可笑地温和。因此，我们不具备管理另一种生物的能力。同时，惩罚或者惩罚式威胁在加深负面影响时还产生了许多意料之外的、危险的副作用，接下来我们会详细地阐述。

“正面惩罚——负面强化”：折磨式惩罚：为了更加准确地定义“惩罚”这个概念，对现代学习理论感兴趣的读者可以在后页的表格里找到比平时使用的“表扬”和“惩罚”范围更广的定义，包括那些使得某种行为被强化的措施。还是有许多训练者和狗主人把“惩罚”理解为身体上的敲打和语言上的训斥，其结果当然是引发狗狗的恐惧、疼痛，或者至少不舒适。心理学家将其称为正面惩罚，指的是非评价式的而是叙述式的补充一些负面刺激。身体惩罚的效果更加微妙，狗狗从中学会了展示另一个特定的替代行为，以避免由训练者造成的疼痛。这种方法（常常还用在猎犬的教育之中）被称为负面强化（学习生物学 / 心理学模型 1），保证其效果的前提当然是狗狗在过去曾经受到过身体上的惩罚。这样，正面惩罚可以理解为使用暴力，负面强化可以理解为由痛苦带来的威胁。

折磨式惩罚可能产生的后果

意料之外的联想：狗狗被惩罚了，它可能会把惩罚跟其他偶然的刺激联系在一起（例如噪音、物品、气味、人或者动物等）。这些刺激突然就被狗狗视为是负面刺激，并且会导致狗狗的恐惧▲8和攻击性▲10。例如，一道刺激性和电击照到了一只正在追赶梅花鹿（不受欢迎的正常行为）的狗狗身上，此时恰好有一个骑自行车的小孩进入它的视线。这之后狗狗追赶骑自行车的小孩▲12的危险系数特别高，因为根据它们的经验，是这个小孩用“电击”让它感受到了疼痛。

恐惧：这是惩罚最常见的副作用之一。恐惧▲8不仅影响了学习过程或者根本无法学习，而且还有可能让狗狗把恐惧跟打它的手联系在一起，从而发展成为“对手的恐惧”。这是典型的条件反射的案例。至今还有一些狗主人喜欢使用噪音惩罚，即当狗狗做坏事时，扔出一串项链或者钥匙，这常常会导致狗狗对噪音的恐惧。恐惧的狗狗（也包括惩罚引起的恐惧）会用三种克服恐惧的策略做出回应——求和、示弱和攻击。狗狗曾经成功使用过的策略，会在以后类似的场景中反复使用——如果这个策略是攻击而不是其他屈服的行为，对我们人类而言就太糟糕了。至少在狗狗的眼中，它与主人之间的信任还将继续受到影响，因为疼痛、沮丧或者变异的攻击都会导致狗狗对主人、家庭成员、陌生人或者同类进行反击▲10。

有时，我们不得不感慨那些对狗狗实施惩罚或暴力的“两条腿生物”他们活下去的勇气在哪里！正是狗狗表现出的极高的社会性坦诚才保护了这些丧心病狂的人，使得他们不必住到重症监护室里。同时，我也不愿意相信，一只因惩罚或者暴力威胁而受到严重惊吓的狗狗就不会为了生存而进行反抗。

有些狗狗由于受到了过于严厉的惩罚并且也没有逃跑的机会，从而陷入学习型无助的极端状态▲11或者发展为普遍性恐惧▲8，神经衰弱，或者有完全屈服的趋势。它们已经从经验中领悟到，无论是和解、示弱还是攻击都无济于事。于是，它们的行为能力几乎全部丧失了▲7▲11。

狗狗的迷惑：许多狗主人前后不一致的行为方式，即对相同的行为今天表扬明天惩罚，对狗狗而言无疑是一种负担。面对这样的惩罚，狗狗没有机会改正它们的行为。如果能给它们展示一个好的替代行为，然后主人通过表扬来强化这种行为，那将皆大欢喜，狗狗还是喜欢做出正确的行为。

把折磨式惩罚理解为关注：极为荒谬的事情是，狗狗会把惩罚错误地理解为关注，特别是不该出现的惩罚。主人的回应——无论是打还是骂——都已经是一种奖励，狗狗想："至少我不会再被忽视了。"例如，主人拍打狗狗的爪子可能被它错误地理解为"鼓掌喝彩"！

当狗狗大叫时，主人总是反复喊出的固定中止口令——"不行"、"放下"、"恶心"或者"安静"——根本不起作用。如果主人从来没有教会狗狗理解这些口令的含义，狗狗会继续大叫，因为它把主人的反应理解为对它这种行为的肯定。最终的结果是，双方一直都在进行互不理解的对话。

抓住口鼻和揪拽颈部的毛发——恐惧的起因

2

1 母狗用"张开嘴咬住"小狗崽表示对它的责备。成年犬则用这个动作宣示自己在狗群里或者在争夺资源的战斗中的优势地位。而在真正的矛盾冲突中，狗狗决不会使用这个动作。当狗狗不顺从或者不执行口令的时候，主人会抓住它的口鼻处，但在狗狗看来，这个做法是不合适的。

2 咬住小狗崽颈部的毛发可以安全地运送它，但这却从不代表是对错误行为的斥责。狗狗跟狼一样，只有在所谓的对猎物的"死亡摇晃"，或者在与同类的正式争斗中才会用力地摇晃对方颈部的毛发。而人类的这个动作则会导致狗狗的屈服、迷惑，以及对"手"的恐惧或者激烈的反击。狗狗将它视为是威胁生命安全的动作。

通过正面强化和负面强化来学习（三个模型）

1. 学习生物学 / 心理学的定义： 正面 = 补充，负面 = 去除（非评价性的），强化 = 表扬	• 行为被强化	1. 正面强化（补充正面的） 2. 负面强化（去除负面的）
	• 行为被减弱	1. 正面惩罚（补充负面的） 2. 负面惩罚（去除正面的）
2. 神经生理学的定义： 评价性的，负面的强化 = “惩罚刺激”，正面 = 提高个体的身体健康，负面 = 降低个体的身体健康	• 正面强化 = 行为更可能出现	1. 补充正面的 2. 去除负面的
	• 负面强化 = 行为更加不可能出现	1. 补充负面的 2. 去除正面的
3. 强化剂的定义（俗称：表扬和惩罚）	• 表扬	一个行为的反应 / 结果，能提高将来出现这个行为的可能性
	• 惩罚	一个行为的反应 / 结果，能降低将来出现这个行为的可能性

陈旧惩罚方式中的“经典”

对狗狗进行惩罚的人常常这样为自己的行为进行辩护，即“这在训练和教育狗狗当中是司空见惯的做法”。

“阿尔法”的角色

这是一个传统的让对方屈服的措施，“头儿”把狗狗摔得仰面朝天。这里涉及人对动物行为的错误解释。没有狗狗会为了让其他狗狗屈服于自己，而将其摔得仰面朝天，而是两只狗狗中的一只会平躺在地上表示被动的屈服，以此行为来缓和争斗。结论是，狗狗的这种策略既不会被理解为惩罚，也不会被理解为失败，仅仅是社会接触中的矛盾解决方法。许多人认为，他们作为“所有物种中最高等的阿尔法动物”，有权利通过把狗狗摔得仰面朝天和语言上的训斥，让狗狗屈服，以此告知它的错误行为。但是他们不知道，狗狗并没有把“阿尔法角色”理解为“屈从性练习”，而将其视为生命的威胁。它们可能的反应是对感受到的生命危险进行激烈的回击或者无助地坐以待毙，两种反应都会影响狗狗和主人之间的信任关系。

“揪拽颈部的毛发”和“抓住口鼻”

其他陈旧的狗狗教育方法还包括所谓的揪拽颈部毛发和抓住口鼻。揪拽狗狗颈部毛发常常被误解为一种教育方式，而这种教育方式同“阿尔法角色”一样毫无教育意义；另外，如果我们把抓住狗狗的口鼻视为一种教育方法，尤其是针对不顺从的或者甚至有攻击性的狗狗，那么这将是被狗狗狠咬的最佳机会——千真万确！

折磨式惩罚和学习

许多人把抓住狗狗的口鼻、揪拽狗狗的颈部皮毛或者其他的训斥都视为纠正措施，但事实上他们只是制造了压力，狗狗根本不理解这些动作的含义，以及它们跟所发生的事件的关系。我想用一个案例来阐述：狗狗应该停止大叫，主人常常会说“烦人，安静”；当狗狗多次不能执行口令时，主人会用手抓住它的口鼻。

狗狗从中学到了什么？一方面，狗狗能够理解“烦人，安静”这个指令表示它不能再大叫了，因为主人也抓住了它的口鼻。但是另一方面，主人至少是又碰触了它，它会认为这是对它“优美叫声”的赞扬；或者只要出现“烦人，安静”这个口令，主人马上就会让它感觉到疼，所以它的反应是赶紧跑开，到远处继续大叫。

狗狗应该学会什么呢？“烦人，安静”，然后狗狗不再大叫，做出替代行为，为此得到主人的表扬。想要达到这个目的，只有当纠正信号或者终止信号，例如“停止”或者“烦人”能够真正起作用的时候才有可能。也就是说，这个口令也必须跟其他任何口令一样，分成前后两个阶段进行成千上万遍的重复练习，并且通过奖励巩固它。这里请像其他任何口令一样，请不要大喊、不要抱怨，而应该始终如一友好地跟狗狗交谈！

既然惩罚，就得严厉些

我们知道，压力分为正面压力和负面压力，这跟惩罚相类似。为此我们对比两个狗和主人的团队工作方式。

团队 1：团队 1 的狗主人是传统的“折磨式惩罚”的忠实拥护者。当狗狗不顺从或者做出其他不良行为时，主人会骂它或者打它。这给狗狗带来了负面压力并且让它感受到威胁。为了避免身体或者精神上的疼痛，这只狗狗服从指令的动机是出于恐惧。恐惧和学习是不能互相促进的——每一个曾经因为恐惧考试表现不佳的人，都知道我在说什么。恐惧[8]能够干扰[9]学习，以致狗狗几乎不再能够应对变化的日常状况。恐惧还妨碍了对学习非常重要的存储到长期记忆这个环节，因此，“折磨式惩罚”就会在同样的或者类似的场景中不断地重复。不仅是狗狗感受到了负面的压力，大叫着的、给狗狗威胁或者打骂着的主人也同样感受到了。双方都处于沮丧中，这有损健康并且妨碍学习过程，双方都不能摆脱负面情绪的影响。

正确地忽视

小贴士

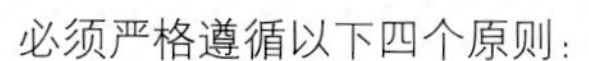

必须严格遵循以下四个原则：

1. 不要跟狗狗讲话。
2. 不要看它。
3. 不要碰触它。
4. 自己处在放松的状态。

每个方面都很重要。主人通常能正确地做到 1-3 点，却总是忽视自己的心理状态。他们的紧张情绪已经被狗狗发现了，对狗狗而言这就是回复。

团队 2：主人在需要的情况下才会使用“减压式惩罚”，以便纠正狗狗的行为。不停大叫的狗狗首先被忽视，同时主人故意远离它，让它感受到社会孤立。这样就没有给狗狗补充负面的信息，而是更多地接受了正面信息。也就是说，家庭成员在身边，意味着他们管理着对狗狗而言非常重要的资源，比如抚摸、食物、社会融入等等。拿走重要的、正面的东西也是一种惩罚，毫无疑问，狗狗会觉得紧张。因此，它们有期望重新获得资源的动力。于是，它们会非常配合，通过做出受欢迎的行为重新得到重要的资源。

减压式惩罚的秘密——负面惩罚

是的，我们会使用像第 2 团队那样的方法，惩罚我们的狗狗。在训练中补充狗狗期望得到的奖励（食物，社会接触，抚摸等）。现代训练者已经达成一致，即不使用这种负面惩罚的训练是不成功的。但重要的是，绝不要单独使用这种方法，而是让狗狗尽快得到因它做出的受欢迎替代行为的奖励（= 正面强化），避免让狗狗陷入长期沮丧。确切地说，这也是一种间歇性的奖励，我在训练中也并不是在它每一次完成指令之后都给它一块点心。此外，负面惩罚和正面强化的组合如果使用得当，不仅能取得预期的教育效果，还能避免“折磨式惩罚”的那些副作用。

因为人不具备对动物进行正确地折磨式惩罚的能力，所以在实践当中常常给动物带来许多负面影响。然而，我们还有很多可选择的方式，向狗狗显示我们不喜欢它们表现出来的不良行为。一方面，我们必须采取合适的阻止措施，让它的行为不成功，例如如果狗狗特别喜欢猎捕，在多猎物区域奔跑的时候就得给狗狗拴上狗绳。如果狗狗喜欢偷取狗粮 / 食物，那么我们烧烤时就不能让它单独待在附近；另一方面，我们可以取消或者拿走狗狗喜欢的东西（例如抚摸、食物、玩具、语言上的表扬、游戏等），直到它做出我们能够接受的替代行为为止。

让狗狗的不良行为不能成功，这意味着它们不会从我们这里得到任何反馈，也就是说被忽视。许多狗主人都知道，忽视狗狗就意味着不跟狗狗说话，甚至不看狗狗去做其他的事情。然而，要保证忽略行为的成功还需要前后一致地遵循“四个原则”（参见 207 页小贴士）。许多狗狗对完全忽视的反应是彻底地、惊慌失措地无助，它们会尝试着无论如何都要重新融入家庭之中。

要让狗狗立刻听从指令，如图所示的“放下”口令，没有成千上万遍的重复训练是不可能的。

避免沮丧：避免让狗狗长期陷入沮丧也是同样重要的，因为它会困惑：“我完全不知道，我该做些什么了。”主人应该利用这个机会，把对它的关注转变为让狗狗参与训练的信号并紧接着给予奖励，以此增强它的自信：“是的，这件事情我是做对了。”这样狗狗就能够非常理智地接受在成功和失败中学习。

退休的狗狗——日常生活中的风险与机遇

跟人相类似，狗狗的寿命变得越来越长，这与动物的科学饮食以及兽医学的发展是密不可分的。狗狗的寿命在个体间的差异很大，首先取决于它的体型。体型较大、较重的狗的寿命（8–12 岁）比体型较小的狗的寿命略短些（12–17 岁）。

老年性的行为障碍

身体上的变化通常是可以观察得到的，例如髋关节疾病、膝关节疾病或者心血管疾病。但是，如果老年犬仅仅表现为越来越频繁地出现一些特殊行为，它们被送到兽医那里的时间则会相对晚一些。这些特殊行为包括突然变得不整洁、辨认困难、恐惧以及对恐惧的恐惧症、老年痴呆的普遍症状、失眠、持续地大叫、分离恐惧、突然的攻击等。所有这些变化都会对狗狗的生活质量以及它和主人的关系产生巨大的影响。出现行为障碍的狗狗通常在 7~11 岁之间。狗狗的衰老过程既包括身体上的、也包括精神上的衰退，这是中枢神经系统衰老的表现，例如神经损伤、退化等。狗狗大脑的这种生理性改变跟人类的阿尔茨海默症相类似，被称为认知功能障碍（CD）▲9。

认知功能障碍（CD）

下面列举的特殊行为常常出现在狗狗老年疾病的初期：

认知功能障碍（CD）的症状：

- 辨认困难，即延迟辨认或不能辨认出曾经认识的人和物▲5
- 卫生状况越来越糟糕
- 与人或者同类的社会接触发生转变，例如，不友好的问候，服从指令速度减慢或者不服从，对游戏失去兴趣▲6，对熟悉的人和其他狗狗发怒攻击▲10
- 作息规律紊乱▲2，白天睡眠时间延长，夜晚睡眠时间缩短，并且大叫，狂吠（不是大小便需求）或者不间断地跑来跑去
- 无精打采▲7（也包括短暂的）
- 焦虑、哆嗦、颤抖▲4
- 越来越频繁地大叫，啜泣，长时间没有原因地嚎叫（特别是在夜晚）
- 突然出现分离恐惧
- 对周围环境和食物兴趣降低
- 突然出现刻板行为▲1（例如不间断地跑来跑去，转圈等）

• 对突然变化的环境缺少适应能力

• 无法缓解压力

认知功能障碍的表现常常被主人错误地理解为正常的老年现象。因此，绝大多少情况下，狗狗会在患病几年后才得到诊断和治疗。可惜许多人并不知道，即使是高龄的狗狗仍然有学习能力，在训练得当的情况下仍然能够学会新的“口令”。而患有老年痴呆的狗狗却没有学习能力了，看似最简单的事情它们也会忘记。健忘以及由此引发的主人对不顺从的抱怨是非常常见的。这意味着狗狗的退化已经相当严重了，它的生命可能只剩 18~24 个月了。如果狗狗的这种发展速度很快的大脑退化能够被提早发现，并且进行相应的治疗，狗狗能够存活的时期会长很多。因此，请您规律性地带着老年犬去兽医那里接受检查（身体和精神上的）。

其他的老年问题：当然，即使出现上述症状，也并不一定意味着老年痴呆，或许有其他的病因，例如，视觉和听觉的衰退常常是由眼部和耳部的疾病引起的（青光眼，慢性耳炎或者其他疾病）。特殊的老年疾病必须得经过专家的详细诊断之才能得出结论。

如果狗狗患有认知功能障碍，我们能做些什么呢？

如果兽医已经诊断为认知功能障碍并建议进行专业的动物行为治疗，那么他会制定详细的治疗计划，并给您一些药物。

除此之外，您还可以做下列事情：

• 找出让狗狗承受折磨的原因（有可能的话，在行为专家的陪同下），假如是噪音，试着清除噪音源。

• 改变训练模式，在给出口令时使用清晰的信号，包括视觉和听觉信号，并配合使用其他的指示物，例如响铃或者箭头等。

• 每天多次带领狗狗短时间地散步，引起它对周围环境的兴趣。

• 训练过程中，如果狗狗能顺利完成指令，则给予夸张的表扬，以增强狗狗的自信和动力；此时，要特别留意狗狗较长的反应时间，也就是说，您得耐心地等待狗狗完成任务。

• 尽可能多地陪狗狗玩耍，例如一起玩球，或者通过唤回游戏、合作游戏（例如

老年犬，但却还没有那么老，还能够继续学习！但是请您一定要留意它们较长的反应时间，请耐心地等待它们执行口令。

一起跨越一个大树根）等巩固主人和狗狗之间的关系。

- 狗狗独处的能力以及承受分离恐惧的能力通常情况下会越来越差。主人必须特别留意，有可能的话请人代为照顾或者尽量带着它。

- 请使用那些狗狗熟悉的、清晰的信号或者规定。

- 如果您的狗狗又变得不爱清洁，通常情况下您得重新训练它的卫生习惯。请您比以前更加频繁地带它去散步，特别是在睡眠、进食或游戏之后，如果它能在外面的草地上排便的话，尽可能夸张地表扬它。

- 保证您的狗狗有充足的、不被打扰的休息和睡眠时间。

您应该避免：

- 面对狗狗的不卫生、不顺从或者不听从口令，请不要惩罚它。

- 不要对狗狗要求过高或者过低（包括身体和精神上的），不要让它产生担忧或者恐惧（误解或者攻击的危险）。

- 不要鼓励狗狗去做它不能胜任的事情，例如，当一只好动的狗狗不断地邀请它一起玩耍，却没有发觉它根本就无意玩耍。

狗狗饲养的十条黄金法则

1 奔跑型动物：狗狗每天至少需要两小时的自由奔跑，没有狗绳的束缚、在自己领地之外的自由奔跑，因为它们有比人更多的运动需求，并用鼻子、耳朵和眼睛来感知周围环境。

2 社会化动物：狗狗作为社会化程度较高的生物必须生活在家庭之中，并且建立跟人或者同类之间的联系。

3 与同类的接触：如果狗狗单独生活在人类家庭里，它每天需要跟同类进行多次广泛的、深入的、不受人类干扰的自由接触，以便学习安全的社交能力并且掌握这种能力。

4 消遣：狗狗需要在周围环境中找到乐趣。因此，请不要让狗狗长时间跟家庭分离，不要超过它能承受的极限。

5 与人类的接触：狗狗有跟周围的人接触的需求，因此，它们每天都需要跟家庭之外的人接触。

6 交际型动物：狗狗具有优秀的表达能力，能够通过面部表情、手势和肢体语言进行很好的“沟通”。在交流和训练过程中，我们要特别留意。

7 学习型动物：狗狗的学习能力极佳，主人们必须发掘其潜力并且督促狗狗学习。因此，狗狗也需要精神上适量的压力。

8 适合种类的饲养：狗狗需要符合其遗传天性的饲养方式，也就是说，必须要同时考虑到某个种类的以及个体的特征。

9 适合其需求的饲养：狗狗需要跟它的需求相适应的喂养方式和照顾方法，以及与其行为相适应的住所。请不要让狗狗承受疼痛、痛苦和折磨。

10 不要折磨式惩罚：请不要对狗狗进行语言上的或者精神上的惩罚，请避免由惩罚给它带来的恐惧感。

第 4 章

人与狗狗——最好的伙伴

每个狗主人都期望着和谐快乐的共同生活。狗狗在幼犬时期的经历已经为此打下基础。

幼犬时期——决定狗狗的未来

许多狗狗的主人采用了正确的饲养方式。但是，根据我每天在兽医诊所的经验，也有很多主人采用了错误的饲养方法。因此，在本章节中我想给你们提供一些关于购买和喂养狗狗的特殊建议。

亲爱的读者朋友们，在这里请允许我们谈论一下关于购买小狗崽的年龄问题。根据德国《动物保护法——关于狗的条例》的规定，小狗崽出生后第 8 周才允许离开母亲转交给买主。然而，不具备保证幼犬社会化（通常从出生后第 3 周开始）所必需的与同类和人的联系以及饲养环境，狗狗在出生后第 5 周至第 6 周就进入家庭生活也是常见的。

幼犬时期——让步，为了更好的未来

野狼从一出生就得面对周围环境中一切影响它生活和生存的所有事物。相反地，每个幼犬的生命起始状态各有不同，这取决于它的出生地。

家庭教育——幼年时的“小”差异

只有从出生开始就对各种各样的生物（同类，人或者其他动物）和周围环境（噪音，物品等）有足够多的了解，狗狗才能适应将来的生活。通常情况下，幼犬最晚到饲养者转交给新主人的时候，就已经具备融入家庭的能力。

社会性融入：那些从出生后就已经适应与人类共同生活的幼犬当然具有优势。如果幼犬在一个有孩子和其他宠物的热闹的家庭中度过它生命中的最初几周，并且它对人类的手、噪音或者运动等就有了足够早和足够多的正面经验，那么它将对以后生活中出现的噪音、人、物品或其他动物都不会产生恐惧，融入新环境的过程也会相对更短、更容易些。

社会性孤立：相反地，如果狗狗度过了孤立的幼犬时代（例如狗笼饲养），它们就会缺少基本的经验或者没有进行足够的学习。因此，必须让它们尽快地摆脱孤立状态，不必像惯常那样等到 8 周之后才让它们融入家庭、跟人相处。如果这样的狗狗是家庭中唯一的宠物，那么应该让它们在每天的自由奔跑过程中有足够多的机会跟同类建立联系。它们不仅要学习与人相处，还要学习理解其他的狗狗。在幼年时期没有足够多的机会通过接触外界来学习的动物，长大后不能够或者不能完全正确地对日常状况做出自主的、没有恐惧的或者没有攻击性的反应。日常状况通常让它们感到无所适从，例如陌生的声音、气味、散步道路或者习惯的改变等。极端状况下，它们还会患上缺失症——一种不可逆的脑部损伤。那些生活在“田园般”的森林周围的幼犬也容易出现类似问题。

对幼犬各个成长阶段的影响

狗狗的幼犬时期指的是从出生到第 16 周。这段时期内，许多行为模式在参考体系（参见 262 页）中被固化或者被存储。

出生前阶段

在狗狗出生之前，饲养者就可以给小狗崽安排一个最佳的生命起点，他们可以有目的性地选择合适的、健康的、没有不良行为的狗狗进行配种。特别是雌性狗狗，必须拥有充分的应对日常生活和周围环境的社会能力。此外，饲养者应该保护好受孕的雌性狗狗，不要让其感受到压力，也不要让其感染疾病。

新生阶段

从出生到第 14 天，即所谓的“植物性”阶段，小狗崽似乎很少会有事情发生。在这两周里，它们的主要表现是对特定外界刺激的反射性回应。

小狗崽在刚出生时是看不见、听不到的。在生命最初的几天里，只有两件事情对它们而言是极为重要的：主动地寻找乳头和无论如何都不能失去与群体的联系。因此，小狗崽会不停地晃动脑袋做出寻找的动作，呼喊妈妈的帮助和转着圈四脚爬行。与兄弟姐妹和母亲依偎在一起是最棒的，这让它们感到安全和舒适。

在出生后不久小狗崽就会自己爬到“奶吧”旁边。为了吸吮到乳汁，小狗崽会用双脚按压母亲的乳头。它们已经能够区分温暖和寒冷，有味觉和感觉（例如，感受到疼痛），对高分贝的噪音表现出特定的恐惧反应，尽管它们的耳朵还不灵敏。总之，可以说小狗崽只是睡觉，吸吮母乳，长大和排便。天生的和由基因决定的行为方式，从小狗崽出生那一刻开始就不停地被外界影响和改造着。母亲对小狗狗的“求助呼喊”以及乞求式的舔舐等的回应都是本能。

兄弟姐妹间游戏式的争吵——每只狗狗都想赢，但是失败也是必修的课程。边缘性经验（Grenzerfahrungen）可以增强狗狗的自信心。

影响的可能性：在这两周之内，小狗崽获得了关于生命的基本信息，它们在成功和失败中学习。它们的身体不断成长，并且形成了完善的激素调节体系以应对压力。寻找乳头，找到乳头，与人类的手的接触，噪音、气味或光亮等，对此时的小狗崽都意味着压力，但这些都是积极的、正面的压力。从出生开始的正面压力的体验是至关重要的，小狗崽从中学会了解决问题的本领。避开正面压力会导致极为严重的后果。例如，人们总是要把小狗崽放到乳头旁边，而不是让它自己去寻找并且成功地找到，这样常常会导致滞后的或者不完善的神经细胞（髓鞘，神经细胞周围的蛋白膜）的发育，从而导致狗狗运动受限。用奶瓶喂养并且扩大奶嘴上的洞口虽然可以帮助小狗崽更快地进食，但是却妨碍了它们发展应对来自周围环境压力的忍耐能力。营造恒温的环境——通常狗妈妈都会这样关照小狗崽——却影响了它们的身体对温度的调节能力。您可以看到，过度和错误地照顾幼犬带来的不是良好的生活开端，而是严重的成长障碍。

小狗崽耳朵向后缩，用舌头舔成年犬的嘴角处。这表达了主动建立社会性联系的愿望，或者是为了乞求食物。

过渡阶段和定型阶段

出生后的第 3 周对狗狗来说是非常重要的。这一周也常常被视为是它们独立的发展阶段。在这个行为形成的阶段里，小狗崽已经能够固化它们出生以来所学的东西，它们的所有感官都被唤醒。这期间它们会睁开眼睛，逐渐有了听力并且会长出牙齿。它们能够更好地了解周围世界了，因为转着圈地四脚爬行逐渐变成了可以控制的跟随运动。小狗崽会独立地离开狗窝，到固定的地点大小便。它们的睡眠时间慢慢缩短，与同类以及人的互动越来越多，并且越来越深入。它们会越来越多地做出最初的“沟通形式”，例如嗅闻、大叫或者摇尾巴等。它们已经为之后无障碍地与同类进行沟通做好了准备。

影响的可能性：饲养者或者主人在此期间应该保证小狗与同类以及人类有多种多样的正面接触，另外还要保证它们有充足的运动。总是有很多狗狗患有“狗崽平趴综合征”，这些小狗崽不能独立地站立，平趴在地上，口鼻着地。其原因是前面已经提到过的神经细胞发育的不完善，特别是直立部分的肌肉。这是小狗崽常常被人放到其母亲乳头旁边所导致，使得小狗除了缺乏足够的对压力的忍耐力，还会出现肌肉功能障碍。规律性的

提高小狗崽的狗舍清洁能力

饲养者可以让小狗崽学习关于狗舍清洁最重要的基础内容：狗狗长大后会在排便时偏爱某种它在幼年时期熟悉的特定的土地。在狗笼中长大的狗狗会偏爱混凝土，以后可能是柏油地。报纸也可能成为其排便的地点。如果饲养者经常带着小狗崽去草地，那么它们就会偏爱草地。当小狗崽在被允许的地点完成排便并得到表扬时，它们就了解到了关于合适的排便地点的最初信息。

肢体“伸展练习”能够激活肌肉的紧张程度，从而产生神经细胞中的髓鞘——大部分新出生的小狗崽身体是健康的。

小狗崽自主地离开“狗舍”去排便，这是“类似土地偏好”（参见 261 页）的开始，例如草地、沙土地等等。这一过程中，小狗崽学会了偏好某种特定材质的土地。如果小狗崽已经掌握了狗舍清洁的基本能力，它随后的主人应该感到高兴，因为接下来的训练要容易很多。

社会化阶段和习惯养成阶段

小狗崽出生后的 3~16 周对其将来的生活影响非常大。这个阶段也被称为“海绵阶段”，因为狗狗像海绵一样吸收所有的新知识。此时的学习对小狗来说前所未有的容易，并且印象深刻。出生 3 周之后，小狗崽学习的动力越来越大，它们对世界充满了好奇。此时是它们一生中唯一能够毫无畏惧地广泛了解周围环境的机会，并且也不会受到主人的干预。它们能够通过面部表情、肢体语言和不同声音与同类和人进行更加密切的沟通。它们与母亲之间的互动越来越多，也开始与兄弟姐妹进行最初的社会性游戏。周围环境中的重要信息被小狗崽的大脑收集，并进行相应的加工、处理和储存，也就是说，小狗崽在这一时期学会了与同类（3~6 周）和人（6~12 周）以及其他动物（12~16 周）相处的基本原则，也能够进行沟通。特别是在后面 1/3 阶段，小狗崽还将学习适应周围的环境（例如噪音、汽车、街道、电梯等），这些都不是天生的！即使是与其他狗狗的交流（“狗语”）也是后天学会的。许多新的信号也开始在小狗崽身上起作用，只是每个小狗崽的反应不同，学习的过程也不同。兄弟姐妹之间学习效果的差距会很大，它们从学习过程收集到的正面和负面的经验都会被作为“正常行为”储存在多维度的参照体系中。也就是说，小狗崽在它的头脑中制定了一本“百科全书”，包括积极的篇章（孩子，猫，人类的手，声音等）和消极的篇章（马路交通，旋转门等），它们可以在之后的生活中随时查阅。我们可以想象，它们习得的经验就像被储存在一个五斗橱无以计数的抽屉里。如果一个重大事件被定义为“好的”或者是“差的”，它会被储存在其中的某个抽屉里；之后它们可以快速地打开相应的抽屉，提取信息与自己的行为相比较，并且相应地调整自己的行为。如果一只小狗崽在出生后的前 12 周内与不同种类的狗狗或者不同的人进行了足够多的正面接触，那么在之后的生命中它会处变不惊。它既不会因为看到突然钻出地面的地下施工者而感到震惊，也不会因为在散步过程中遇到了从未见过的稀有种类的狗狗而慌忙逃走。

大脑发育健全会经历一个复杂的成长过程和细化过程。小狗崽得到的外界刺激越多，它们的大脑细胞构成的网络就会越发达，记忆力也越强。等它成年后，就能够通过不同的行为策略来更加有效地应对周围环境中的刺激。相反地，缺乏对特定事物的了解，则会影响或者阻碍大脑的发育和成熟。所谓心理上的感觉剥夺损失（参见 256 页）的一个案例，是在 20 世纪 70 年代对狗狗进行的行为实验。在实验中，一组小狗崽从出生后睁开眼睛那一刻到它们 16 周都被关在黑暗的狗笼中喂养。实验结果是，尽管它们的眼睛在生理组织上是完整的，但狗狗却是瞎的，因为它们的大脑没有机会学习怎样处理光线。从中您可以看到，无法避免的负面经历会带来严重的后果，但对狗狗随后的生活而言，更加糟糕的是“愚蠢地死去”。

与同类相处的可能的影响：小狗崽出生后就有与兄弟姐妹和狗妈妈的接触。日常

抬起前爪压住兄弟姐妹是明显的示威行为，最初的争斗是玩耍式的。

生活中，狗主人应该扩大小狗崽的接触范围，让它们有机会能与更多的已经进行了良好社会化的不同种类、不同体型和不同年龄段的狗狗进行接触。在这样的接触中，它们会遵守行动–回应原则，在所谓的社会性游戏中学会理解其他种类的狗狗所特有的、天生的面部表情（例如威胁表情，退让表情和示弱表情等），肢体语言和叫声语言，并且做出相应的回应。

• 小狗崽的这种察觉和表现自我的学习过程（社会化的重要组成部分）只有在不受主人影响的前提下（没有狗绳，没有召唤口令），经过无数次的反复练习才能成功进行。让小狗崽参加所谓的狗崽游戏小组是非常有益的。游戏小组通常由 5~6 个 8 周 ~16 周大的小狗崽组成。它们能够在合适的社会性游戏中共同学习，例如在争夺玩具、食物或者其他资源的游戏中学习得与失；或者学习非常重要的控制咬合力（参见 255 页）。当其中一只小狗崽对另一只表现得过于狂野和激烈，用力地撕咬了对方的耳朵，对方会冲着它大叫然后跑开。“野蛮者”愣愣地坐在那里，看着它的同伴跑远，会想：“它为什么不跟我玩了呢？我做错了什么？”它回想起刚才的游戏，发现了其中重要的转折点：“刚才我用牙齿咬住的是它的耳朵啊，这肯定不是一个好主意。下次我会更加谨慎些。”小狗崽和主人的共处时光也不应该仅仅是单纯的游戏时光，小狗崽必须学着与人类沟通，以游戏的方式接受最初的口令训练。此外，狗狗的主人必须学习关于狗狗的行为方式及与种类相适应的喂养知识。

狗狗的脑袋和身体的接触发出清晰的信号：“我们的关系很亲密。”

• 同样重要的是要监控小狗崽之间的游戏，如果一旦出现不良行为，必须马上予以纠正，从而避免某个个体的恐惧和压力。“围攻”（参见 260 页）是狗狗猎捕行为的特殊形式，那些体型偏小和胆小的狗狗常常被其他同类视为猎物进行追踪或者威胁。关于小狗崽能自行解决它们之间的矛盾的假设，迄今仍然没有得到普遍的证实。如果一只小狗崽被其他同伴定义为“胆小鬼”，并且常常被玩弄，而它却没有足够的能力来应对这种清晰的感受所带来的压力。逃跑未必是可取的，因为对方会把它视作猎物重新开始猎捕行为。这个小狗崽缺乏正确的沟通方式，它原本应该站住或者缓慢地撤退。

对所有小狗崽而言其结果是严重的！被围攻的小狗崽成年后会成为社会化程度较低的狗狗，它会对同类采取因恐惧而产生的攻击性行为；围攻的那些小狗崽则通常会成长为令人讨厌的狗狗，它们会没有任何交流地追踪其他同类——众所周知这种行为是非常危险的——有可能会致命。

没有普遍的“对小狗崽的保护”，但是却有家庭内部的公平。过于调皮的小狗崽会被狗妈妈咬住进行教育，当然妈妈是控制了咬合力度的。

• 这个世界并不是安乐王国，每一只狗狗都必须学会它不能马上得到它想得到的所有东西。因此，学习克服沮丧的能力对狗狗而言也是非常重要的。4~5 周的小狗崽就可能出现初次的沮丧行为，因为“狗妈妈”的乳汁越来越少，小狗崽起初不能接受断奶，它们为此感到沮丧，也感受到压力，可能的应对方式或者是用力地咬乳头吸吮空气，或者是逐渐地适应这种状态。此时“狗妈妈”和人都可以帮助它们。狗妈妈会迅速地跑开，用利齿咬住捣蛋鬼，因为这种毫无顾忌的索要让狗妈妈感到疼痛。此时狗主人可以给小狗崽提供合适的食物，小狗崽从中学会了，对沮丧的克制能带来巨大的好处。

• 在这里有必要指出，小狗崽对成年犬的“玩耍式的自由行为”，也被称作“对小狗崽的保护”，常常被错误地理解了。仅在同一个家庭内部的狼或者狗狗之间才有这种行为。如果没有亲戚关系的狗狗在日常生活中相遇，成年的犬没有义务保护其他的小狗崽。小狗崽必须学习通过使用特定的退让和示弱行为化解与成年犬之间的矛盾冲突。只有当小狗崽的示弱行为被接受的时候，才能避免成年犬的攻击。如果冲突双方都没有足够的社会化，就存在着巨大的受伤甚至是致死的危险。

与人的接触可能产生的影响：主人应该让小狗崽从小就有机会与身高、年龄、文化程度、着装、语言、运动方式或者肤色不同的人进行积极的接触。从出生到第 16 周，可以逐渐提高小狗崽与人接触的深度和频繁程度。与小狗崽跟同类的接触相类似，它

一步一步地了解世界

适应同类

• 每天带狗狗散步，让它有机会跟不同个性、不同类型和不同性别的狗狗在无拘无束的状态下进行交流。

• 当另外一只狗狗出现的时候，不要给小狗崽拴上狗绳或者“把它抱起来”。

• 在狗狗交流期间不要打扰干预它们，而是远远地观察着它们的交流！

• 让狗狗去好的狗学校学习，并且安排它与同龄的狗狗们接触。

适应人类

• 每天带着狗狗去购物，去咖啡馆，去见家里有孩子的朋友，去做运动等；起初持续几分钟，随后逐渐延长到一至两个小时。

• 让狗狗在与人接触的过程中有独自安静休息的机会。

• 安排熟人或者陌生人带着孩子、小婴儿或者其他狗狗进入自家狗狗的领地。

• 让狗狗有机会接触不同年龄、不同肤色、不同性别的人，尤其是孩子。

• 让狗狗有机会接触有身体残疾或者有精神障碍的人、坐轮椅的人、使用行走辅助仪的人等。

• 让狗狗有机会接触正在工作的人，穿着工作服或者制服的、带着头盔或者防护眼镜的、拿着包或者工具的、穿着飘动的外套或者撑着伞的等等，例如邮差、地下工程的建筑工人、提着工具箱的流水线工人、夹着公文包的保险公司职员、提着乐器箱子的音乐家等。

• 让狗狗有机会接触快速运动的人，例如摩托车驾驶者、骑自行车的人、慢跑者、散步的人、玩轮滑或者放风筝的人、冲浪者，以及奔跑着的孩子。

• 让狗狗有足够的时间与不同的人进行积极的接触，通过食物、语言上的赞扬或者抚摸等，对狗狗没有恐惧的行为进行表扬。

适应其他生物和周围环境

• 让狗狗有机会接触不同种类的动物，既包括大型的家畜动物（马、牛、山羊、绵羊等），也包括其他家庭宠物，例如猫、荷兰猪、豚鼠等。

• 让狗狗有机会接触具有猎捕能力的动物，例如啮齿目动物、鸟类以及猫（挑选友好的、与狗狗有相处经验的猫）。

• 让狗狗适应马路交通，让它们有机会乘坐小轿车、公交车、火车、电梯等。

• 让狗狗适应所有的日常噪音，例如家用电器的声音、门铃声、爆炸式的噪音（暴风雨、射击等）。

• 让狗狗适应不同材质的地面，例如沙地、土地、草地、混凝土地、柏油路、木头、铁锈、石头路或者岩石等。

• 让狗狗适应不同的奔跑区域和不同的地貌，例如山脉、森林、田野、草地、沙滩、平静的或者流动的水域等。

• 让狗狗练习跳过障碍物、走平衡木等，为了锻炼它的运动协调能力。

它们也根据行动 – 回应原则学习了解人的不同的面部表情、肢体语言和所讲的语言，并且学习恰当的回应方式。亲爱的读者朋友们，请允许您的小狗崽出现“适当的”不顺从，请让它们自由地接触陌生人。请原谅小狗崽的“小过错”，例如偷取了一个香肠面包，这比之后拥有一只见人就害怕的狗狗要好得多。我们可爱的小狗崽与不同的人接触之后的“收获”也会给您带来“红利”，请您享用这份“红利”，并且允许它们跟人或者同类尽可能多地进行接触。

狗狗会把跟人的接触视为一种表扬，它们从出生开始就有强烈的取悦人类或者至少是引起人类关注的动力。然而，我们常常错过了锻炼狗狗独立自主、果断勇敢的重要时机，从它们出生后的第一天开始，我们就安排了狗狗日常生活中的所有细节。通常情况下我们会为狗狗操劳一生，这对我们主人和狗狗而言都是一种巨大的负担，让双方都疲惫不堪。

与环境的接触可能产生的影响：压力和恐惧会影响小狗崽的成长吗？如果我们观察狗狗的恐惧行为和探知行为的发展过程就会发现，小狗崽大约从第三周开始就对探知周围环境产生了巨大的兴趣，一直到第五周它们都是毫不畏惧的。但是从某个时间点开始，特别是从第八周开始，小狗崽的恐惧感会逐渐加强，好奇心则逐渐减弱。

逐渐加强的恐惧感和逐渐减弱的好奇心有什么生物学含义呢？从出生后第 5 周开始，小狗崽主要接触的是各自的家庭成员（同类和人）。在这段时期内它们不会有太多的其他经历，恐惧感尚未形成。大约从第 6 周开始，特别是从第 8 周到第 10 周开始，小狗崽的活动范围越来越大，与其他生物和周围环境的接触也越来越多，客观和主观的危险都增加了。这一时期形成的恐惧感让小狗崽不再盲目冒险了。其实，适当的恐惧有时是可以挽救性命的。因为，在恐惧中狗狗学会了克服恐惧的策略——示弱行为、缓和行为和攻击行为。只有这样，小狗崽才能够学会在未来面临压力时的处理方式，同时避免身体上的伤害或者精神上的负担。即使是同胞出生的小狗崽，通过不同的学习经历，在面对同一个压力源时，例如噪音（暴风雨天的雷声）做出的反应截然不同（逃跑或者睡觉）。长期处于压力状态下的狗狗和没有学习过怎样正确应对压力的狗狗都会处于持续的警戒状态，即痛苦状态。它们既没有学习能力，也不能独立地处理危机。此外，它们还面临着另一个威胁，即忘记它们曾经习得的能力。

与小狗崽的相处

通常情况下，您应该避免让小狗崽在与同类、人、其他动物或者环境的接触中长期感受到伤害和压力（痛苦、折磨）。对小狗崽的训练既不能在压力状态下，也不能在折磨式的惩罚中进行。如果小狗崽已经产生了恐惧，请您不要通过例如安慰来肯定恐惧的存在，加深它的恐惧感。请您忽视恐惧，中止今天的练习，第二天继续进行更容易些的训练内容。如果您已经毫不吝啬地对狗狗的点滴成就给予足够多的表扬，那么请鼓励您的小狗崽去取得更快更大的进步吧！

不要狗笼喂养！不论白天还是夜晚，狗狗都需要与家庭成员保持持续的联系。如果长期地孤立狗狗——无论是把它关在狗笼里、地下室或者马棚里、猪圈里，或者是让狗狗长期被狗绳拴着待在狭小的户外空间里——都是不合适的做法，都会妨碍狗狗的行为发展。这样会导致狗狗精神上和身体上的双重伤害，同时也违背了动物保护法！

找到合适的狗狗——哪只狗狗适合您？

您想要喂养一只狗狗吗？为了能让您在购买时做出正确的选择，下面我们集中关注一下所有的注意事项。

从饲养者手中购买幼犬

喂养小狗崽，无论是杂种狗狗还是纯种狗狗，都是费神费力的事情，需要私人饲养者或者商业饲养者具备许多知识和能力。

饲养者对狗狗生命起点的影响

所谓商业化的培育者饲养的小狗崽，无论是来自网络还是汽车后备厢的“特价狗崽”，通常拥有极少的、大多是消极的生活经验。在被交给新主人的时候，小狗崽经常是没有经历社会化，有着身体上的伤害或者精神上的障碍等等。此时的购买者满是同情心。这里建议您放弃接受这类受伤的狗狗，因为您的购买间接地支持了对小狗崽的恶劣饲养条件！

在如今人和狗狗共同组成的现代化的家庭里，我们人类是狗狗最重要的社会伙伴，是我们使得狗狗能够在融入人类文明的过程中毫无恐惧地采取正常的行为方式。小狗崽从出生后第3周开始的社会化阶段是至关重要的，这是狗狗行为方式发展的关键时期，为此它们需要与同类和人有深入的接触，并且经历足够多的外界刺激。在幼犬时期没有经历过足够的社会化和习惯养成的小狗崽，成年后通常会表现出恐惧和攻击性。大多数的商业饲养者无法满足小狗崽成长期间所需要的、与其种类相适应的正确的喂养条件。

其他的建议：

• 在小狗崽出生后的第5周至第6周就带它回家，尽可能选择有同胞兄弟姐妹的小狗崽，或者是选择每天有机会接触其他同类的小狗崽。

• 改变对狗狗的喂养方式，让小狗崽学会保持“狗舍的清洁”。为了狗狗未来的发展，做出正确的妥协与让步。

您可以这样辨认好的饲养者

您应该留意以下几点：

这个饲养者可以考虑……

• 如果小狗崽与饲养者的家庭已经建立了联系，也就是说，小狗崽被养在家中并有可能到花园里玩耍。

• 如果饲养者让小狗崽有许多机会接触不同性别和不同年龄段的人（儿童、婴儿、老年人）以及不同种类的已经社会化的狗狗，并且能够证明他的行为。

• 如果狗妈妈表现得非常友好，没有攻击性；饲养者应该让购买者有机会接触狗妈妈。

• 如果饲养者允许您参观他的所有狗狗的饲养环境和生活环境。

• 如果小狗崽和它的父母都得到了很好的喂养和照顾，都很健康（如果可能的话，要求出示兽医出具的健康证明），没有恐惧也没有攻击性。如果狗爸爸没有跟小狗崽一起生活，应该让购买者能够跟其取得联系。

• 如果饲养者允许您在领走小狗崽之前可以随意来看望它并且抚摸它。

• 如果饲养者让小狗崽从出生后第三周起就开始习惯其他生物和周围的环境，并且告知购买者关于小狗崽自出生以来的喂养和管理、清洁训练的程度以及社会化程度等的重要信息。

这个饲养者不建议考虑……

• 如果饲养者把小狗崽独自养在狗笼里或者其他类似封闭的建筑物里。

• 如果饲养者有很多同时出生的胞小狗崽，但却只有很少的护理人员，可以推断，他是纯粹的商业性质的“狗崽生产商”。

• 如果小狗崽的爸爸妈妈对饲养者或者拜访者表现为恐惧和 / 或者有攻击性。

• 如果小狗崽本身或者它的父母处于不良甚至是很差的健康状况、饲养状况和身体发展状况，比如动物以及它们的生活空间都十分脏乱。

• 如果饲养者拒绝潜在的购买者进入小狗崽的饲养空间，或者不允许购买者与小狗崽及其父母接触。

• 如果饲养者与购买者的接洽以及与小狗崽的交接都是在饲养者的家庭之外的地

点进行，例如在动物市场等地点。

• 如果饲养者有意（出于商业目的）或者无意地（由于森林的安静环境、封闭环境等）让小狗崽没有经历社会化，没有形成固定的习惯，这样的小狗崽有患上“卡斯帕－家庭综合征”的风险（参见 259 页）。

选择成年的犬

如果您出于某种原因不是选择了一只幼犬，而是接受了一只成年犬的话，那么您带回家的将是一个“惊喜”。

来自动物之家或者私人喂养的狗狗

当然并不是所有的成年犬在被转交给新主人的时候都会表现出行为问题，“收养”过程对双方而言常常非常顺畅和谐。不过您得明白，许多狗狗正是因为特定的问题才被送到动物之家或者愿意转送给他人。大多数情况下，我们无从知晓这些狗狗之前的经历，您作为新主人并不知道您的狗狗曾经有哪些积极的或者消极的经历，然而这些

像一块海绵那样吸收所有新事物的小狗崽。这么容易学习的幼犬时期以后再也不会出现。

每天在不同环境中的发现之旅给狗狗带来无限的乐趣——没有狗绳的束缚，这真是独立又舒心的狗狗生活。

信息却是非常重要的，因为您需要在此基础之上从接受狗狗的第一天开始采取正确的方式对待它。

在此我非常谨慎地劝告大家，在不确定的情况下宁可放弃购买，也比把狗狗接到家里之后又不得不再次送回动物之家要好得多。

初次见面时的典型错误：作为狗狗的新主人，我们通常会对新的家庭成员的到来感到非常高兴。它们会越来越频繁地展示亲社会性的互动，与主人的关系也变得越来越亲密。抱着“它如今在我们家才是正确的归宿”的观点，我们会对狗狗的任何行为都做出回应。但是很久之后，我们可能才会发现，是我们被控制了，我们开始觉得“这狗狗真烦人”，它给我们带来的负担太繁重了。如果狗狗缺少对亢奋控制力和沮丧控制力的了解，它会逐渐变成“麻烦”的家庭成员；假如我们忽视了它想要引起关注的行为，它会突然表现出“从天而降”的攻击性，以平衡它内心的压力。因此，我们应该从最初就制定家庭内部的规则，以避免此类威胁发生的可能。

狗狗的种类与作用

狗狗的作用是多种多样的，不同狗狗之间的差异非常大。许多狗狗的主人就会产生疑问，究竟哪只狗狗更适合我呢？有没有对家庭成员特别友好的种类呢？哪些种类的狗狗特别适合“工作”，又有哪些种类只是适合做“宠物”呢？哪些种类的狗狗“最受欢迎”或者“最不受欢迎”呢？

作为陪伴的狗狗

我们期望狗狗是人类生活中可以信赖的陪伴者。因此在您决定购买之前，请您除了思考一般性的问题，例如您现在和将来的生活状态是否适合接收一只狗狗，还必须深入地思考，这只狗狗的天性决定了它更倾向于是一只功能型的狗狗，还是一只适合家养的宠物狗狗。

• 许多猎捕型狗狗的主人非常自豪，因为他们的狗狗是擅长猎捕的类型。拉布拉多犬、金毛寻回犬、腊肠犬、猎兔犬、赛特犬、史宾格犬等都属于这一类，但它们也能胜任日常生活的陪伴等普通宠物狗狗的任务。然而，主人们却没有考虑到猎捕型狗狗的后代通常会表现出天生的猎捕行为，而这在公众场所是不允许的（参见 115 页，变异的猎捕行为）。

• 适合工作的牧羊犬，例如边境牧羊犬、澳大利亚牧羊犬、哈尔茨山狐狸犬等，通常状况下会出现问题，因为无论在身体上还是精神上它们都得不到足够的锻炼。因此，“宅男型”主人必须慎重考虑，把类似边境牧羊犬这样的“超级运动型”、“热爱工作型”的极为聪明的狗狗关在家里是否合适。当主人对它们要求过低的时候，它们会感到无聊和沮丧，会尝试着把其他动物或者环境中的物品（例如汽车、球、人等）视为羊群来放牧，是放牧的本性促使它们做出了这些刻板行为。

多重社会性

小贴士

狗狗是唯一把人类视为其紧密的社会型家庭成员的动物。从它们离开“狗妈妈”（第五周至第六周断奶）之后，我们就承担了“母亲”的角色，开始喂养、护理和悉心照料它们。在狗狗的幼犬时期，我们就开始影响了它们的“认亲”行为，那些照顾它的人会成为它一生的“类似父母”，而并不需要有真正的血缘关系（社会双重性）。所以，很早就把小狗崽带回家的主人在此方面更加成功。

• 某些特定的种类，例如德国长绒毛犬、中绒毛犬和短绒毛犬、杜宾犬等，世世代代都是守护型狗狗。它们擅长保护自己的领地。因此，此类狗狗更喜欢大叫，比其他狗狗有更强的守护的天赋。

• 多伯曼短尾狗、比利时牧羊犬和德国牧羊犬等，特别适合从事保护任务。如果小狗崽的父母亲就从事“撕咬袖标”的工作，那么小狗崽天生就会遗传这项本领。如果您只是需要一只普通的家庭宠物狗，您最好不要选择这些狗狗。所谓的牧羊犬会产生尤为突出的问题，例如库瓦兹犬、大白熊犬等，如果它们原本就是源自工作型狗狗的家族却又没有得到正确的饲养方法的话，天生的保护领土的偏好以及独立性，会使得它们很难融入人类家庭。

• 伯恩山犬和瑞士圣伯纳犬会守护房子和庭院，瑞士阿彭策尔山犬和罗威纳犬都是工作型狗狗，除了守护还擅长围猎。它们会迅速地咬住所追赶猎物的跗骨，当然它们也可能会咬人。

• 即使是所谓的受欢迎的家庭型宠物狗狗，例如拉布拉多犬和金毛寻回犬等，也不是特别喜欢小孩子，不会那么容易融入家庭。小狗崽长大后会成为一只温顺的家庭型宠物狗狗，还是一只具有极强猎捕能力的功能型狗狗，都是由它的家庭血统决定的，至少会影响它以后的性格。

• 人们常常错误地把体型较小的狗狗视为“哈巴狗”，并且采用温柔的方式对待它们。然而，原则上它们与那些体型较大的狗狗一样，需要正确和合适的喂养方式，以及足够的运动和工作。许多体重不超过 10 公斤的小型狗狗原本是属于猎捕型狗狗的，例如腊肠犬、西高地白梗犬、约克夏梗犬、杰克罗素梗犬等都是顶尖的森林奔跑健将和天生的“户外运动者”，它们绝对不满足于仅仅是被狗绳拴着，陪着主人绕着树桩散散步。

• 体重大约在 2 公斤左右的迷你型狗狗，例如吉娃娃，通常情况下需要更加细心的照顾。

社会性伙伴之间的物体游戏——共同咬着小棍儿太有趣了，“一起奔跑”则更加有趣。这种“多狗狗模式”属于正确的狗狗饲养方式。

流行的狗狗和过时的狗狗

不同种类狗狗的独特之处，就在于它们特有的天赋或者工作重点。长期以来，狗狗们根据各自的特殊性被饲养成为例如猎捕犬或警犬等。然而，这种特殊性却常常阻止狗狗作为“家庭陪伴者”融入我们的日常生活之中。因为它们的特殊性至少部分是受基因决定的，因此通过几代的饲养和驯化就让其消失是非常困难的。随着时间的推移，人们对某些种类的狗狗的兴趣在减弱。除了关注狗狗的身体健康和外表之外，饲养者应该更加关注狗狗的社会性行为、承受能力和灵活能力。饲养某些特殊的种类例如猎捕型狗狗和牧羊犬等，却没有给它们相应的运动和工作机会，也是不符合动物保护法的规定。

狗狗的种类与饲养者的类型

在选择狗狗的时候从来就没有什么统一的标准答案！狗狗，无论是哪种种类的狗狗，都是具有不同要求、特点和需求的个体。小狗崽父母的基因影响至多占到 30%，因此，下面的描述只是给出了大致的分类。

接受过培训的“功能型”狗狗：它们的天赋应该得以发挥，应该让它们有机会“去工作”（例如，接受过培训的边境牧羊犬就应该成为山羊身旁的“职员”）。

没有接受过专业培训的“功能型”狗狗：猎捕型狗狗和雪橇犬以及它们的杂交狗狗等都属于这一类。它们应该在日常生活中得到合适的体力工作和一定的精神压力，并且在有经验的驯狗师的引导下完成不同的任务，例如奔跑游戏、针对特定物品的猎捕游戏（形状像猎物，被人扔出去后能自己从地上弹跳起来的狗玩具等）、跟踪游戏或者觅食游戏等。此类狗狗当然也能够毫不费力地完成普通家庭宠物狗狗的日常任务。

家庭型宠物型狗狗：所有具备良好的社会化和养成良好习惯的狗狗都属于这一类。它们应该尽可能早地接触日常生活中的所有事物，特别重要的是跟儿童以及婴儿的正确相处方式，以及跟陌生人和其他同类在公共场所无障碍的接触。为了让它们更好地适应人类生活，也可以常常带着它们去办公室。作为“狗同事”，它们可以让原本枯燥的工作变得丰富多彩，让我们感到轻松有活力。当然重要的前提条件是没有其他同事害怕狗或者对狗过敏。

运动型狗狗：特别是奔跑型狗狗以及它们的杂交后代都属于这一类（牧羊犬或者格雷伊猎犬）。它们应该每天都有机会跟主人一起奔跑（骑自行车、慢跑、轮滑或者其他运

牧羊犬通常会过度地守护自己的领地。作为非常独立的狗狗，它们不太容易融入家庭。

动）。无论怎样都不能用狗绳拴住它们拖着跑，或者自己被它们拖着跑（有发生意外的危险）。运动的速度和时间长短应该与天气以及狗狗（和主人）当前的身体状况相适应。为了避免狗狗的身体过于劳累，您应该偶尔安排狗狗休息，并且让它没有狗绳束缚地自由奔跑。这样它才有可能解决大小便，才有可能在休息地点“阅读报纸”。狗狗的身体承受能力取决于它们的身体结构和种类。某些短腿种类的狗狗，例如狮子狗、腊肠犬、京巴犬等，或者某些大型种类的狗狗，例如德国獒、伯恩山犬或者瑞士圣伯纳犬等，都不是十分适合马拉松这种远距离的奔跑。

适合老年人的狗狗不一定都是老年犬。它们不应该来自工作型狗狗的家族，并且应该能够在安静的、有规律性的老年人的家里感到舒适。特别是那些在最初阶段接受了长时间教育和管理（例如清洁训练）的小狗崽，通常不适合老年人的家庭。此外，狗狗的体型不宜过大，体重也不宜过重。较小的（8~10 公斤）和那些既不想过多地运动、也不想每天发现新鲜事物的年龄稍长些的狗狗，通常能够更好地融入老年人的家庭。即使是用狗绳特别长时间拴着它们，对老年主人而言也没有被狗狗咬伤的危险。

雄性狗狗还是雌性狗狗呢?

与雄性狗狗的相处真的比雌性狗狗更困难吗？它们更加倾向于“野蛮的”行为习惯，喜欢作为狂热的无赖参与到每一场与同类或者人类的争斗之中？当然不是的！所谓的“年轻雄性狗狗”对争吵和游戏式的争斗更有兴趣和更多参与的说法并不科学，在某些情况下，事实甚至可能完全相反。狗狗行为上的差异只能用纯生物学来解释。雄性狗狗喜欢在社会环境中保护它的资源，例如猎物“女朋友”和共同的猎捕领域等；雌性狗狗则更多照顾后代。雌性狗狗的行为还受到内分泌周期的影响，许多主人曾描述过，它们的“狗姑娘”在发情期对人更加安静和顺从，而对同类则更加具有攻击性。

为了保留这些差异细微的行为特征，保留狗狗因天性使然表现出来的某种特定的行为方式，无论是雄性狗狗还是雌性狗狗，请您千万不要送它们去阉割，两种性别的狗狗之间的感知差异同样也得到了科学研究的证实：雌性狗狗学习更加迅速，更加有成效，热情更加高涨；而雄性狗狗则更喜欢跟自己和其他的狗狗玩耍。

为什么不同时选择两只狗狗呢?

尽管我们人类已经成为狗狗重要的社会伙伴，但是我们仍然不能替代狗狗的“四条腿的伙伴”。

最理想的状态就是家里养两只狗狗。这样它们就有机会用它们共同的、正确的方式互相娱乐，前提条件是两只狗狗能互相接受对方。当然，同时养多只狗狗就得允许它们之间每天的争吵模式。您放心，它们能够从自己的层面成功地化解沮丧情绪或者竞争，互相监督，不断追求赢得主人的满意。

狗狗团队的组成：理想状态是同时接受同胞出生的两只小狗崽，怎样的性别组合并不影响团队的和谐。也可以在已经有一只成年犬的基础上再接收一只小狗崽，不过，指望成年犬能够代替您承担起小狗崽的教育工作是错误的。而值得注意的是，小狗崽喜欢观察它年长“偶像”的行为方式，但有些行为方式却可能不是主人所期望的。

团队饲养的结果：饲养两只狗狗意味着在教育方面和费用方面的双重付出，然而却不需要花费额外的散步时间。在对“多动物模式”的期待之余，我们还必须清楚，狗狗们会终生相伴，这在一定程度上减弱了它们对主人的依赖性。

那些应对一只狗狗就已经疲惫不堪的主人就不必考虑“多成员家庭”模式了。在压力状态下，狗狗更容易表现出不良行为，例如大叫、用力拉扯狗绳。对我们人类而言，最美妙的事情就是可以每天在家里有一对和谐的狗狗相伴！

这只狗狗“充满期待”——它专注地等待着主人的信号。

狗狗来了——家中必需的准备工作

在最初的适应阶段，就得让加入新家庭的小狗崽尽可能地遵守良好的“基本规则”，从而顺利融入家庭生活，以避免在之后的共同生活中出现误解和恐惧。此外，与人的接触被大多数的狗狗视为是一种奖励。

适应过程中的注意事项

舒适的睡眠地点：从一开始，您就该告诉狗狗它的专属睡眠地点在哪里，您可以放置一个床单或者篮子，让狗狗真正能够不被打扰地放松和休息。您要让这个地点变得对狗狗而言具有吸引力，为此，您可以经常在这个地点表扬狗狗（抚摸，美食，游戏等）。当然，狗狗也喜欢偶尔睡在不同的房间里，喜欢躺在那些距离家庭成员更近的地点。然而，这种行为并不意味着狗狗把这个地点视为“自己的”领土并且进行保护，也不意味着它是在请求关注，它们只是觉得这里睡得更加舒适而已。狗狗也可以睡在更高的地点，例如沙发上，如果主人已经制定了相应的规则并允许这种行为的话。

不紧张地单独待在家里：从狗狗来到家里的第一天开始，您应该在每天的日程中安排几次短时间的分离，也就是说，您让狗狗单独待在家里。您可以离开家外出，例如去取信，平淡却又充满感情的问候仪式和告别仪式。这样可以避免狗狗以后对独自在家产生恐惧情绪。

触摸狗狗：对和谐的人－狗关系而言，重要的前提是狗狗喜欢人的所有“动作”，例如给它梳理皮毛、清理爪子、检查耳朵、打开嘴巴等。整个过程中，您要特别温柔并且不断地抚摸它。如果狗狗没有反抗地接受这种检查和护理的时候，您要奖励它。这样做的好处很多，不仅仅体现在狗狗以后接受兽医检查的时候。

正确的喂养：食物和饭碗对狗狗而言是非常重要的，必要时为此而打架也是值得的，因此建议狗主人要控制它的食物资源。在狗狗进食之前，您可以教会它做一个小小的练习：它必须在距离饭碗一定距离的地点听从口令“坐下”，然后您盛满它的饭碗；接下来当您做出召唤的手势并且给出口令“开始吃吧”，才允许它跑向进食地点。如果狗狗在这之前就跑向饭碗，那么您不加解释地拿走饭碗，并且重新开始练习。这个过程既不是刁难也不是为了“降低狗狗的主导权”，而是一方面您让小狗崽在游戏中学着控制沮丧情绪和激动情绪，另一方面也巩固了狗狗与您这个可以信赖的主人之间的关系。

学习控制咬合力度：如果小狗崽在游戏中露出它的牙齿，那么您要大叫，冲着它大喊，立刻中止游戏，不理睬它并且离开房间。小狗崽从中感受到了，您没有兴趣跟它继续玩耍。值得注意的是，不要让小狗崽把您的离开或者跑开理解是新的乐趣，例如猎捕游戏，否则只能加剧它的不良行为。

注意：您务必不要向后抽手，这样会导致狗狗猛烈地咬住您的手。当狗狗要咬您的时候，通常情况下您要高声喊叫，即使它只是咬到了衣服。它必须要学习总是小心谨慎地与人相处

避免扑跳：扑跳是狗狗天生的本领，也是一种问候形式，它试着跳起舔对方狗狗的上嘴唇或者人的嘴角。然而，狗狗的这种亲社会性的肢体语言并不被所有人所接受。此时，推开、语言上的惩罚和安抚性谈话的效果都是一样的，都会加剧狗狗的这种行为，狗狗喜欢这突如其来的关注。制止扑跳的有效方法是主动和被动的忽视。主动的方法是，人们在狗狗扑跳起的瞬间转身或者向旁边走开；被动方法是，人们像“一棵树”那样僵直地站着没有任何回应。两种状况之下狗狗都得到了信息回馈：“扑跳是不受欢迎的。”如果狗狗紧接着做出了替代行为（坐下，跑开等），您必须马上奖励它！

分散注意力：狗狗总是给我们人类留了一只“耳朵”，对人的一个动作、一个转身都非常感兴趣。这是因为它们需要与人的社会性接触，以让自己感到舒适和安全。当狗狗向我们展示出不良行为时，人们常常按照“不说话就是足够的惩罚”的错误观点做出错误的回应，此时双方的误解反而加深了，狗狗的引起关注行为就潜藏着危险。简单的方法是让狗狗清楚地知道规则，什么时候做怎样的行为是正确的，什么时候是错误的。我们

孩子和狗狗看似非常和谐。但是无论如何，请不要让二者在没有成人监管的情况下单独待在一起。

灵活性游戏，例如穿过一个摇晃的玩具通道，可以锻炼狗狗的运动协调能力，避免其产生恐惧感。

必须做到只表扬合适场景下的受欢迎行为，从而鼓励它的这种行为——狗狗就明白了怎样成功地与主人进行交流。狗狗的引起关注行为的有益形式是散步期间每隔几米就与主人进行眼神交流（此时的狗狗容易被召唤），或者给主人以及有困难的人叼来类似电话、鞋子、钥匙等物品。能够控制住激动情绪和集中注意力的狗狗，应该得到表扬！

狗狗是长久的陪伴者

许多狗狗希望24小时都能与主人一起度过。这样就出现了问题，只有少数主人能够带着狗狗去办公室，其他的可能性有让狗狗独自待在家里，或者由熟人、亲戚代为照看，或者送去专业的“狗狗日托所”。然而狗狗比我们人类需要更长的休息和睡眠，其时间长短取决于狗狗的年龄、种类，例如是工作型狗狗还是家庭型狗狗等。如果狗狗不能得到相应的休息和恢复，它们将无法达到体力和心理的最佳状态。

因此完全没有必要为了保证所谓正确的饲养方式，去哪里都带着狗狗或者无时无刻地照顾它。适合狗狗的最低标准，是每天至少2小时的自由奔跑，并且能够跟同类和人进行接触，以及每天至少3次自由排便的机会。小狗崽时就应该开始学习独处，这样在成年后才不会产生分离焦虑。

专业的狗学校

（在选择时）请注意以下几点：

• 小组式训练，每组最多5只处于相同发展阶段的狗狗，并且是狗狗－主人共同参与的模式。

• 有专业教练进行指导并纠正错误，每次训练最长半个小时，每个单元最长5分钟。训练间隙还应有游戏式休息时间。

• 用食物、抚摸和友好而充满爱意的谈话来鼓励狗狗，基本上放弃语言和身体上

人与狗狗游戏时的规则

	您的正确的反应
游戏者	做狗狗有可能获胜的接触式游戏或者争抢式游戏，其前提条件是，狗狗学习过控制自己的咬合能力、控制激动和冲动的能力、有效的中止口令。这样才能避免游戏期间发生危险的意外事件。建议有小孩子的家庭通常情况下放弃类似游戏，以避免突发事件。
游戏结束	请您不要突然结束游戏，那样会让狗狗感到沮丧或者打击它高涨的游戏热情。理想状态是伴随着语言上的表扬、美食或者抚摸结束游戏。
游戏时间	您应该这样安排游戏时间： • 不要在您离开家前的半个小时到一个小时之内，因为这样会让狗狗产生独处的恐惧。在那个时间段，狗狗应该为独处做好准备。 • 不要在狗狗进食之后马上游戏，因为这有可能造成其呕吐或者有生命危险的胃部不适。 • 夏天的时候不要安排在正午，有中暑的危险。
游戏间的休息	请您安排游戏间的休息时间，不要让您的狗狗过于劳累！聪明的做法是每天最多训练三次，每次 5~10 分钟，否则可能会出现过度刺激和学习困难。
玩具的选择	游戏时请您选择没有危险的玩具，例如动物园商店里买到的、对狗狗不会产生伤害的物品。当狗狗在户外玩耍时，请您不要让狗狗叼着尖锐的或者不易消化的物品。注意：某些树木可能有毒，例如紫杉、夹竹桃、黄杨、金莲花、杜鹃花等，或者有刺的树木和花草。
游戏的选择	在选择游戏的时候请注意狗狗的天赋、个体的能力以及年龄等。背部较长的狗狗不要跳高，年长出现关节退化的狗狗不要在玩球游戏中突然停顿。游戏内容也需要跟地点相适应，奔跑和猎捕游戏更适合在花园里的草地上，而不适合在房间里光滑的木地板或者薄板上（可能因为滑行而受伤）。

的折磨式惩罚以及威胁。

• 训练狗狗的边界意识时使用纠正型的词汇，例如“出界了”，或者使用非暴力的管理方式（例如忽视）。

• 小组共同散步，训练狗狗正确对待牵引狗绳；在公共场所采用正确的管理方式。

• 通过合理的分组方式避免出现“围攻”。

注意：如果您不确定狗狗学校是否适合您的狗狗，那么与其让狗狗接受不合适的、不科学的训练方式，还不如放弃。

狗狗在公共场所——互相关照

作为狗主人，您每天都处在公众的视线之中，常常需要为自己和狗狗的行为进行解释或者辩解。人和狗狗相遇的场景是多种多样的，例如在公园里、小湖边、森林里、步行道上——所有公众使用的公共场所。因此狗主人和其他人之间的互相关照就尤为重要，您应该宽容理解别人的恐惧，消除偏见，这样大家才能放松舒适地共同使用公共休闲区域。

狗狗是安全隐患吗？

如今越来越多的公共场所要求必须给狗狗拴上狗绳。然而，每个狗主人在任何地点都有义务根据有效的动物保护法来照顾他的狗狗。这也就意味着，他们必须让奔跑型的狗狗能够规律性地得到自由奔跑的机会，以保证狗狗的探知行为和运动需求，有排解大小便的机会。如果主人在自己的房屋之外不允许这样做，一方面不符合动物保护法，另一方面他们是在培养一个沮丧的、对外界刺激可能做出恐惧—攻击反应的狗狗。因此，在公共场所必须拴狗绳的要求可能会带来危险的“飞镖效应”。

狗狗主人该注意些什么呢？

首先您得接纳其他人的恐惧，在必要的时候，唤回您的狗狗并且暂时拴上狗绳。如果您特意安排时间让狗狗跟孩子们以及他们的父母进行正面的积极的接触，那么这对成年人能够起到宣传作用，对孩子而言则能影响他们的未来。另外，每个细心的狗主人都会随身带着处理狗狗粪便的小袋子。如果政府能够准备数量足够多的存放狗狗粪便的垃圾桶的话，我们的公园就会变得干净许多，因为没有狗主人喜欢带着狗狗的粪便袋到处闲逛，然后再把它带回家。

父母应该提醒孩子注意些什么呢?

可惜，目前还没有出现狗狗与孩子及其父母相处的通用规则。毫不畏惧地冲向狗狗、跳着或者大叫着追赶狗狗的好动的孩子，同胆小的、害怕狗狗的孩子及父母所面临的危险是一样的。这可能会导致交流中的误解，发生意外事件。恐惧的回应和毫不畏惧的嬉闹都会给人物双方带来沟通障碍，最终常常会以冲突和武力的形式来解决。为了消除偏见、克服恐惧，在有些学校和幼儿园里已经在专业动物行为治疗师的协助下开展了相关教育，以此让孩子们更加了解狗狗的“语言”。

关注狗语

即使没有养狗经历的人也应该知道，狗狗和人使用不同的语言。然而，这个事实

两只狗狗在交谈！每天见面并且无拘无束地共同玩耍对狗狗而言是非常重要的，它们的社会性行为和狗语由此得到了锻炼。此时，作为主人就可以休息了。

却不能被人类理所应当地接受并且认可，因此双方经常会产生误解。狗狗天生不能“说话”，而是使用听觉、嗅觉、味觉、触觉和视觉来帮助理解。狗狗通过我们的面部表情、手势、肢体语言、心情和运动来理解我们人类。

手势、面部表情和普遍性的肢体语言

通过下面的描述，希望能让没有养狗经历的人们也能够详细地了解狗狗在特定场景下的表情和动作。

中立状态的狗狗：面部（耳朵、上唇、眼睛和头皮）和肢体（身体、尾巴）都很放松，处于它所属种类特有的基本状态。

爱玩的狗狗：它做出所谓的“游戏面孔”，面部表情非常夸张，还会快速转换不同的表情，哪怕根本就没有需要转换的场景，可以说狗狗是在做鬼脸。夸张的运动方式和快速转换的各种身体姿态，特别是“前爪的位置”向前屈伸，都是想要游戏玩耍的典型特征。

恐惧不安的狗狗：狗狗典型的恐惧表情有睁大眼睛、回避眼神、上下唇之间的缝隙和上唇深深地向后咧着，耳朵耷拉着藏在脑后垂向颈部。“胆小鬼”的身体缩成一团，缓缓地向后倒退（参见99页照片），四肢折叠（“体型缩小”），尾巴藏到腹部下面，缩着脖子。抬起前爪（参见98页照片）或者舔爪子都是典型的表现。在这种场景之下，仰卧着的狗狗也同样非常恐惧，它们表现出被动的屈服。

人类早已成为狗狗最主要的社会伙伴。

恐惧－攻击性的狗狗：如果感受到不断加剧的恐惧，除了上述的恐惧表情之外，狗狗还会皱起鼻梁，张大嘴巴露出牙齿。最晚此时人们就应该停止对狗狗的威胁，因为它有可能会突然开始攻击，猛地咬人一口。

挑衅－攻击性的狗狗：这一类的狗狗通常会展示出典型的“挑衅面孔”，即耳朵向前直立着，紧盯着某人或某物，瞳孔缩小，头皮收紧，上唇收紧，嘴角缝隙很短。当挑衅面孔不能消减它们所面对的威胁时，它们也极少会转换为真正的威胁面孔：鼻梁皱起、嘴角张开、露出牙齿、牙齿摩擦发出咯咯的响声。同时，它们的身体姿态也尽力展示自己优势：为了让自己看起来更高大，狗狗的身体整体向前倾斜，四腿张开并用力蹬地，尾巴高高地翘起，背部的毛发直立起来。此时是非常危险的（参见 83 页）！

人类和狗狗之间的误解

下面阐述的是一些常常可能导致不愉快事件的偏见。

直视狗狗的眼睛 = 错误！ 人与人交谈期间的目光直视是普遍的沟通方式，是礼貌的表现。狗狗却可能把直视眼睛视为威胁或者要求战斗的信号。

强迫亲密的身体接触 = 错误！ 拥抱、击掌、抚摸脑袋、缩短距离、弯腰、强迫性触碰、举起、抱在怀里等，都是人与人之间可能的亲近方式。狗狗却对此类的“强迫性接触”充满恐惧，把其视为威胁。在与同类之间发生冲突时，它们会把前爪搭在对方的背上，以此威胁对方或者进行挑衅。

摇尾巴是友好的表现 = 错误！ 摇尾巴可能意味着喜悦、关注、威胁、恐惧等多重含义，或者甚至是威胁式的进攻！

抬起前爪或者仰卧着的狗狗总是想要被抚

正确的做法和错误的做法

请不要这样做：

○ 直直地盯着狗狗

○ 狗狗在旁边的时候，跟某人握手或者拥抱

○ 抚摸狗狗的脑袋，拦住它（用身体阻挡），冲它弯下腰

○ 缩短与狗狗之间的距离

○ 强迫性地（从正面）碰触狗狗

○ 大声讲话、尖叫、大喊（孩子）

○ 拉狗狗的项圈（以及其他类似物品）

○ 剧烈地运动，例如跳起或者跑开

○ 快速地把孩子高高举起

通过其他的示弱行为来避免示意威胁：

○ 转开脑袋，移开目光，缓慢地行动并且转身，给狗狗撑一把伞，冲着狗狗打哈欠，蹲在孩子和狗狗之间，完全无视狗狗（参见 207 页小贴士）

摸 = 错误！这两种行为方式通常意味着不安全感、恐惧和压力！此时，狗狗发出的信号不是对人类接触的需求，最好的处理方法是无视此类狗狗。

会叫的狗不咬人 = 错误！大叫通常是威胁性攻击之前的最后一次警告！

正确地建立联系

在狗狗的眼中，人类常常通过面部表情、手势、身体语言、音调和其他的信号发出威胁。在问候的时候，冲着狗狗弯下腰、冲着它笑、直直地盯着它的眼睛、抚摸它的脑袋——所有这些举动都被狗狗视为威胁。有些狗狗别无选择，只能走开！

对人而言，不向狗狗示意威胁也很容易。缩着身子或者用膝盖走路，伸出手掌让狗狗“试着闻气味”（参见 93 页照片，“乞讨者姿势”），看向一边，不要冲狗狗笑（一定不要露出牙齿），缓慢地移动，不要触摸狗狗（即使它非常天真可爱地看着我们），忽视它等。从狗狗的视角而言，这些都是让它们感到舒适的沟通方式。如果狗狗小心翼翼地靠近您，慢慢地伸出舌头舔您的手，您完全应该感到高兴和自豪，那是狗狗对您表示好感呢！

测试：我的饲养方式正确吗？

下面 55 个问题涉及狗狗的行为以及人和狗狗之间的关系。每个问题均为选择题，请选择您认为合适的答案。评分标准和解析在 253 页。祝您测试愉快！

第 1 题

狗狗是猎捕型动物，如今的狼是它们的祖先。 正确 ◯ 错误 ◯

第 2 题

狗狗天生就具备把人类视为自己亲密的社会伙伴的能力。 正确 ◯ 错误 ◯

第 3 题

不同种类的狗狗具有不同的天赋，有些适合作为“护卫犬”，有些适合作为“猎捕犬”，有些适合作为“对孩子非常友好的家庭型犬”。 正确 ◯ 错误 ◯

第 4 题

用脖套、嘴罩和拴狗绳紧紧地拴住狗狗，是纠正它们在公共场所不良行为的有效方法。 正确 ◯ 错误 ◯

第 5 题

如果没有自己的花园，就不要考虑养一只狗狗。 正确 ◯ 错误 ◯

第 6 题

小型狗狗的主人在有其他狗狗出现的时候，为了避免产生冲突，需要立即把狗狗抱起来。 正确 ◯ 错误 ◯

第 7 题

至少在狗狗学会保持狗舍清洁之前，都应该让小狗崽住在地面容易清理的狗舍里。

正确 ◯ 错误 ◯

第 8 题

如果家里已经有一只年长的狗狗，对新的小狗崽的教育会变得容易很多，因为年长狗狗可以承担部分教育工作。

正确 ◯ 错误 ◯

第 9 题

如果狗狗之间发生冲突，最安全的方法是中止它们的沟通，二话不说，扯着狗狗的尾巴或者后腿把它们拖走。对被咬到的狗狗进行安慰，对另一只则大声责骂。

正确 ◯ 错误 ◯

第 10 题

狗狗需要总是在同一时间、同一地点进食，因为它们是习惯性很强的动物，不遵守日常生活规律会让它们缺乏安全感。

正确 ◯ 错误 ◯

第 11 题

在幼年时期过早地接触外界刺激的小狗崽，成年后常常会变得烦躁不安，缺乏解决问题的能力并且多动。

正确 ◯ 错误 ◯

第 12 题

许多狗狗是“独行侠”，它们更喜欢远离家庭，待在狗笼里或者空地上。

正确 ◯ 错误 ◯

第 13 题

狗狗普遍地会因社会性孤立和与家庭分离而产生恐惧情绪，因此必须锻炼它们的独处能力。

正确 ◯ 错误 ◯

第 14 题

狗绳、狗笼或者其他孤立式的饲养方式都不符合动物保护法。

正确 ◯ 错误 ◯

第 15 题

狗狗是社会性动物，必须生活在一个群体之中。 正确 ◯ 错误 ◯

第 16 题

对咬合的控制能力是狗狗从父母那里遗传而来的。 正确 ◯ 错误 ◯

第 17 题

应该让小狗崽尽可能长地待在狗妈妈身边，因为这样它们可以学到未来生活必备的所有的重要本领。 正确 ◯ 错误 ◯

第 18 题

面对狗狗的不良行为和不顺从，您应该马上采取惩罚措施，例如抓住它的口鼻，揪拽其背部的毛发或者抓住背部扔出去，这样才能显示出您更高的等级地位。

正确 ◯ 错误 ◯

第 19 题

直接的惩罚措施及其威胁式的后果通常会妨碍狗狗的学习能力，并且让狗狗产生恐惧感。

正确 ◯ 错误 ◯

动力替代“本能” 小贴士

“本能”，无论是猎捕还是交配的本能，都使动物成为天生行为方式的“牺牲者”。以前普遍认为，过度的外界刺激是导致刻板行为的诱因。今天我们知道，动物的行为在很大程度上受到个体的情感、动机和学习经验的影响。动物的行为可以简单地总结为，一方面满足自己的需求，另一方面避免受到伤害，同时也在追求舒适。仅仅受到“本能”的驱使，只会加速它们的消亡。

第 20 题

如果狗狗度过了艰难的性成熟期，从未咬过别的狗狗和人，那么以后它也绝不会这样做。 正确 ◯ 错误 ◯

第 21 题

为了让狗狗改正不良行为，人们既不能对它采用语言上或者身体上的惩罚，也不能用惩罚威胁它，因为人类不具备正确地惩罚能力。 正确 ◯ 错误 ◯

第 22 题

狗狗对同类和人的猎捕行为让人反感，是非正常的行为，可能会导致生命危险。

正确 ◯ 错误 ◯

第 23 题

狗狗天生有关注人类身体语言的能力。 正确 ◯ 错误 ◯

第 24 题

打哈欠的狗狗是疲惫的。 正确 ◯ 错误 ◯

第 25 题

偶然相遇的狗狗也会在几分钟之内确立彼此的等级地位，胜出者享有主导权。

正确 ◯ 错误 ◯

第 26 题

狗狗和人类使用截然不同的语言，因此狗狗必须学习词语和命令的含义，并且每天多次重复练习。 正确 ◯ 错误 ◯

第 27 题

小狗崽和人类的小婴儿处于“幼儿期特殊保护”之下，因此绝对不会被其他的狗狗咬到。

正确 ◯ 错误 ◯

第 28 题

不仅是幼犬，成年犬也应该每天有机会跟同类和人进行积极的自由接触，以便提高狗狗的社会能力。

正确 ◯ 错误 ◯

第 29 题

问候和告辞仪式有助于狗狗更好地适应独处。

正确 ◯ 错误 ◯

第 30 题

如果狗狗排斥身体接触，并且在有人靠近它的时候发出咕噜声，此时应该把狗狗摁倒在地，直到它不再发出咕噜声为止。

正确 ◯ 错误 ◯

停止信号“等着”和“待着别动”

为了在紧急状况下能让狗狗停止它的行为，“紧急刹车”式的停止信号是极为重要的。在您给出口令，并且伸出手在狗狗面前做出阻止的手势。无论狗狗是坐着还是站立着，只要狗狗保持停止的姿势，就给予它表扬和奖励。

第 31 题

摇尾巴的狗狗总是心情大好，它希望跟您建立联系或邀请您一起玩耍。 正确 ◯ 错误 ◯

第 32 题

正确的清洁训练是带小狗崽在合适的时间到合适的地点排便，当它成功排便之后表扬它。

正确 ◯ 错误 ◯

第 33 题

大叫的狗狗不咬人。 正确 ◯ 错误 ◯

第 34 题

尽量带着狗狗沿着相同的路线散步，为了不扰乱它们的日常生活规律。

正确 ◯ 错误 ◯

第 35 题

如果狗狗不顺从或者甚至对主人表现出攻击性行为，必须对它采取清晰的惩罚措施，例如抓住口鼻、揪拽背部等，同时大声地训斥，并给出“不可以”或者“出去”等口令。这样才能让狗狗知道自己较低的等级地位。 正确 ◯ 错误 ◯

第 36 题

您可以放心地在无人看管的情况下让狗狗跟小孩子一起玩耍，如果孩子和狗狗能够毫无障碍地互相接受。 正确 ◯ 错误 ◯

第 37 题

如果在狗狗做出正确的行为时奖励给它食物，那么它就只会在能得到食物的前提下才会变得顺从。 正确 ◯ 错误 ◯

第 38 题

只要家中有两只狗狗并且能够和睦相处的话，家庭生活就会变得充满活力、丰富多彩。 正确 ◯ 错误 ◯

第 39 题

为了避免狗狗在公共场所影响到别人，人们应该普遍性地给狗狗拴上狗绳。它所必需的运动同样可以跟在主人的自行车后锻炼，或者在拴好可调节牵引绳的前提下进行。 正确 ◯ 错误 ◯

第 40 题

通过言语的惩罚或者身体上的责罚，例如敲打，您能够成功地改正狗狗的不良行为。只要惩罚保持足够长的时间和足够的责罚力度，并且您的惩罚前后做法要保持一致，同时狗狗还没有产生负面的压力或者恐惧。此外，狗狗与主人之间的关系必须是和谐的。

正确 ◯ 错误 ◯

第 41 题

如果狗狗有分离恐惧的话，那么购买第二只狗狗是帮它克服恐惧最简单、最有效的方法。

正确 ◯ 错误 ◯

第 42 题

跟没有掌握停止口令的狗狗玩撕咬游戏，狗狗可能会突然咬疼或者咬伤主人的手。

正确 ◯ 错误 ◯

第 43 题

只有让狗狗明白并且遵循主人是“领导”的等级原则，才能避免家庭内部因狗狗而出现的危机和问题。

正确 ◯ 错误 ◯

第 44 题

狗狗每天都需要食物、工作和玩具，否则它们会倾向于情绪不稳定并表现出攻击性。

正确 ◯ 错误 ◯

第 45 题

在购买小狗崽时必须要留意它的出生证明是否完整，要尽可能挑选纯种和优良的狗狗。

正确 ◯ 错误 ◯

第 46 题

许多老年犬仍然具有学习能力，如果它们在没有折磨式惩罚的前提下，通过训练掌握了积极学习的方法。 正确 ◯ 错误 ◯

第 47 题

仰面卧倒的狗狗给出的信号是，我想要让您抚摸我的腹部。 正确 ◯ 错误 ◯

第 48 题

如果狗狗已经在自家的花园里有了合适的“排便地点”，它们就不需要每天外出去散步了。 正确 ◯ 错误 ◯

第 49 题

每只狗狗都会咬人，只是取决于不同的状况而已。 正确 ◯ 错误 ◯

第 50 题

狗狗转圈咬自己的尾巴是它们最喜欢跟主人玩耍的问候游戏，这样可以缓解压力表达它们内心的舒适感。 正确 ◯ 错误 ◯

第 51 题

幼犬时期最重要的经历是对其他生物和周围环境有足够而全面的正面了解（社会化），以及适应它们的社会伙伴，即人和其他同类。 正确 ◯ 错误 ◯

第 52 题

如果狗狗极其喜欢婴儿，不断尝试着跟他建立“类似与小狗崽般”的亲密关系——舔他、用爪子抚摸他、甚至把他带到自己的狗窝里——您根本不必担心婴儿的安全问题。 正确 ◯ 错误 ◯

第 53 题

对其他动物（鹿、兔子及其他猎物等）的猎捕行为是不受欢迎的，但却是狗狗的正常行为。 正确 ◯ 错误 ◯

第 54 题

如果狗狗护着自己的骨头，那么在接下来的 6~8 周里您不再给它提供骨头，从此以后让它只能从您的手里得到食物。 正确 ◯ 错误 ◯

第 55 题

为了避免攻击性的狗狗在公共场所带来危险，最简单也是最重要的措施是给它们戴上嘴罩，拴上狗绳。 正确 ◯ 错误 ◯

答案

1. 错误 2. 正确 3. 错误 4. 错误 5. 错误 6. 错误 7. 错误 8. 错误 9. 错误
10. 错误 11. 错误 12. 错误 13. 正确 14. 正确 15. 正确 16. 错误 17. 错误
18. 错误 19. 正确 20. 错误 21. 正确 22. 正确 23. 正确 24. 错误 25. 错误
26. 正确 27. 错误 28. 正确 29. 错误 30. 错误 31. 错误 32. 正确 33. 错误
34. 错误 35. 错误 36. 错误 37. 错误 38. 正确 39. 错误 40. 错误 41. 错误
42. 正确 43. 错误 44. 错误 45. 错误 46. 正确 47. 错误 48. 错误 49. 正确
50. 错误 51. 正确 52. 错误 53. 正确 54. 正确 55. 正确

评分标准

每个正确答案得 1 分。

50–55 分	非常正确	您的狗狗感到舒适和幸福。
45–49 分	正确	您的狗狗基本感到满意。
40–44 分	建议改进	您跟狗狗有共同生活的可能，但需要改进。
35–39 分	明显不足	您跟狗狗的共同生活明显地缺乏舒适感！
34 分及以下	建议您另寻一个兴趣爱好吧。	

词汇表

适应综合征

描述的是个体行为适应现实环境状况的能力，为了提升个体的舒适程度。

主动睡眠

狗狗的睡眠阶段，伴随着频繁的、快速的眼睛和肌肉的运动，类似处于守护状态。同时，狗狗的脉搏、呼吸频率和血压会上升，这样能够避免身体肌肉和四肢的过度松懈，让狗狗在睡眠状态中仍然能够奔跑。这种快速眨眼－睡眠的阶段，也称为“伴有快速眨眼的梦境睡眠”，大约占全部睡眠时间的20%~30%，是整个休息睡眠过程中的深度睡眠阶段。

矛盾状态

动物尝试着同时做出两种截然不同的行为方式（例如靠近与逃跑）。

本能反应

主动而渴望地寻找特定的外界刺激（例如，小狗崽在饥饿状态下寻找乳头）。

工作型狗狗

常常独自生活在狗屋中，因此缺少甚至极度缺少与其他动物和周围环境的接触。

种类

组织学体系中的最小单位。

联想

至少两个事件通过大脑的活动被联系在一起。

自残

个体的自我伤害，借此缓解压力。刻板行为中的舔舐行为所产生的突发性的（突然咬自己的四肢、身体或者尾巴，在几小时内咬破自己的皮肤、皮下组织和肌肉等，特别是在分离恐惧时）或者慢性的行为障碍。这是真正的行为障碍。

特定反射

非天生的，后天学会的对某种刺激的反应方式。

特定的刺激

原本是中性的外界刺激，通过联想过程变成特定的刺激。天生的刺激，例如食物（非特定的刺激），多次跟一个迄今为止的中性刺激（例如球）在时间上紧密地联系在一起，那么球就变成了特定的刺激。无论是否有食物，狗狗都会对球做出反应。

控制咬合力

狗狗减弱牙齿之间的咬合力量。这绝不是天生的，必须经过后天的学习。

冷静阶段

在训练接近尾声时，逐步减少“工作”，避免因为压力或者沮丧而发生突发事件。根据狗狗的身体和心理特征，不应该要求它们马上中止正在做的事情和马上要求它变得安静。

应对策略

贴近现实的、注重结果的解决问题和缓解压力的方法。狗狗会根据不同的状况，积极地让自己跟产生压力的外界环境相抗争。它们在大脑的行为库中挑选出没有危险的、能够缓解压力的对策。理想状态下，抗争之后狗狗会感到非常舒适。

沮丧

这里指的是狗狗承受一种外来的无助感。它们精神不振，不知道怎样才能摆脱巨大的压力，看似已经放弃。

剥夺

源自拉丁语，原意是抢夺。狗狗，特别是在幼犬时期，由于社会性伙伴的孤立（人和其他同类）以及缺少跟其他生物和外界环境的接触，从而没有得到足够的、多种多样的外界刺激和工作机会。极端情况下，这会导致狗狗大脑发育不健全和不可逆的伤害，以及狗狗行为的缺陷和障碍。其结果有：恐惧、沮丧、无精打采、攻击性、社会沟通能力不足、“卡斯帕－家庭综合征”（参见 259 页）等。

脱敏

也称为小步骤的治疗方法。指让狗狗多次接触同一个外界刺激，例如让它产生恐惧的一个刺激。首先从狗狗还不会产生恐惧的较低等级开始，随后逐渐在空间上（距离越来越短）和时间上（持续时间越来越长）提升刺激的等级，直到狗狗最终适应这个刺激为止，例如恐惧感消失。在治疗噪音恐惧时，让狗狗接触音量越来越大的噪音。

德国动物保护法相关内容

饲养、照料或者即将照料动物的人，必须以符合动物种类和需求的方法进行合理的喂养和照料，并且安排与其相适应的住所；不允许因为限制与其种类相适应的运动机会，而让狗狗感受到疼痛、痛苦或者受到伤害；饲养者必须具备相关的基本知识和能力。

负面压力（消极压力）

身体上和精神上的负担处于不可控制的状态，长期的负面压力会导致恐惧和疾病。

你方证据

建立自己和其他生物之间的相似性，为了从人的自身感受出发，推测其他生物可能的反应和感受。这种从人到动物的情感转移通常被视为感同身受地对待其他万物的重要基础。然而，这种简化无法满足和适用于不同动物种类的各种基本要求，包括满足需求、避免受到伤害、保障舒适感等。

正面压力（积极压力）

身体和精神上的压力处于可以控制的状态，适当的压力可使动物身体健康并且也能积累到对其生存极为重要的经验。

幻灭现象（消失）

如果动物的某个行为长时间没有得到表扬，或者尽管尝试过不同的方式和方法，但从未成功过，那么这个行为出现的频率会越来越少。当个体在理性的成本－收益核算之后持续地遭遇失败时，可能就会出现这个现象。长时间从未成功的行为只是浪费能量和资源，因此最终将不再会出现。

家庭型狗狗

融入人类社会并且完全适应人类生活的狗狗，在与其他生物及周围环境接触时几乎没有任何障碍。在出现问题时它们通常会看向主人，等待主人的要求和指令。

性嗅

主动地深嗅和闻，“吸入”气味信息。狗狗会张大嘴巴，上唇向后咧，通过“嗅觉”找寻气味的深层含义（参见荷尔蒙）。

过度刺激

狗狗有意识地（或者无意识地）适应让其产生巨大恐惧的外界刺激（习惯化）。现代动物行为治疗方法中，因为担心恐惧加剧而拒绝使用这种方法。

挫折承受力

狗狗在面对沮丧和需求得不到满足时，采取合适的应对方式的能力。动物个体借此克服失望情绪，转移自己的需求，避免出现攻击性行为、恐惧和萎靡不振。主人能够，也应该在幼犬的成长期通过教育式的训练方式提高狗狗的这种能力。人们可以在一段时间内扣留一个重要的资源（例如食物），当狗狗做出被期待的替代行为时，则马上提供这个资源。这种能力对每个狗狗的个性发展都极为重要，可以在它无法达成目标或者无法取得成功的状态下增强自己的自信心。

习惯化

适应其他生物和周围环境。

家庭领域

参见核心领地（259 页）。

控制冲动的障碍

是除了注意力不集中和因加剧的冲动而产生的多动（主动地不安静状态）之外的精神不集中——多动症的第三个主要症状。主人常常将其描述为“来自晴朗天空”的意外攻击。

个体活力

生物将其基因（遗传物质的载体）传递给后代的能力。为了达到这个目标，需要最基本的生存资源，例如自己的领地、合适的繁殖对象和避免受到身体伤害等。

同性间生殖竞争

同性之间发生为了成功博取异性关注以及繁殖后代的争斗。

雅克布逊器官

连接口腔和鼻腔的管状器官，气味信息通过口腔的管道传递到鼻腔的嗅觉上皮（参见 263 页），然后再传送到大脑进行分析处理。

犬科动物

拉丁语，指狗以及与狗相近的动物，例如狼、亚洲胡狼、北美丛林狼等所属的种族。

卡斯帕 - 家庭综合征

幼犬和小婴儿所承受的一种剥夺（参见 256 页）的形式。因为长期缺少与外界的联系而导致的精神上或者身体上的发展缺陷和对所有事物的极度恐惧。这个病症的名称源于德国民间传说中的一个不爱整洁的、精神有些障碍的小男孩。

核心领地

一个或者多个动物用于存放为了满足生存所需的重要资源，例如仓库、食物和水等所在的区域。通常狗狗在面对潜在的竞争者时会守护自己的核心领地。

交流

发送者和接收者之间的多种多样的信息交换。发送者通过发送信号影响接收者的行为。此时，可以观察到接收者的行为变化。

条件作用

通过短时间内足够多次的行为重复和大脑联想，将行为深深地植入大脑中的过程。之后在出现某个与之相关的因素时，就可观察到整个行为过程。

发情期

卵子开始成熟（交配前期）并且逐渐具备繁殖能力（交配期）的时间段。这段时间内雌性狗狗特别敏感，对交配特别感兴趣。

动物血统（饲养血统）

动物界同一种类和亚种类（262 页）的基因非常相似，以致动物不仅外表相似，行为方式也非常相似。因此，在人类饲养驯化动物的过程中，常常有目的性地挑选特定的雄性和雌性动物让其交配。

人为因素的应激滞后

与狼相比，不同种类的狗狗（相同年龄段）在感官发展方面都表现出已经适应人类生活的趋势，例如小狗崽对特定环境刺激的反应比小狼崽要晚几周。因为对小狗崽而言，它们已经不再需要像小狼崽那样，为了生存必须立刻发展感官系统，让其具备完善的功能。

围攻

狗狗猎捕行为的特殊形式，同类中体型较小的和充满恐惧感的狗狗通常会被视为猎物，被其他狗狗追赶和恐吓。

动力

行动的热情，愿意展示某种特定行为或者一系列行为的积极性。例如饥饿就是动力的源泉，动物会为了解除饥饿而寻找各种可能性（觅食 = 本能反应，参见 254 页）。如果它们找到食物，就会吃掉食物（动力行为链最后的行为方式）。如果动物吃饱了，寻找食物和吃的动力消失了；直到饥饿再次出现，动力行为链才重新开始。人们将其称为所谓的复杂的行为链。

多重压力源

来自其他生物和周围环境中多种多样的刺激，它们陆续或者同时作用于某个生物，其后果可能是正面压力反应或者负面压力反应。

幼态持续

这个概念可以用来解释从原始狼到狗狗的驯化过程中出现的巨大的行为改变，即始终处于幼年时期，幼年化。狗狗和可驯服的狼一样，其行为发展极为缓慢（经历了几千年）；它们始终处在幼狼行为时期，对人类的反应更加灵活，适应性更强。狗狗身体上和精神上的发育让它们始终保持着犬科动物幼年的体型大小，以及幼年时的行为方式（需要照顾，游戏等），即使成年后仍然处于这种状态。从原始狼到顺从的狼，再到被驯服的狼，至少经历了 15 000 年。

幼态持续的过程

生物学机制，一方面指的是选择性抑制发育，另一方面指的是部分身体功能的发育停滞，而其他部分继续发育的现象（例如，骨骼选择性地生长，使得许多种类的狗狗体型比狼小）。

必需的社会化

与同种类的成员共同生活在一起的强烈需求。狗狗除了接受同类，还把人类视为它们最主要的社会伙伴。

信息素 / 性外激素

动物个体分泌到环境中的、为了让同类的其他个体可以察觉到的气味。

身体惩罚

身体上的惩罚或者责打，其形式通常是用手或者借助其他物品击打动物个体以及类似的暴力行为，其结果是给动物带来疼痛、痛苦和伤害。对动物类似的惩罚措施原则上不仅没有效果，而且还会产生许多负面的副作用，因此，从道德伦理的角度，惩罚应该严格禁止的。

偏好

在小狗崽出生后的敏感时期内的快速学习过程，其学习效果相对稳定（不可逆）。在人与狗狗的和谐关系中，人们更加注重优先培养那些狗狗在社会化过程中表现出的与偏好相类似的行为方式。

现代学习理论的原则

现代学习理论强调学习过程中社会因素的作用，包括认知能力（例如通过观察学习、在成功和失败中学习等）和情感作用。通过整体的、循序渐进的学习过程（避免要求过高和过低），在放弃惩罚和惩罚式威胁（折磨式惩罚）的前提下，优化学习成果并使之固定化。

选择性饲养

人们有目的性地饲养具有某些特定特征的动物，例如有病痛的或者有行为障碍的，或者有可能出现这些特征的动物（例如折耳猫）。这种行为违背了相关的法律规定。

亚种类

家畜种类的次级单位，一个群体中的个体根据其遗传的外在的（表现型的）统一标准（外形，生理学等）归属为同一类，并且因其独特性而区别于别的群体。同一群体中个体之间的差别比迄今为止的普遍性观点所认为的要大得多。尤其是亚种类之间不同的行为模式（也称为亚种类的变异性）差别特别大。因此，常常会涉及动物血统（参见 259 页）。但是，没有一个动物在所有方面与另一只动物是完全相同的（个体间的差异程度非常高）！饲养动物时不仅要注重它的外表，还要关注它的行为。

种群谱系

尝试着把属于同一种类的动物之间的亲戚关系，仅仅依据它们的外表特征以“谱系”的形式展示出来。但这种归类方法缺少科学依据。

参考体系

建立在某种关系基础之上的体系。

反射，反射式的

一个生物的神经系统对特定刺激做出的本能的、快速的、有规律的应答。分为特定反射和非特定反射两种（参见 255 页和 265 页）。

临界刺激

能让生物对此产生回应的最小强度的刺激。

资源

生存必需的物品，例如社会伙伴、领土、食物、水、储存仓库等。

接收器

能够接收刺激信号的生物组织的特殊细胞（接收器官）。

控制资源的潜能

生物个体获取和保存资源的最高原则是为了保证身体不受伤害，保障其生存必需的资源。

嗅觉上皮

指的是通过接收器（参考上面解释）接受气味信号的鼻腔黏膜。

敏感化

同一个刺激重复出现，从而使得由此产生的回应行为不断加强（例如对恐惧的回应）。

社会双重属性

狗狗天生就具备多重社会性的潜能。狗狗是唯一能够跟人类建立亲密的社会性亲戚关系的生物，自我们取代了狗妈妈的位置（出生后第 5 或 6 周断奶）开始，狗狗就适应了人类的喂养和照顾。如果我们在小狗崽时期较早地影响了它辨认亲戚关系的机制，那么照顾狗狗的那个人就会成为它们一生依赖的类似父母的人（领头动物或者父母亲）。

社会化

为了跟群体建立关系并且融入其中，学习与其他生物相处和交流的基本准则。在此过程中，个体逐步适应了它以后的生活环境。

社会性孤立

缺少必需的社会化的生物，例如，狗狗缺少与家庭成员（同类和 / 或者人）的沟通，缺少生存所必需的资源。长期的社会性孤立会导致痛苦状态。

社会性成熟期

尽管性成熟（6~18 个月）标志着动物已经具备可以繁殖后代的能力，但是动物在 18~36（48）个月的时候才会具备足够的社会能力——那时它们才是具有社会行为能力的成熟的个体。

视杆细胞

视网膜上分布着无数对昼光和暗光非常敏感的光感细胞。它们对白光、完整的光和未分解的光产生反应。狗狗视网膜上的杆状细胞比视锥细胞（参见 266 页）多得多，因此，它们在光线昏暗处的视力比人类好很多。

反光膜

会发光的覆盖物，位于眼睛视网膜后面像镜子一样的膜，能把照射到视网膜上的光线再次反射并且找到最佳的使用方法。许多夜间视力较强的动物的眼睛的反射层看起来像镜面，因此，即使在黑暗中也会有很多光线进入到它们的眼睛里。

调节温度

也称温度调节或者热量调节，生物通过接受、排放和生产体热让身体的温度保持平衡的过程。

深度睡眠

这期间脉搏、呼吸频率和血压都会持续下降。狗狗安静地躺着，没有眼部和肌肉的运动。因此，这个阶段也被称为“没有眼睛快速运动”的阶段。

过度集中的刺激源

指的是在极短的时间内一系列单独的刺激几乎同时作用于个体，引起相同的或者类似的反应。通过单独刺激的积累，在某个特定的时间点就会出现更加强烈的、潜在的行为反应。行为期间，第三方的影响是非常困难或者根本就是不可能的（例如，有猎捕经验的狗狗当它身处有许多鹿的极佳的猎捕区域内，猎捕兴致高涨，此时的唤回口令通常是毫无意义的！）。

跳跃行为

与原本状况无关的替代行为，更多的是为了改善内心的压力状态（缓解压力），和以示弱的方式打断直接的交流。此时，为了缓解压力会出现进食（吃草）或者舒适行为（舔自己和抓自己）的影子。可惜，这并不总是成功或者是有利的，这种“紧急状态行为”也可能发展为不良的刻板行为（例如舔舐皮毛）。

非特定的反射

也称为非条件反射或者本能反射，是动物出生时就已经完全具备的，或者是在它性成熟和繁殖成熟（生长的最后阶段）的发展阶段中学会的。这种生物学特有的反应方式的特别之处在于，每个生物种类的单个个体对相同的刺激会做出相同的反应，其区别只在于程度不同，即速度快慢或者强烈程度等。

“幼犬保护”

人类设想的对幼犬的自然保护只是一个梦想！狼和狗狗通常不会杀死自己族群的后代，因为这意味着整个团体的缩小和衰弱。除此之外的社会伙伴，无论年龄大小都没有任何的优待。此外还可以明确的是，认为幼崽可以肆无忌惮地做任何事情的观点是错误的。小动物的父母以及承担“姨姑和叔舅”角色的其他家族成员会对调皮的小动物发出警告。它们会突然咬住小狗崽的耳朵，而小狗崽通常会表现出示弱行为。家庭之外的幼崽也有机会通过肤色融入家庭之中，如果它们遇到了心情沮丧的成年犬，双方都有能力读懂狗语并且使用狗语，一切都是仪式化的警告，也被称为“排练过的角色扮演”游戏，为了避免误解，通常会使用极为夸张的面部表情和手势等。人类的小婴儿对此类示弱性的“紧急刹车”并不了解，因此，有可能会被突然咬到——没有所谓的“婴儿保护”！

视锥细胞

视网膜上分布着许多对颜色敏感的感光细胞，人们需要光才能看到颜色。这种视锥细胞的棱柱对光的反应都是相同的。感光细胞的活跃度截然不同，从而使得辨认不同的颜色成为可能。狗狗眼睛的感光细胞对颜色的辨认是两维的（蓝色和黄色），而人的是三维的（蓝色、黄色、红色）。

联系地址和参考文献

组织 / 协会

关于狗狗的饲养和健康问题

动物行为医学和治疗协会（汉堡）

兽医学博士芭芭拉·施宁

Gesellschaft für Tierverhaltensmedizin und -therapie（GTVMT），

Dr. med. vet. Barbara Schöning,

Hohensasel 16, 22395 Hamburg,

www.gtvmt.de

罗纳尔多·林德纳博士，执业兽医 / 动物行为治疗师（马尔克伦堡）

Dr. Ronald Lindner, Praktischer Tierarzt / Zusatzbezeichnung Tierverhaltenstherapie,

Hauptstr. 49, 04416 Markkleeberg,

www.hundepsychiater.de

德国联邦执业兽医协会

BPT——Bundesverband praktizierender Tierärzte e.V.,

www.smile-tierliebe.de

您可以在 BPT 网站上的在线兽医目录中找到您附近的兽医。

整体兽医学协会（沙尔斯达特）

Gesellschaft für ganzheitliche Tiermedizin e.V. (GGTM)

Mooswaldstr. 7, 79227 Schallstadt,

www.ggtm.de

关于狗狗俱乐部和协会的地址

世界犬业联盟（图恩 / 比利时）
Fédération Cynologique Internationale (FCI),
Place Albert 1er, 13, B-6530 Thuin/Belgien,
www.fci.be

德国犬业协会（多特蒙德）
Verband für das Deutsche Hundewesen e.V. (VDH),
Westfalendamm 174, 44141 Dortmund,
www.vdh.de

奥地利犬业协会（彼得曼斯多夫）
Österreichischer Kynologenverband (ÖKV),
Siegfried-Marcus-Str. 7, A-2362 Biedermannsdorf,
www.oekv.at

瑞士犬业协会（贝尔尼）
Schweizerische Kynologische Gesellschaft (SKG/SCS),
Brunnmattstr. 24, CH-3007 Bern,
www.skg.ch

德国动物保护协会（波恩）
Deutscher Tierschutzbund e.V.,
Baumschulallee 15, 53115 Bonn,
www.tierschutzbund.de

兽医统一动物保护协会（布拉姆舍）

Tierärztliche Vereinigung für Tierschutz e.V. (TVT),

Geschäftsstelle: Bramscher Allee 5, 49565 Bramsche,

www.tierschutz-tvt.de

萨克森州人与狗狗关系研究所——对狗狗参与治疗的再培训机构（马尔克伦堡）

Institut für Hund-Mensch-Beziehung Sachsen (IHMBS)——Weiterbildungsstätte für tiergestützte Intervention mit Hunden,

Hauptstr. 49, 04416 Markkleeberg,

www.ihmbs.de

动物保护和行为研究所（汉诺威）

Institut für Tierschutz und Verhalten,

Tierschutz zentrum, Bünteweg 2, 30559 Hannover,

www.tierschutzzentrum.de

瑞士动物保护协会（巴塞尔）

Schweizer Tierschutz (STS),

Dornacherstr. 101, CH-4018 Basel,

www.tierschutz.com

奥地利动物保护协会（维也纳）

Österreichischer Tierschutzverein,

Berlagasse 36, A-1210 Wien,

www.tierschutzverein.at

解答关于狗狗饲养问题

动物交易中心和中心协会
德国动物领域专业协会
Ihr Zoofachhändler und der Zentralverband
Zoologischer Fachbetriebe Deutschlands e.V. (ZZF),
Tel. (0611) 44 75 53 32 (nur telefonische Auskunft möglich: Mo 12–16 Uhr, Do 8–12 Uhr), www.zzf.de

狗狗注册地点

德国家庭宠物注册中心（波恩）
Deutsches Haustierregister,
Deutscher Tierschutzbund e. V., Baumschulallee 15, 53115 Bonn,
www.deutsches-haustierregister.de

探索协会，家庭宠物注册处（哈特斯海姆）
TASSO e.V., Abt. Haustierzentralregister,
65784 Hattersheim, Tel. (06190) 93 73 00,
www.tasso.net,
E-Mail: info@tasso.net

国际动物注册中心（施瓦本）
Internationale Zentrale Tierregistrierung (IFTA),
Nördliche Ringstr. 10, 91126 Schwabach,
Tel. (00800) 43 82 00 00 (kostenlos),
www.tierregistrierung.de

如果您想保护您的爱犬，不希望它被抓捕到或者成为实验室的牺牲品，那么您可以在这里给它注册登记。

医疗保险公司

乌茨坦保险公司（乌茨坦）
Uelzener Versicherungen,
Postfach 2163, 29511 Uelzen,
www.uelzener.de

阿基拉家畜保险公司（汉诺威）
AGILA Haustierversicherung AG,
Breite Straße 6–8, 30159 Hannover,
www.agila.de

德国安联保险公司
Allianz,
Königinstr. 28, 80802 München,
www.katzeundhund.allianz.de

几乎所有的保险公司都提供狗狗作为主要被保者的险种。

杂志

《狗狗》论坛杂志和专刊媒体有限公司，梅尔辛
Der Hund. FORUM Zeitschriften und Spezial medien GmbH, Merching

《狗狗》古纳亚尔出版公司，汉堡

Dogs. Gruner + Jahr, Hamburg

《狗狗伙伴》动物之家媒体有限公司，伊斯曼宁

Partner Hund. Ein Herz für Tiere Media GmbH, Ismaning

《我们的纯种狗狗》德国犬业协会，多特蒙德

Unser Rassehund. Hrsg. Verband für das Deutsche Hundewesen e.V., Dortmund

关于狗狗的网站

www.aktiv-mit-Hund.de 关于狗狗饲养的网站

www.brh.info 联邦求援狗协会的网站

www.graue-schnauzen.de 关于年长狗狗的信息

www.haushueter.org 假期中怎样照顾狗狗的信息

www.hunde.com 关于狗狗的各方面信息

www.hundezeitung.de 关于狗狗的最新消息

www.lieblingstier.tv 关于家庭宠物的电影

www.spass-mit-Hund.de 关于狗狗工作的建议和信息

www.tierfreund.de 动物论坛

www.tiermedizin.de 关于兽医学的信息和科研新动向

www.hunde-helfen-kids.de Infos 正确对待狗狗的信息

其他相关书目

阿尔斯 · 乔泽:《人与狗狗幸福生活的五大秘诀》集优出版社

Arce, José: Meine 5 Geheimnisse für eine glück- liche Mensch-Hund-Beziehung. Gräfe und Unzer Verlag

布朗沙 · 约翰:《理解狗狗》奇诺斯出版社

Bradshaw, John: Hundeverstand. Kynos Verlag

比尔梅林 · 伊曼努尔:《了解狗狗的个性》集优出版社

Birmelin, Immanuel: Macho oder Mimose. So erkennen Sie die Persönlichkeit Ihres Hundes und schaffen eine innige Beziehung. Gräfe und Unzer Verlag

考宾格 · 瑞恩和罗拉:《狗狗 —— 关于犬科动物的起源、行为和进化的最新认识》动物学习出版社

Coppinger, Ray und Lorna: Hunde——Neue Erkenntnisse über Herkunft, Verhalten und Evolution der Kaniden. Animal Learn Verlag

克桑伊，维尔莫斯和劳尔，吉泽拉:《如果狗狗会说话 …… 听懂和理解狗狗》奇诺斯出版社

Csanyi, Vilmos, und Rau, Gisela: Wenn Hunde sprechen könnten ...: Verstand und Verstandes- leistung von Hunden. Kynos Verlag

卡明斯基 · 朱利安和布劳尔 · 朱利安:《聪明的狗狗》罗沃尔特出版社

Kaminski, Juliane, und Bräuer, Juliane: Der kluge Hund. Rowohlt Verlag

密克罗西 · 亚当博士:《狗狗 —— 进化，认知和行为》宇宙出版社

Miklósi, Dr. Àdám: Hunde——Evolution, Kognition und Verhalten. Kosmos Verlag

耐斯特勒 · 阿斯特里特:《请理解我！狗语的正确含义》集优出版社。

Nestler, Astrid: Versteh mich doch! Hundesprache richtig deuten. Gräfe und Unzer Verlag

鲁格 · 妮娜 / 布洛赫 · 艾恩斯特：《我的狗狗感觉如何？我的狗狗在想什么？狗狗专家解答养狗朋友的问题》集优出版社

Ruge, Nina/Bloch, Ernst: Was fühlt mein Hund? Was denkt mein Hund? Hundeexperte antwortet Hundefreundin. Gräfe und Unzer Verlag

史雷格尔 - 考夫勒 · 卡塔丽娜：《狗狗的发声训练》集优出版社

Schlegl-Kofler, Katharina: Hunde-Clickertraining. Gräfe und Unzer Verlag

史雷格尔 - 考夫勒 · 卡塔丽娜：《狗狗的召回训练》集优出版社

Schlegl-Kofler, Katharina: Rückruf-Training für Hunde. Gräfe und Unzer Verlag

史雷格尔 - 考夫勒 · 卡塔丽娜：《小狗崽的教育》集优出版社

Schlegl-Kofler, Katharina: Welpenerziehung. Gräfe und Unzer Verlag

史雷格尔 - 考夫勒 · 卡塔丽娜：《狗狗教育的 6 步计划》集优出版社

Schlegl-Kofler, Katharina: Der 6-Stufen-Plan Hundeerziehung. Gräfe und Unzer Verlag

施密特 - 罗格 · 海柯：《狗狗 —— 集优大型实践手册》集优出版社

Schmidt-Röger, Heike: Hunde——Das große GU Praxishandbuch. Gräfe und Unzer Verlag

施宁 · 芭芭拉 / 史蒂芬 · 娜雅 / 罗尔斯 · 凯斯汀：《帮帮我，我的狗狗喜欢猎捕：正确控制狗狗的猎捕行为》宇宙出版社

Schöning, Barbara/Steffen, Nadja/Röhrs, Kerstin: Hilfe, mein Hund jagt: Jagdverhalten in die richtigen Bahnen lenken. Kosmos Verlag

斯特罗特贝克·索菲/博歇尔特·乌韦:《帮帮我，我的狗狗处于青春期！野外时间带来的轻松惬意》集优出版社

Strodtbeck, Sophie/Borchert, Uwe: Hilfe, mein Hund ist in der Pubertät! Entspannt durch wilde Zeiten. Gräfe und Unzer Verlag

特鲁穆勒·爱贝哈特:《跟狗狗做朋友》Piper 出版社

Trumler, Eberhard: Mit dem Hund auf du. Piper Verlag

沃尔夫·吉利斯顿:《最佳的室内和室外狗狗游戏》集优出版社

Wolf, Kirsten: Die besten Hundespiele für drinnen und draußen. Gräfe und Unzer Verlag

重要提示

本书中所有的图片、表述、预防建议和治疗建议均具有科学依据。作者力求向读者传递与事实相符的最新科学研究现状。尽管出版社和作者仔细认真地校对了信息的准确性，但仍然不能为使用本书所介绍的行为方式和方法提供 100% 的安全保障，我们无法承担因使用本书介绍的方法而产生的任何伤害和财物损失等的责任。建议狗主人在公共场所做好基础的风险防控。

作者简介

罗纳尔多·林德纳（DR.Ronald Lindner）

罗纳尔多·林德纳，德国兽医学博士，1968 年出生于德国开姆尼茨市，动物行为治疗领域的专家，获得由联邦德国兽医协会兽医师研究院颁发的从业资格。自 2003 年起，林德纳就职于萨克森州和萨克森－安哈尔特州的德国首家官方批准的动物行为治疗诊所（网址：hundepsychiater.de）。他的研究领域是人与动物的和谐相处。

每周一他都会在德国 MDR 电台 MDR um 4 频道（网址：mdrum4.de）的“fiffi &Co. 在行动”节目中给寻求帮助的宠物主人们提供咨询。2010 年他自己创建了德国萨克森州人－狗关系研究所（IHMBS，网址：ihmbs.de），为动物教育者和兽医提供培训而成为“对动物保护性干预”领域的专业顾问（ISAAT 标准）。

此外，林德纳博士还是德国动物行为医学和治疗协会（gtvmt.de）的成员，为兽医、宠物主和感兴趣的听众做专业讲座，介绍自己在动物行为治疗领域取得的经验和成果。

最佳的饲养方式

作为唯一的真正驯化过的家庭宠物，狗狗也希望跟人类生活在一起，它们已经与人类的社会生活紧密相连。对狗狗而言，在人类社会中的共同生活已经变成一种常态。对人来说，狗狗能够让我们忘记日常生活中的烦恼。尽管我们经常犯错，尽管在与狗狗的交流和共同生活中有多种误解，狗狗却总是宽容地理解我们、接受我们——狗狗让我们变得更加安静，心态更加平和，情感更为丰富。人类和狗狗之间的和谐相处是我们共同的目标。

值得高兴的是，我们已经找到了互相理解的新途径，抛弃了传统的错误观点，即根据等级原则认为人类必须主导、控制和压迫狗狗。希望所有的狗主人都不要再抱有这种想法了！我们必须承认，狗狗并不是完美的、毫无问题的，我们对狗狗的期望值过高也是不切实际的。让狗狗在任何状况下都没有恐惧、没有攻击性、完全顺从、绝对受控制、对每个人都非常友好、宽容地对待生活中的压力……我们还可以列举出无数个对狗狗的要求，显然，这些要求有些苛刻。此外，我们还喜欢管理狗狗在日常生活中遇见的各种问题，而没有机会独立解决问题的狗狗无法自主地应对日常生活中的外界刺激，它们逐渐地丧失了独立解决问题的能力，变得越来越依赖人类。完全控制狗狗，或者让狗狗完全独立自主地采取行动，应对外界的所有问题——对于人和狗的共同生活而言，这两者都是不可想象的、无法实现的，也不应该成为我们追求的目标。正确处理人类的控制欲，逐步培养狗狗独立的、能让公众接受的行为方式，这才应该是人和狗共同生活的基本目标。

虽然狗狗应该处于可控状态，然而，它们每天也应该有机会不受主人影响和干预地、没有恐惧感和攻击性地、独立而好奇地探索世界！掌握对狗狗恰当的控制程度，以及在何时允许狗狗自由地探索和交流，是现代养狗方式中的最高艺术。如果本书所阐述的辨证式的养狗方式能够得到您的认同，我将会感到无比欣慰。希望您能够找到适合爱犬的最佳饲养方式！

罗纳尔多·林德纳博士

摄影师

摄影：塔尼亚 · 阿斯卡尼

安吉拉 · 克拉夫特 自幼就对大自然和动物们充满兴趣，动物摄影是她的职业。除了作为牧盾野生动物园和探险游乐园的讲解员之外，她还经营着自己的吕娜贝格 – 海迪 – 动物摄影工作室。她擅长动物摄影、动物历史和报道。在许多报纸、杂志和书籍中都能找到她发表的作品。闲暇时间她喜欢跟自己的牧羊犬琪拉和摩尔一起散步，这期间自然少不了拍照。关于安吉拉 · 克拉夫特更多的动物照片可参见下列网址：

www.kraft–foto.de

http://flickr.vom/photos/kraft–fotos/sets

图片说明

本书中除了下列照片之外的其余所有照片均为安吉拉 · 克拉夫特的作品：

德布拉 · 巴多伊克斯：封面和 P52 照片；

莫妮卡 · 威格勒：P177

贝亚特 · 葛罗米罗米克：P276

施多克斯：U4

译者简介

刘惠宇 青岛大学德语系教师，北京外国语大学德语语言文学专业攻读博士，曾获德国巴伐利亚州政府奖学金留学德国拜罗伊特大学，于 2005 年获得德国经济学硕士，具有丰富的德语口笔译及德语教学经验。

猜你还喜欢

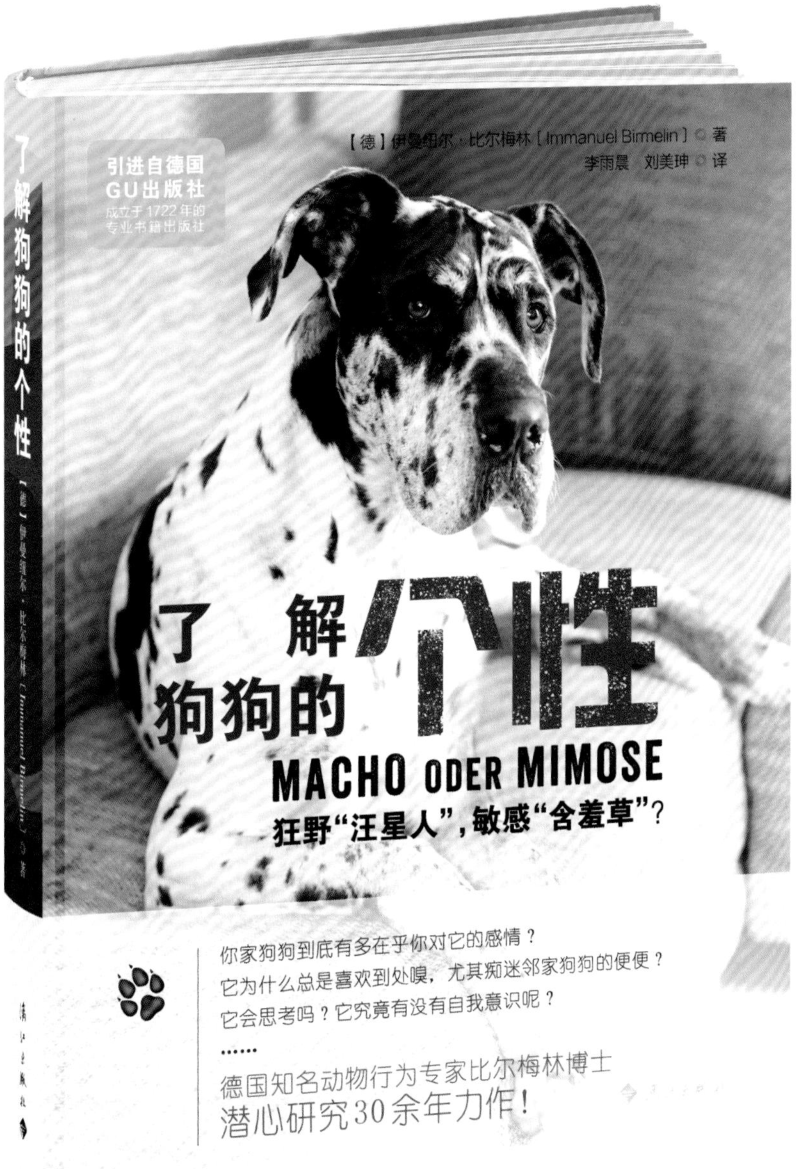

【德】伊曼纽尔·比尔梅林［Immanuel Birmelin］◎ 著
李雨晨 刘美珅 ◎ 译

引进自德国
GU出版社
成立于1722年的
专业书籍出版社

了解狗狗的个性

MACHO ODER MIMOSE

狂野“汪星人”，敏感“含羞草”？

你家狗狗到底有多在乎你对它的感情？
它为什么总是喜欢到处嗅，尤其痴迷邻家狗狗的便便？
它会思考吗？它究竟有没有自我意识呢？
……

德国知名动物行为专家比尔梅林博士
潜心研究30余年力作！

ISBN：978-7-5407-8091-3

作　　者：【德】伊曼纽尔·比尔梅林（Immanuel Birmelin）◎ 著
李雨晨，刘美珅 ◎ 译

定　　价：78.00

出版时间：2017年6月

图书在版编目(CIP)数据

走进狗狗的世界：狗狗的真实愿望和行为秘密 / (德) 罗纳尔多·林德纳著；刘惠宇译. -- 桂林：漓江出版社，2017.5
书名原文：WAS HUNDE WIRKLICH WOLLEN
ISBN 978-7-5407-8092-0
Ⅰ. ①走… Ⅱ. ①罗… ②刘… Ⅲ. ①犬 - 驯养 Ⅳ. ①S829.2
中国版本图书馆CIP数据核字（2017）第101103号

走进狗狗的世界

作　　者：[德] 罗纳尔多·林德纳博士（Dr. Ronald Lindner）
译　　者：刘惠宇
总 策 划：薛　林
责任编辑：杨　静
责任印刷：周　萍

出 版 人：刘迪才
出版发行：漓江出版社
社　　址：广西桂林市南环路22号
邮　　编：541002
发行电话：010-85893190　0773-2583322
传　　真：010-85890870-814　0773-2582200
电子邮箱：ljcbs@163.com
http://www.lijiangbook.com
印　　制：北京汇瑞嘉合文化发展有限公司
开　　本：700×1000　1/16　印　张：17.5　字　数：183千字
版　　次：2017年6月第1版　印　次：2018年3月第2次印刷
书　　号：ISBN 978-7-5407-8092-0
定　　价：88.00元